岡谷製糸王国記

信州の寒村に起きた奇跡

市川一雄

鳥影社

題字　渡部清

「千本の煙突の街」と呼ばれた糸都・岡谷の風景
（昭和初年、製糸業全盛時と推定。片倉工業（株）所蔵）

はじめに

「富岡でなく、岡谷がどうして製糸王国になれたのか？」のテーマを設定したのは「信州風樹文庫ふうじゅの会」の鮎澤宏威さんです。鮎澤さんは機械工学を学び、セイコーエプソンで活躍されたエンジニアです。その方からみて、明治新政府が大投資した「官営富岡製糸場」の群馬県富岡が、製糸業の中心地になるのが自然だと思うのに、山国信州の小盆地諏訪の岡谷が製糸王国になったのはどういうことだろう、とおっしゃるのですね。

私は編集者ですが、糸取りの母を持つ者として岡谷の「ふるさとの製糸を考える会」に入って十年近く、製糸業について勉強させていただき、みんなで『ふるさと岡谷の製糸業』の本をつくったことがあり、そこで学んだことを基にして、このテーマに迫ってみたいと答えました。

諏訪盆地は、海抜七五九㍍の諏訪湖をかこむ高冷地ですが、太平洋気候圏にあって晴れる日が多く、大気が乾燥して製糸業に向いているし、良質な水がえられることも、大量の水を使う製糸に適した土地柄です。特に諏訪の気候は繭の風乾・貯蔵に適し、繰糸の際の糸量の減耗率が低く、繰糸能率で他の地方にくらべて有利といわれていました。

そして地理学の三沢勝衛は、諏訪が本州の中央部にあって、東西の繭を集めやすい立地にあることを指摘しています。旧中山道と甲州街道、三州街道の結節点に位置して、明治十年代に川岸村・平野村（現・岡谷市）など諏訪の製糸家は、原料繭を隣接する甲州と上州・武州から移入し、明治二十一年には磐州からも買いつけて急成長し、明治四十四年に鉄道網がつながると、本州のほとんどの県から繭を集めて発展したのでした。

＊明治十九年、信州の産繭量一九万八〇〇〇貫で全国一位。二位上野、三位近江、四位武蔵、五位岩代、六位甲斐、七位磐城。信濃および隣接諸国の合計約六三万貫は全国産額の五七％を占め、信州は養蚕業の中核的位置にあった。

江戸時代の幹線である中山道・甲州道中の接点として、諏訪盆地は情報が早く伝わる「開けた」土地であったことも、製糸勃興の基盤になりました。また、明治政府の三大臣を出した長地村（現・岡谷市）の渡辺斧蔵の寺子屋が代表するように、農民の教育水準が高かったことも、近代工業受容の土台になったと思われます。

しかし製糸草創期の岡谷は、寒村といっていい小地域で、生糸産地としては無名に近い存在でした。それに、各地から集める雑多な繭に苦しむなど、優良繭の産地の製糸業者との競争では著しく不利でした。それを克服し「諏訪式」製糸法（経営）を確立し、大発展の基を固めたのです。岡谷製糸成功の大本は諏訪びとの進取・創意工夫の気質と勤勉力行にあったといわれます。

寒気きびしい諏訪地方は、冬季は仕事ができず、農民の多くが江戸へ稼ぎに出て、海苔屋などで働くのが普通でした。一方で手挽き糸・綿打ち・寒天・小倉織など細々とした産業が根づき、半農半商化した人もいて、ご一新で洋式製糸が入ると、これにいち早く取りついて、智恵と勤勉の限りをつくす努力で大きく発展させたのでした。岡谷・諏訪の製糸業は、明治半ばには生産量全国一位となり、以後ずっとトップランナーとして独走し、この国の産業近代化の礎(いしずえ)となりました。

その陰には、諏訪式繰糸器(機)の開発など、独創の器械づくりと諏訪式製糸経営、輸出戦略や繭の品種改良、機械化における先見の明をはじめとする、いくつかのドラマがありました。製糸業は、原価の八割を繭代が占めるという重荷を負い、品質がふぞろいの農産品の繭から、工業規格に合う糸を取ることが難しいうえ、糸価が相場で決まる危険な事業でした。イタリア糸・清国糸との国際競争にも生きぬかねばならず、製糸家と工女の苦闘がつづきました。それらを要約し、大きな流れを物語として申しあげます。

同時に、製糸といえばこれまで多く「工女哀史」のゆがめられたイメージで語られてきましたが、工女・煮繭士・監督・経営者の手記と談話、工女唄などをもとに、製糸業の諸相を多面的・実証的に書くことで、真っ当な製糸像を描き出したいと思います。

製糸業は、その技術など奥が深く、筆が及ばない点が多々あると思いますがお許しください。

本書を製糸業に関わったすべての人たちに捧げる

岡谷製糸王国記　目次

の境涯をきらった兼太郎／家族総がかりの「生産者的経営者」／家内工業的な温かさ残す／傑出した片倉四兄弟／私立片倉尋常小学校／隠れた援助／孝心／製糸結社――共同出荷の時代／開明社、規範となる経営／繰糸鍋いろいろ／信州製糸が生産額全国一位に／共同揚げ返し（再繰）へ／輸出戦略で先見の明（めい）――いち早く対米輸出に転換／片倉の経営危機と第十九銀行／生糸品質の完全な統一――開明社方式／「罰金」の「罰」は×（バツ）のこと／片倉が松本へ進出――大発展の始まり／英才今井五介／傑物小口善重と小口組／山十組の驚異的な大膨張／釜口水門周辺の美景、製糸の残映と小口太郎／製糸家の運動で岡谷に郵便電話局／勤倹努力の製糸家と、金唐紙の邸宅残した製糸家と／鉄工所ができ、繭倉建設も本格化／第十九銀行の製糸金融／富岡製糸場払い下げ入札に片倉が一番札／スチームインジン／木造で六層、吉田館の繭倉／川岸村に日本最大の製糸場「三全社」／工女の奪い合い／「組」の誕生と片倉同族会／旧片倉組本部事務所／国立生糸検査所できる――きびしい品位検査／製糸機械メーカー生まれる／里山は丸坊主、西条炭移入に鉄索／「信州上一番」／良繭もとめて県外へ工場展開／この国の近代化支えた製糸業／製糸同盟が職工の登録制／米国絹業協会の要求に果てしない技術改善／鉄道網つながり地理的優位性／谷間の村のシルクラッシュ／優良糸生産への転換点――明治四十年／近代的繭倉庫群が出現――入二諏訪倉庫㈱設立／製糸王が現場監督／日本三大製糸が岡谷に／名門諏訪蚕糸学校の誕生／製糸工場の「岡谷式普請」／糸取りの現場――工女の話の聞き書きから

第四章　激動の昭和——世界大恐慌と戦争と　203

本書は岩波茂雄ゆかりの信州風樹文庫（諏訪市立図書館）でおこなった講演「富岡でなく岡谷がどうして製糸王国になれたのか？」（ふうじゅの会主催、平成十六年）の記録を基に、史料を加え、ノンフィクション作品として書き下ろしたものです。

第一章　重荷を背負った製糸業

——製糸家と工女の苦闘

＊おことわり　製糸家の屋号 ⌐一　∧二　㊂　[吉] などを本書は「金一」、「山二」、「丸三」、「角吉」などと表記します。

生産原価の八割が繭代――製糸業の特殊性

まず製糸業が、特殊な事業であることを申し上げます。

その第一は、生糸の生産原価の約八割を繭代が占めることです。八割が原料代という工業製品はあまりないのではないでしょうか。

＊川岸村、大和組入山ト製糸所の明治三十年～三十七年の生糸原価　繭代が八〇％～八二％を占め、残り約二割が工賃・燃料費・売込費・銀行利子などの生産費（『長野県史』第七巻）

その繭は不作の年があって価格の変動も大きく、製糸経営を不安定にし、繭の品質の良否が、繰糸能率と糸の品質を左右しました。製糸業は繭に制約される事業です。質のよい繭を適正な価格で確保できるかが、製糸経営の最大の課題で「製糸は繭次第」といわれたそうです。

第二は、原料の繭が農産品であるために、品質にばらつきが大きく、その繭から輸出の規格に合う、品位均一な生糸を取ることが容易ではないことです。工女の技量が経営を左右し、品質管理と輸出戦略など、経営者の智恵が、企業の浮沈を決めました。

そして第三は、生糸が取引所の相場で価格がきまる市況商品であるために、価格が激しく変動して、生産コストを割ることがめずらしくないリスクを負っていたことです。繭を多額の借金をして買いつけなくてはいけないのに、製品がいくらで売れるのか見通せません。しばしば暴落が起きて「一夜殿様、朝乞食」といわれたように、製糸業は危険な、投機的な事業です。赤字が何年もつづいたこともあり、辛抱づよく、堅実でなくては支えられません。製糸業はそういう重荷を背負った事業でした。

一例を挙げます。ここ（風樹文庫所在地）中洲出身の作家・平林たい子のおじいさま増右衛門は、明治十一年に器械製糸を始めたものの、たちまち倒産してしまいます。平林家は、中洲村では大百姓だったのですが、田畑の大半を取られて、たい子の両親は苦しい境涯に落ち、たい子は、諏訪高女に一番で合格したのに、大学進学は望めず、独学で世に立とうと上京し、悲惨な青春を送らなければいけませんでした。

また、同じ中洲出身の岩波茂雄（岩波書店創業者）の母親は、下諏訪の製糸家・井上家の出ですが、その井上家は、製糸を始めて十四年で製糸から撤退し、工場を片倉製糸へ売り渡して東京へ転居しています。

「生死業」

『下諏訪町誌』下巻に、せつない話が載っています。上諏訪C製糸所が県へ出した報告書です。この製糸家は、明治十一年に「富岡ノ器械ニ模倣シ蒸汽缶ヲ鋳造シ水車ヲ用イ二十七人繰ノ製糸所ヲ築造」して開業し、輸出糸を生産しようと努力したのですが、一年たってもうまくいかず、さらに必死でがんばったのですが、二年たっても売れる糸をとれず、四年目には消えています。

＊C製糸所の開業三年目の報告書要旨　これまで山梨県勧業寮の製糸所について製糸法を「察し」、

富岡製糸場を「審視（ママ）」するなどして精良糸の生産に努め「声価ヲ発揚センコトヲ企望（ママ）」して努力し「ヤヤ良品ヲ得ルニ至レリ」としつつも「当年ノ製糸未ダ横浜ニ於イテ売却セズソノ形成知ルベカラズ因リテ以後ノ商況ヲマチテ奮励従事セント欲ス」

製糸業の歴史には「倒産」の二文字がつきまとい、数えきれない数の製糸家が落伍していきました。それで岡谷地方では、製糸業を「生死業」といったというのはよく知られた話です。

このように製糸は危険な事業である上に、季節的な仕事で、一年間をつうじて資金を効率的に運用できなかったこともあって、豊かな資金をもつ資産家は製糸業を営まなかった（『長野県史』第七巻）といわれます。寒村だった岡谷地方が命がけの努力で製糸業をリードし、商業資本が発達していた上田・須坂などが出遅れたのは、製糸業の特異性によるものと考えられます。

「女工」でなくて「工女」

器械（ざそう機）による製糸の労働者を工男・工女と呼びました。工女を「女工」と書かれてきましたが、適当でないと思います。

「女工」の呼称は、大正十四年、共産主義者の細井和喜蔵が紡績織物工場の労働問題を書いた『女工哀史』が売れてから、世間にひろまったのですが、「女工」には女性蔑視の感がありますね。

細井和喜蔵は『女工哀史』に「紡織工場は最も機械文明の粋（すい）を集めたもので、その仕事は徹頭徹尾機械がなす」と書いているとおり、工員の仕事は、糸の継ぎかえや、遊び糸の引きこみなど、機械の補助的作業です（といっても、綿の粉じんが充満する工場内で、高速運転の機械に追われる危険な、きびしい労働でした）。

これに対し器械製糸の女性の仕事は、手技（てわざ）で糸を繰り出す生産の「主役」です。機械が主役の紡織工場とはまったく異なります。それに、製糸の工女さんは、明治の初めから、徹底した品質管理のもとで、繊細にして、集中力を持続しなければいけない、高度な仕事をしていた熟練工です。製糸でも機械が主役になるのは、太平洋戦争後に自動繰糸機が登場してからです。

それまでは、工女さんの技能が、生糸生産の中核でした。

ですから「工女」という呼び名には、彼女たちを貴ぶ気持ちがこめられていると感じられます。

明治政府は初めから「工女」と呼んでいます。富岡製糸場を立ちあげるときに「伝習（でんしゅう）工女」（技術を習い伝えてゆく工女）を募集し、士族の娘が多く応募しました。中でも信州松代藩出身の和田英（旧姓横田）はすぐれた記録『富岡日記』を残したことで知られていますね。富岡では「工女まつり」がおこなわれていて、市立岡谷蚕糸博物館は、きちんと「工女」といっています。↓

「工女」の呼称は太平洋戦争ころまで使われていた。

工女の技が経営を左右

その工女さんがやっていたのは、とてもむずかしい仕事です。

まず「煮繭」です。繭の表面は、セリシンというニカワのような物質でかたまっているので、湯で煮てセリシンを溶かし、糸がほぐれるようにするのですが、煮繭の適否は繰糸能率と糸の品質などに大きく影響します。

繭から繭糸が解けて離れる状態を「解舒（かいじょ）」といいます。解舒の良否は繰糸工程、糸の品質と糸歩（いとぶ）に重大な関係があり、繭品質の重要項目になっています。

工女さんは「ミゴ」というワラの穂先で作った手箒（ぼうき）で、繰糸鍋に浮かんでいる繭の表面をなでて、糸口をひき出します。これを「索緒（さくちょ）」といいます。緒は糸口のこと。索緒の良否は糸歩に大きく影響します。繭を煮すぎると煮くずれて糸くずが多く出て、高価な繭のロスになってしまいます。煮不足だと繭糸がうまく解けずに「輪ぶし」ができてしまうので、煮ぐあいに神経をつかいます。

糸口は一つの繭から何本も立ち上がるので、その中から一本の正しい繭糸（正緒（せいちょ））をえらびだし「集緒器」の小さい穴（〇・二㎜以下）へ通す「ボタン通し」をして、撚（よ）り掛け装置の「ケンネル」へ掛けていきます。一〇～二〇ミクロンという、目でよく見えないような細い繭糸を扱う繊細な仕事です。正緒をすぐりだすのを「抄緒（しょうちょ）」といいます。拾いすぐり・分けすぐり・回しすぐりなどいろいろな方法があり、この抄緒の上手、下手は糸歩・繰糸能率・生糸品質に大きく影響します。集緒器は陶製のボタン状の小円盤で「フシコキ」ともよばれました。

＊ケンネルの語源　スイス人かドイツ人の蚕糸業技術者の名Keller（ケルレル）に由来するといわれる。

生糸は初めから一本の糸になっているのではなくて、五粒とか六粒とか、幾粒もの繭から引き出す細い繭糸を合わせて、一本の生糸にします。織物の用途によって、生糸の太さが十四デニールとか二十四デニールとか違うので、それに合わせる繭の数にするのです。それを「粒付け」といい、繭糸を一本にまとめる作業を「集緒」といいいます。

＊デニール　繊度の単位。糸長四五〇メートルで重さ〇・〇五グラムのものを一デニールという。

明治時代、繭から出る繭糸の太さは二デニールぐらいから三デニールまでとまちまちでした。繭は産地によって品種が異なり、同じ産地でも、養蚕家の技術によって出来がちがうため、繭の質と繭糸の太さにばらつきがあったのです。

その上やっかいなのは、一つの繭でも繭糸の太さが、初めは細く、次に安定した太さになるのですが、終わりの方へゆくにつれてまた細くなることです。すると工女さんは、手元へたぐり寄せておいた薄皮の予備の繭から、細い繭糸をつぎ足して、デニールをそろえるようにします。「交ぜ五粒」とか「交ぜ六粒」とかいう糸の取り方（混繰）です。

例えば、繭五粒で十四デニールの糸を取る場合、新しい繭（新皮）三粒と、皮の薄くなった繭（薄皮）二粒で取り、途中で薄皮三粒・新皮二粒にし、それをまた新皮三粒・薄皮二粒にするといった取り方もしたそうです。明治のころ、輸出の中心だった十四デニールの糸をとるのに、春繭なら交ぜ五粒、夏秋繭なら交ぜ六粒が基準で、繊度を整えるために「束付け」とか「付け替え」の技法がありました。

ケンネルに掛けることで水分が飛ばされ、幾筋もの繭糸が一本の糸に合わされます。これを「抱合（ほうごう）」といいます。抱合された生糸は、工女さんの頭の上でまわる繰り枠（わく）（小枠）に巻き取られていきます。

一粒の繭の糸の長さは四〇〇〜五〇〇メートルから一二〇〇〜一三〇〇メートルとか、これまたさまざまでした。この繭糸を一分間二〇〇～三〇〇㍍のスピードで巻き取ってゆくのですが、途中で繭糸が切れたり、繰り終わると、工女さんは、すかさず次の繭の糸をつぎ足します。この補充が一〇〇㍍に一回くらい必要です。繊度が細くなりだしたときも、薄皮の繭から抄緒した繭糸をつぎ足します。

この作業を「添緒（てんちょ）」または「接緒」といいます。この糸つぎは、新しい繭糸を右手の人差し指で集緒器の下へ投げつけ、ケンネルへ上がってゆく三、四条の繭糸へからみつけるのですが、これがたいへんむずかしい技術で「優秀工でも一〇回に二回は失敗する。これが遅れると細むらができ、まごまごしていると繭糸が少なくなって糸が切れてしまう。この糸つなぎが工女泣かせの元凶」（嶋崎昭典）でした。しっかり練習しないと一人前の工女にはなれません。この「添緒」「接緒」が、製糸の工程で一番むずかしい仕事で、この巧拙（こうせつ）が繰糸能率、糸歩と生糸品位に大きな影響を与え、経営を左右します。

工女さんは、生糸の歩留まりよく、かつ品質よく、繰目も多くして生産コストを下げる糸取りを背負っていたのです。その作業の間に繭移し・落繭集め・サナギ寄せも手早くやっていました。

定繊式自動繰糸機が出現したのは昭和二十六年（一九五一）です。明治三年（一八七〇）に日本で洋式製糸が始まってから、八十一年かけて、製糸はやっとオートメーション化されたわけです。そのむずかしい仕事を、工女さんが長く担っていたのでした。↓自動機はその後、さらに二十年をかけて改良が重ねられた。

その工女さんは、繰り枠二つの二条（緒）取りとか四条（緒）取りとか、複数の取り口による同時進行で、索緒から添緒を間断なく繰り返す、とても集中力のいる仕事を、長時間つづけていたのです。それも、湿度の高い職場で、このむずかしい仕事をやりぬいたのが工女さんでした。驚くべき密度濃い労働です。辛抱づよい女性だからこそ、できた仕事だとつくづく思います。

工女さんの腕（技量）に会社の命運がかかっていました。それほど高度な仕事をしていたのが工女さんです。「女工」と呼びすてにするなんて、とんでもないですね。

「十四中」

品質がふぞろいの農産品の繭から十二デニールとか、十四デニールとかの、太さがぴったりの糸を取ることは不可能です。繊度が一定の範囲内におさまった糸を、検査によって格付けして、取引されていました。

金属工業のように、品質が均一の地金を加工すればいいのとは、まったく異なります。農産品の繭から、絹織物工場用の原料（工業規格品）を造るのが製糸です。このむずかしい仕事をやりとげたのが工女さんです。

それで、例えば目標十四デニールの糸なら、十三〜十五デニールの範囲に収まった生糸を「十四中」といいます。このように、生糸の太さは「中」の字をつけて呼ばれます。

明治初め、フランスなどへ出荷したのは「十二中」の細糸（優良糸）。岡谷・諏訪製糸がアメリカへの多量出荷で天下を制したのは「十四中」の「普通糸」でした。

明治の初めからきびしい品質管理

デニールが一定の範囲にそろった生糸でないと、輸出糸に合格できないので、工女さんの取った糸は毎日、個人別に検査されます。

検査はデニールだけでなく、色むらやフシはないか、光沢はいいかなども調べられて、糸の等級がきまります。製糸の高度化で昭和三年からはセリプレーン検査となり、繰糸法も一変しました。さらに、一人が一日に何匁(もんめ)の生糸を取ったかの「繰目(くりめ)」が量られます。

＊繰目　繰糸量のことで、一定の時間に繰糸される生糸の重量をいうが、一般に製糸工場では一日に一人の工女が生産した生糸量を繰目といった。

でも、なんでも量が多ければいい、というのではありません。なにしろ高価な繭ですから、歩留まりよく、生糸にしなくてはいけません。これが「糸目」（または糸歩）です。工女さんが一日に取った繭の量と、生糸の量から割り出されます。

繰目・糸目と生糸の品位検査の成績によって、工女さんの賃金がきまります（等級による成果給制度）。

人の能力には個人差がありますね。成績によって賃金に差がつき、工女さんにはつらい賃金制でした。

かといって同一賃金にしたら、いい糸がそろわなくなって、会社はやってゆけなくなります。製糸業のむずかしいところです。

＊官営富岡製糸場の工女月給　等外上等工女三円、一等工女二円五〇銭、二等二円、三等一円七五

銭、四等一円五〇銭、五等一円二五銭、六等一円、七等七五銭。賄費三三円一五銭は国負担（別に夏服料二円、冬服料三円支給）

工女さんは、製糸家には金の卵でした。毎年暮れから春にかけて奪い合いが演じられ、製糸会社は工女募集にお金をかけ、「原料代が八割」のきびしい経営の中で、精いっぱいの優遇につとめたといいます。三年・五年・十年勤続者に鏡台や桐の箪笥（たんす）を贈って表彰するなどしたのもその一つです。工女さんは一年契約です。給金が低かったり、「虐待」などされようものなら、翌年来てくれません。工女さんを大事にしない工場は、いい糸をそろえることができなくて、淘汰されてゆきます。

長時間労働に耐えた工女たち

明治の工女さんたちは、一日十四時間とか十七時間とかいう長時間労働に耐えて、この神経をつかう繊細な仕事を、おどろくべき集中力をもってやりぬいた大功労者です。そのことをいってあげなければ、彼女たちの労苦にむくいることはできないと思います。

製糸が季節操業だったころ、工女さんは、工場の休業期間は故郷へ帰る、季節的出稼ぎ型の仕事だったことも、長時間労働につながりました。

＊明治三十五年、製糸工場の就業時間についての報告「地方ニヨリ日出ヨリ日没ニ至ルマテヲ就業時間トナスモノアレトモ、或ハ日出前ニ始業シ、或ハ夜業ヲナシ、冬期ト雖モ十三四時間乃至十五六時間ニ至ルモノアリ。生糸工場ニシテ就業時間ノ長キコトハ恐クハ諏訪地方ヲ以テ全国ニ冠

タリトセン。此地方ニ於イテハ一日十七八時間ニ達スルコト必スシモ稀ナリトセス」（農商務省商工局工務課編『工場調査要領』）

日本史年表（河出書房版）に、明治十九年六月「甲府地方で製糸工女スト起る」七月「甲府丸山製糸でスト起る」とありますが、諏訪地方では昭和三年に平野村の山一林組でストライキが起きるまで、製糸工場での労働争議は起きませんでした。工場主と家族が、工女と苦楽を共にする経営姿勢が、争議を招かなかったといわれています。

繰糸の三方式

糸の取り方には三つあります。

一つ目は「浮き繰り」。熱い湯で煮た生煮えの繭から、高速で糸をとってゆくやり方です。これは糸歩と能率重視の、多量生産むきですが、糸の質はすこし落ちて、いわゆる「普通糸」になります。諏訪糸が最初にリードを奪うのはこの取り方です。

二つ目は「沈め繰り」で「沈繰式」ともいいます。ぬるい湯に繭を沈め、じっくり煮て、ゆっくりと糸をとってゆきます。これは優良糸がとれますが、繭糸のロスが多い。

その中間をゆくのが「半沈式」です。高温で煮て、高速で糸を取ります。浮き繰りと沈繰の中間的効果があります。

そのどれを採るかは、経営判断になります。

岡谷・諏訪製糸が明治中期に、早くも業界の首位に立ったのは、「浮き繰り」での「普通糸」の能率生産主義、いわゆる諏訪式製糸経営の成功によるものでした。

洋式繰糸機あれこれ

明治初めに輸入された製糸機械と経営法は、二系統がありました。

イタリア式繰糸機

（岡谷蚕糸博物館所蔵）

【イタリア式繰糸機】一つの釜に煮繭係一人、繰糸係が二人つく「煮・繰分業型」。小枠に取った糸を大枠に揚げ返す「再繰式」。撚り掛けは「ケンネル式」。煮繭は焚き火、動力は人力または水車。イタリア式経営は糸量能率本位、製品はヨコ糸用の普通糸。繭は安価買い集め主義。

【フランス式繰糸機】煮繭と繰糸を一人がこなす「煮・繰兼業型」。糸をじかに大枠に巻き取る「直繰式」（日本に導入されたのは再繰式）。撚り掛けは「共撚り式」。煮繭・動力とも蒸気。フランス式経営は品質本位、製品はタテ糸向きの優良細糸。繭は優良品に統一。

この二系統の機械の長所を組み合わせ、在来の座ぐりのやり方も生かし、糸を取りやすいように工夫して完成

富岡製糸場で使われたフランス式繰糸機
（岡谷蚕糸博物館所蔵）

されたのが、武居代次郎らによる「諏訪式繰糸機」です。日本独自の木製機（座繰）で、これを初めのころは「器械」といい、また「器械」は製糸工場をさす言葉でもありました。この木製機を一般的には「ざそう機（器）」または「普通機」と呼び、大正末に登場した鉄製フレームの多条繰糸機や、太平洋戦争後に開発された自動繰糸機（いずれも立繰）と区別します。

「ざそう機」（普通機）による製糸は、繰り枠二つの二条（二緒ともいう）取りからはじまって、明治三十五年ころから三条取り、明治末には四条取りが試されました。その後、優良糸生産への転換から、煮繭機が開発され煮・繰分業になると、五条取りにすすみ、昭和に入ると六・七条取りの繰糸も行われました（八条取りは立繰）。

大正になって多条繰糸機（主に二〇条）さらに戦後、自動繰糸機が導入されてからも、「ざそう機」による製糸も、並行して行われていました。

諏訪式繰糸（経営）

諏訪は土地が狭く、産繭量が少ないため、他地方から繭を集めなくてはいけません。その繭が、

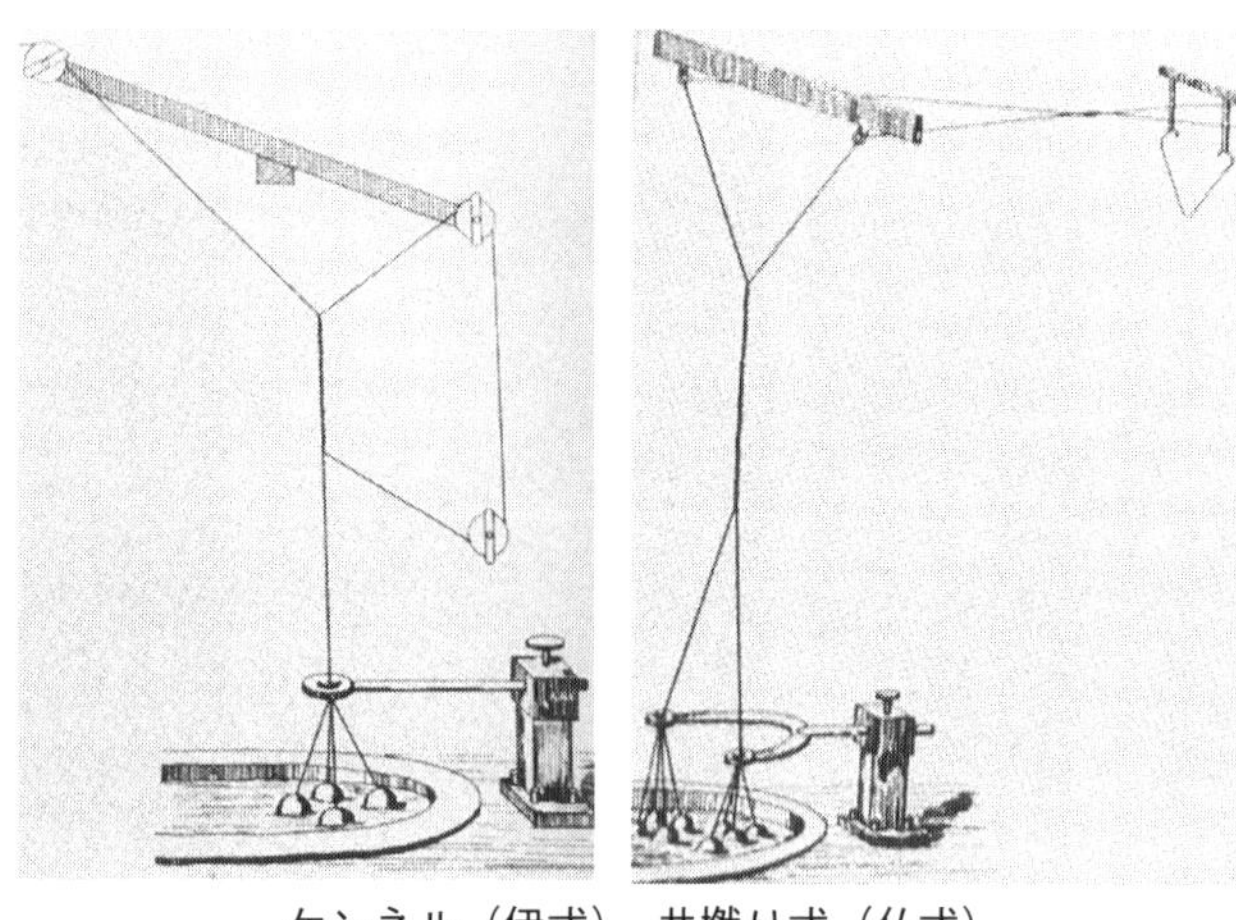

ケンネル（伊式）　共撚り式（仏式）

（丸山新太郎『激動の蚕糸業史』より）

産地によって品質が違い、劣悪な繭も多いうえ、輸送で繭が痛みやすく、岡谷・諏訪の製糸家は、良い生糸をそろえるのがむずかしい、というハンディを負っていました。横浜の市場で、優良繭の産地から出てくる良質な糸とは、勝負になりません。

　国際的にはイタリア糸、清国糸との競争にも立ち向かわなくてはいけませんでした。

　そこで選んだのが、糸目（糸歩）を目いっぱい多くして、能率的な繰糸で量産し、コストを下げる行き方でした。同じ「浮き繰り」でも、一段ときめ細かなやり方が工夫されていたことを、信州大学名誉教授の嶋崎昭典氏が掘りおこしています。まず繭糸のほぐれをよくする乾燥法を工夫し、索緒のとき出る糸くず（緒糸）を少なくするために、緒立ては熱湯につけるだけの若煮えに留め、その繭を熱湯に浮かべて、煮不足を調節しながら繰糸する、といった方法でした。

能率と品質を左右する煮繭でも、繭をひと握りくらいの小分けにするなど、細かい工夫をこらしています。こうした糸歩を最大にする「糸歩増収」と能率重視の繰糸が諏訪式製糸法です。この緻密な糸取りを担ったのが工女さんたちでした。彼女たちの負担は大きかったことと思います。製糸家たちは、情報交換でこうした技術を共有し、「諏訪式」といわれる経営を築いていきました。そして、緻密な品質管理で、品質をそろえたヨコ糸用「普通糸」を安定的に出荷して、大量生産方式の、アメリカ絹織物業界の信頼を得ました。これが岡谷・諏訪製糸発展の基になりました。これを主導したのが片倉兼太郎(かねたろう)です。

明治末期からは、米国絹工業界の需要に応えて、タテ糸用の優良糸生産への転換を図り、大正になるとバイオテクノロジーによる繭の品種改良と、繰糸の機械化（多条機の開発）へ発展させて、ストッキング用の高格糸生産へすすみ、世界一の輸出生糸生産国の地位を不動のものにしました。戦後は自動繰糸機を開発し、製糸のオートメーション化を実現しています。これらを一貫して主導したのが片倉製糸でした。

第二章　スタートから先頭に立つ

——明治・諏訪人の智恵と勉励

生糸商・丸三林屋敷

（2003 年 2 月取り壊し　林善介撮影）

幕末諏訪に製糸の基盤

信州は、古くから上州などに次ぐ生糸の産地で、諏訪では「牛首」とよばれる素朴な道具が使われていました。一人の女性が鉄鍋で繭を煮て、右手で枠を回し、左手で撚りをかけて糸を取ります。この「手挽き糸」は、江州商人によって西陣などへ送られ「登せ糸」と呼ばれました。これを扱う地元の商人は「糸師」とよばれ、綿も扱っていました。

生糸を売ったお金で東海地方や甲州から繰綿を仕入れ、これを打って篠に巻いて撚子（撚糸）にするのを「綿打ち」といいます。冬季の生業です。できた「篠巻」を伊那・小県・佐久をはじめ美濃や飛騨まで行商して稼ぎ、このお金で繭を買い入れ生糸にするという経済サイクルになっていて「諏訪綿」の呼び名がうまれるほど綿打ちが盛んでした。木綿の機織り業も起きて「諏訪小倉」は帯地・袴地などに使われました。

徳川幕府が日米修好通商条約に調印して、横浜などを開港し、自由貿易が始まったのは安政六年六月ですが、横浜開港の翌月には、平野村新屋敷（現・岡谷市）の丸三林善左衛門が、横浜へ番頭三人を送って売込み問屋保田屋に出張所を設け、十月には上田の商人と組んで生糸六一一斤半（一斤一六〇匁、約六〇〇グラム）を外国商人へ洋銀一二〇五枚余で売り渡しています。丸三林は信州全域・甲州・岐阜・美濃・飛騨・越前からも集荷する豪商でした。続いて同村の尾澤浜右衛門、小口永吉、中沢磯右衛門らが横浜へ出向いています。

この江戸末期には煮繭・繰糸の釜と繰り枠を一体にした二条繰りの座ぐり器が出現していました。歯車を応用して繰枠を早く回す「上州座ぐり器」や「奥州座ぐり器」です。横浜開港の翌年（万延元年）ころ、同村上浜の清水久左衛門と新屋敷の林源次郎が、高崎から「二ツ取座ぐり器」を購入し、農村の冬季余業として生糸生産はいっそう盛んになりました。糸師が取子（とりこ）（農家の女性）に繭を渡して賃挽きさせる問屋制家内工業でしたが、この「座ぐり糸」は「手挽き糸」にくらべ糸の抱合が悪く、細太混じりになる欠点があって、外国商人の不評を買うことになりました。

同じころ高崎から「二ツ取座ぐり器」を買って生糸製造をはじめた同村小井川（おいかわ）の増沢清助父子は、慶応二年ころ、重力を使って小枠を回転させる座ぐり器を発明し、売り出しています（武田安弘）。日本最初の和式繰糸器械が出現していたのでした。この増沢父子の子孫が、明治二十年代になって洋式製糸機械製造業を興します。

上州式座ぐり器による糸取り

（岡谷蚕糸博物館所蔵）

横浜開港でいちばん売れたのが生糸でした。ヨーロッパで蚕の病気（微粒子病）が大流行して、欧州糸の生産が激減したうえ、生糸の宗国・清国が、阿片戦争や太平天国の乱から、生糸の輸出を減らしたという背景がありました。

もともと欧州糸の値が高かったこともあって、横浜で生糸がバカ売れに売れたのでした。信州のある糸商が、かついで行った生糸を、開港場の路上へ並べると、たちまち、思わぬ高値で売れたという話が伝えられています。

慶応元年、諏訪藩内の糸師は二七一人。慶応二年、諏訪藩内の座ぐり糸業者は八八人（うち岡谷地方に五五人）。輸出糸二一五四貫、国用糸三三二貫を生産しています。諏訪では幕末に生糸生産の基盤が築かれていたわけです。

ご一新、生糸で国おこし

明治維新で新政府が目ざしたのは「殖産興業」「富国強兵」でしたね。東南アジアの大半を植民地化して、日本に迫ってきた欧米列強から、この国の独立を守らなくてはいけないと政府は焦りました。近代化を急ぐため、外貨を稼ぐには、原料から器械まで自給できる生糸がいちばん有利です。これで国おこしをしようとしたのですが、当時の座ぐり糸には粗悪品が多かったため、外国商館から規制を強く求められていました。

フランスの生糸貿易商からは、日本国内に機械製糸場を造りたいとの申し出があり、大蔵少輔兼民部少輔の伊藤博文（のちの首相）はこれを拒みます。それを許したら、植民地化につながってしまいます。

伊藤博文と大隈重信は、日本の蚕糸業を視察した英国公使館の書記官の意見も聞いて明治三年二月、なけなしのお金をはたいて一大洋式製糸場を建設することを決定し、フランス人ポール・ブリュナを雇い、建設をまかせます。

官営富岡製糸場開業

ブリュナは生糸の検査人、つまり製糸業に精通した専門家で、前年、イギリス政府の日本蚕糸業視察団の一員として来日した人物です。ブリュナは養蚕地帯の上州・甲州・信州（上田方面か）を見て歩き、上州富岡に工場を造ることをきめます。

上州はもともと養蚕と座ぐり製糸の本場でした。幕府の天領だった富岡は、新田開発で拓かれた所ですが、「絹市」が立ち、生糸の集散地になっていました。空気が乾燥し、風通しがよく、製糸に必要な大量の水を近くの川から引けて、製糸の適地ですし、広い工場用地（約五万ヘクタール）を手早く確保できる好条件がそろっていました。それに、高崎に近く、燃料の石炭を入手しやすいことも決め手になりました。

明治五年十月、官営富岡製糸場は開業にこぎつけます。三〇〇釜、世界最大級の大工場でした。しかも蒸気力で機械を動かし、煮繭もおこなう近代工場です。設備したフランス式繰糸機は、銅製の円形鍋・瑪瑙（めのう）の集緒器といった高級機ですが、ブリュナは、日本の実情に合う特注機にしています。本来は直繰式のところを、湿気の多い日本の気候に向く再繰式に変え、日本の繭が粗悪で、繰糸中に目切れが多発するため、自動索緒機は取り外して手動式にしたほか、日本女性の体格に合う機械に改良しているようです。本来なら一台三〇〇円くらいのところ、特注機は六〇〇円以上したといわれます。政府の投資額は一九万八千余円（約二四万円説も）でした。

イタリア式製糸場が先行

実は、富岡製糸場の前に開業していた洋式製糸場が四つありました。第一号は明治三年に開業した前橋藩営の製糸場です。速水堅曹という先覚者が、神戸にいたスイス人ミュラーを雇ってつくった六人繰り三台の小工場でした。イタリア式和製（木製）繰糸機を考案しているというのが注目されます。速水はのちに富岡製糸場の第三代・五代場長。そして生糸輸出会社「同伸社」をつくって活躍します。

二番目は小野組の東京築地製糸場（三〇台、六〇人挽き）、三番目は民部省勧工寮が東京赤坂の鍋島邸内に設けた葵坂製糸場（二四釜、四八人挽き）、そして四番目が小野組系の信州上諏訪の深山田製糸場（九六人挽き）です。葵坂・築地ともミュラーを監督に迎えています。

＊イタリア式繰糸機の鍋は銅製、集緒器は鹿角。三条取り。煮繭は焚き火蒸気。築地の動力は「ぜんまい式」。

諏訪製糸の原点・深山田（みやまだ）製糸場

小野組・小野善助は生糸も扱っていた江州商人で、京都から東京へ出て新政府の為替方を請けた政商です。生糸生産でも稼ごうと、イタリア式製糸場の全国展開をねらい、まず造ったのが築地と上諏訪の製糸場でした。

深山田製糸場は、上諏訪桑原町の商人・丸中亀半の土橋半三郎（半三、半造ともいう）と組み、土橋家も出資して、半三郎を世話人として起こした工場でした。

半三郎は醬油醸造と糸問屋を営み、小野組と取引があったのでした。土橋本家の丸二亀屋土橋長右衛門は、諏訪藩の町人頭だった人で綿・金物・小倉織などを扱い、酒造業も営み、郡内十一ヵ村にわたる大地主でもありました。諏訪藩から下諏訪砥川（とがわ）デルタの新田開発（土波止新田。現在の赤砂地区）を任されたほどの豪商です。分家（丸中亀半）へ養子に入った半蔵の子が半三郎（天保八年生）で、目新しい洋傘を持ち歩くハイカラさんだったそうです。

「深山田」というのは地蔵寺下の字名です。角間川の支流に水車を掛けて動力とし、明治五年八月二十日開業しました。富岡製糸場より二ヵ月早い開業です。これが諏訪の器械製糸の始まりですから、日本史的事件でした。日本史年表（河出書房版）に「諏訪に機械製糸創業する」と出てきます（開業時は三〇釜）。

これは諏訪にとっても大事件でした。三万石の小藩の旧城下町に、こつ然と西洋式の大製糸工場が出現したのですからね。見物人が殺到し、竹矢来（塀）をこしらえて混雑を防ぐ騒ぎになったそうです。

工女は上諏訪村・四賀村・中洲村の二四人を、築地製糸所へ送って繰糸技術を学ばせましたが、この中に小松かね（婦長、挽子長）、藤森けん、志田とし、宮坂まさらがいました。

毎朝始業前に関鑑蔵支配人が工女に、小学校の教科書を暗誦させたり、算盤を教えたりした進んだ工場でした。現業の監督は土橋彦太郎。

小野組は同工場を、国じゅうの目安（モデル）になるとほめていますし『平野村誌』は「独り信州においてのみならず、全国的にも器械製糸場として著しいものであった」としています。

＊深山田製糸場の設備　円形の煮鍋は銅製で松本銅壺屋から、ケンネルは真鍮（しんちゅう）製で小島左一郎に注文。半月型の繰り鍋は、のちに赤羽焼の陶器に変更。三階建て建屋には旧諏訪藩の藩学長善館の稽古所の解体材を使い、藤森儀右衛門が監督した。集緒器を鹿爪から陶器（赤羽焼）に変えている。明治七年の繰糸能率は日一人平均（繭）三升四合一分、繭一升当たりの均し目は約八匁。

一年半で挫折

ところが深山田製糸場は思うように行きません。せっかく養成した熟練工女を、他業者に引きぬかれて製品の品質がむらになり、販売に困難を来してしまいました。規模が大きすぎて伊那・松本などからの繭の大量買付けにも苦労したようです。

それに、この年は繭が不作で、高値のうえ品質が悪く、糸目は出ないし、糸の品質も悪い。加えて生糸相場も安いという最悪の事態になって、明治八年一月、半三郎は小野組へ、製糸業から手を引くと申し出たのでした。

開業から一年半で一万一〇七五円余の赤字。半三郎の借金は四六二八円に膨らんでいました。製糸業の怖さです。半三郎は家屋敷など全財産を手放して返済に充てたのですが完済できず、一〇〇〇円の借金が残ったといわれます。

＊丸中亀屋はのちに「丸中（亀半）醤油」の醸造元として復活。半三郎は明治十六年没。

深山田製糸場は、大規模だったことが、当時の実情に合っていなかったようです。のちに岡谷・諏訪の製糸家は、六釜・一〇釜という小工場から起ち上がって成功しています。大企業に成長してからも、工場はどこも粗末な建物でした。粗悪な繭を生糸にして外貨を稼ぐには、低コストで生産しなくては採算がとれません。

それでも深山田製糸場は操業を続けていましたが、十ヵ月後、今度は小野組が破産してしまいます。国の輸入超過・金貨流出の金融危機からでした。深山田製糸場も閉鎖となり、工場・設備が公売にかけられました。設備の大部分を、中洲村の浜會右衛門ら五人が落札し、明治九年、同村大曲に「中洲器械社」を開業（六〇人繰り）したのですが、これもうまく行かず、十四年には解散となり、深山田製糸場の遺構はなにも残っていません。

しかし、深山田製糸場が手本になって、岡谷・諏訪にいち早く洋式器械製糸が起ち上がる基になりました。それに、多くの工女を養成してあったのが遺産となって、ここで育った工女たちが、活躍することになります。

製糸業史研究の武田安弘さんは土橋半三郎について「近世的商人であり、困難な器械製糸の地方移植を、小野組の資金を借りたとはいえ、見事にやりとげ、先駆者としての役割をはたした人物」としています。

＊深山田製糸につづいて小野組の資金援助で創業した製糸場は、信州だけで一〇社にのぼる。この中に諏訪郡平野村武居代次郎、伊那郡宮田村平沢長造、同飯島町宮下権四郎、同阿島村長谷川範七がある。信州製糸は、国情に合うイタリア式の影響が大きい。

官営富岡製糸場始末

ここで、官営富岡製糸場がどうなったかを見ておきます。

開場半年後には、一等工女が取った生糸がウィーン万博で「進歩賞牌」を受けていますが、明治十七年ころまで赤字の年が多く、火のクルマ財政の政府を悩ませました。

損失の原因は（一）高値の繭を買った、（二）工女の一日一人の繰目と平均糸目が不足した、（三）設備が大きすぎて管理のかかりが多大であったこと、が挙げられています。

文明国のフランスは、八種くらいに統一された蚕種から、優良な繭が生産され、その繭から優良な細糸を挽く、フランス式の高等な近代製糸を、雑多な繭の日本に移植することに無理がありました。フランスと日本は、蚕糸業の構造が違っていたのです。富岡でも繭を精選すれば、優良糸を挽くことは可能でしたが、それではべらぼうなコストになってしまいます。

それに「官営」というのはうまくいかないものです。まして、むずかしい製糸業ですからね。

政府は明治十年ころから、民間への払い下げを検討し、内務卿松方正義は明治十三年に「官営工場払下概則」を発表しましたが、富岡製糸場は規模が大きすぎて、買い取る人が現れず、政府首脳からは、工場閉鎖の意見も出たといいます。

そして明治二十四年に公売が行われたのですが、入札が予定価格に達せず不落となり、二年後の再入札で三井財閥の三井高保が落札しました。

三井は商業と金融ばかりでなく「工業部」を設けて稼ごうとしました。三井は釜数を増やした

水分検定器

三代片倉兼太郎が富岡製糸場から諏訪へ運んで保存した（岡谷蚕糸博物館所蔵）

（平成29年　著者撮影）

り、再繰場を繭倉に移したり、工女の日給を出来高制に替えるなどしたのですが、やはり製糸経営は思うようにいかず、明治三十五年、横浜生糸商の大手・原合名（原富太郎）に売り渡します。

　原合名は、再繰場を別棟に移し、釜数を（昭和六年までに）六六四まで増やしたり、蚕種を生産・販売するなど経営努力したのですが、大恐慌で打撃を受けて昭和十四年、片倉に経営を譲り「片倉製糸紡績㈱富岡製糸所」となりました。

　片倉は昭和十七年、繰糸機を、自社開発の多条繰糸機に入れ替え、経営をたて直しました。そして太平洋戦争による生産中断をへて戦後、生糸生産を再開し、昭和二十六年には、自社開発の自動繰糸機「K８A型」を配置するなど、業界をリードしましたが、化学繊維の普及と、中国・韓国生糸の輸入増から、昭和六十二年三月、操業を停止、富岡製糸百十五年の歴史の幕をとじました。

＊片倉は富岡の歴史遺産を守り通し、平成十七年に建物群を富岡市へ寄付。これが平成二十六年ユネスコの世界遺産登録となった。三代片倉兼太郎（脩一）は、フランス式繰糸機の一台と水分検定器などを昭和十八年、諏訪市の片倉館となりに懐古館を建てて保存し、懐古館を諏訪市に寄付（現・

諏訪市美術館）する際に、機械類は市立岡谷蚕糸博物館へ寄贈。フランス式繰糸機はコピー機がつくられ、世界遺産富岡製糸場に展示されている。

全国に器械製糸場

このように官営富岡製糸場は、経営的には不首尾に終わりましたが、その後、全国に器械製糸場が起ち上がり、富岡を模範工場として、製糸産業を興そうとした新政府の目的は達せられます。明治十二年までだけでも、富岡式の製糸場が、北海道から熊本県まで一六府県に二七工場も創業しています。このうち長野県が九工場（うちイタリア式との折衷二）と群を抜いています。次いで北海道と兵庫が各二工場。一工場は東京・静岡・福井などです。富岡製糸場の地元群馬県で、この年までに立ち上がった器械製糸は一工場だけです。

もともと上州は手挽き製糸が盛んでした。上州式座ぐり器も発明され、碓氷社・甘楽社・下仁田社といった有力な座ぐり糸の共同出荷組合が育っていた土地柄から、民営の洋式器械製糸の立ち上がりが遅れたといわれます。その後、碓氷社などが器械製糸に転換して、生産高で全国四位の地位を保っていました。↓昭和四年。一位長野、二位愛知、三位埼玉。

＊明治十二年までに創業した富岡モデルの製糸所のうち信州分　関製糸（上高井雁田村）中野製糸（中野町）西条製糸（松代）伊藤製糸（大町村）高橋製糸（小諸町）中山社（平野村）山瀬製糸（木曽大桑村）長野県製糸場（長野市）修業社（南佐久穂積村）。このうち中山社と関製糸は仏・伊式折衷型（今井幹夫『富岡製糸場と絹産業遺跡群』による）。

す早い諏訪製糸の起ち上がり

さて諏訪は、富岡とはまるで違う展開を見せました。

深山田製糸場が開場した翌明治六年、平野村（現・岡谷市）・下諏訪・上諏訪に七軒の器械製糸所が創業しているのです。六釜・十数釜という小工場です。納屋を使ったりして、建物は粗末なものばかりでした。

一番乗りは七月開業の平野村間下（ました）の三代目武居代次郎（一六人繰り）です。武居家は江戸時代からの綿・糸商で、諏訪・高遠藩の御用金調達を援ける役目を果たし、名主をつとめた旧家でした。つづいて同村小口の吉田和蔵と上浜の清水久左衛門が九月開業。さらに十二月までに今井村（現・岡谷市）今井要四郎、下原村（現・下諏訪町）中村平助、下桑原村（現・諏訪市）小平源三郎、大和（おわ）村（同）関盛復が創業しています。

七人とも深山田製糸場を「熟覧」して、座ぐりの技術を土台に、それぞれが簡便なやり方を工夫した洋式ざそう器械を大工さんにつくってもらい、焚き火で煮繭し、人力または水車を動力にしてスタートを切ったのでした。

いかにも早い起ち上がりです。

長野県下ではこの年、伊那谷と北信に各三社、松本に二社、上田に一社が創業しています。諏訪はスタートダッシュから先頭に立っていたわけです。深山田効果も大といえるでしょう。以後、各地に続々と小製糸家が起ち上がってきます。

このころの器械は千差万別だったそうです。ポスト深山田の先陣をきった武居代次郎は、糸を取りやすい半月形の鍋（銅製）を考案、撚（よ）り掛け装置のケンネルは真鍮（しんちゅう）製を木製にし、煮繭の焚き火は別炉にするなど智恵をしぼっています。動力は水車でした。

＊器械大工　浜岩蔵（平野村間下）峰次郎（姓不詳　下諏訪）藤森直兵衛（上諏訪小和田（こわた））藤森喜七（上諏訪か）の名が伝えられている。

緻密な製糸経営

嶋崎昭典先生は、学生時代から合資吉田館製糸を研究し、岡谷製糸の緻密な経営を把握した人ですが、その研究によると、吉田和蔵製糸は六釜、九坪の建屋で創業し、十三年には一五釜、建屋一八坪に拡張しています。初年度は一五人の工女の技術未熟で良糸を得られなかったため、深山田の工女二人を教師に招き、伝習を受けて軌道にのせました。抄緒のときに出る緒糸のロスを最小限に抑えるため、七七度の低温湯に乾繭を浸すだけで、ミゴ箒（ほうき）で索緒し、あとは五五度の湯に繭を浮かべて、煮不足を補いながら糸を取る「軽浸透煮繭・浮き繰り」という独自の繰糸法を編み出していたといいます。糸歩の出る五粒付け定粒十二デニール繰糸でした。このように、創意工夫をこらす諏訪人経営者の典型が、早くも現れていたのでした。同社は木製半月型の繰り鍋も考案しています。

＊明治七年吉田製糸所の成績　実働一〇時間、一人一日の繰り高三三・四匁（一二五グラム）一人一日の繭消費量四・二升、一年の繭仕入高約二二〇貫、一年の生糸生産量一六貫（六〇キログラム）（嶋崎昭典）

北信に富岡モデルの六工社

ここで注目されるのは明治七年、北信濃松代となりの西条村六工（ろっく）に、富岡モデルの蒸気釜による煮繭をとり入れた西条製糸場（三二人繰り）が生まれ、明治八年八月には工場制製糸場の六工社（五〇人繰り）に発展していることです。繰り鍋を安価な陶器にするなど工夫し（動力は水車）、工女のリーダー（教婦）に、富岡から呼びよせた横田英らを迎えています。

蒸気釜を造るのに苦労し、軽便な銅製の釜で開業したのですが、だいぶ危ない代物でした。開業を視察に来たブリュナが、銅製の汽缶をひと目みて釜場から逃げ出したというエピソードが伝えられています。一釜当たりの建設費は五七円でした。

和田英（旧姓 横田）は六工社回想記で、大里忠一郎と海沼房太郎が、独自の蒸気釜と繰糸機をつくるのに、不眠不休の苦心を重ねる姿を、きちんと書きとめています。製糸業の起ち上げがいかに困難かがわかる記録になっています。英の文章は簡潔にして的確、いかにも頭のいい女性だと感嘆します。彼女の弟は大審院の院長（今の最高裁長官）になっています。

武居代次郎の「中山社」と諏訪式繰糸機

さて、創業から新機軸を考え出した武居代次郎は明治八年、間下村の有志八人（武居孫次郎・浜岩蔵・武居孫十郎・武居国吉・武居文柄・井上壮吉・浜恭助・増沢賜）と語らって、一〇〇人繰りの大工場「中山社」製糸場を中山地籍に建て、佐久からも繭を仕入れて開業します。一人一五〇円の合資的会社で、教婦には深山田で働いた小松かね・藤森けん・ゑつ（姓不詳）を迎えています。

＊地元から入場した工女に武居まん・武居かん・林ふでらの名が見え、伊那谷からも来ている。年齢は十二、三歳が最多（最高齢二十二～二十三歳）。二条取りで、平均して一人が一日四升マス一杯半くらいの繭を取り、一日の繰目八〇匁という優等工女もいた。成績による一～四等の等級制褒賞金も定め、賃金は季節労働で年一二～一三円。

代次郎は松代へ飛んで六工社を見学し、蒸気釜による煮繭（蒸気取り）を導入することを決め、独創の大鍔釜（六石入り）二基を松本の銅壺屋に造らせます。薪で焚くこの釜は「ボンボク釜」とか「ホオズキ釜」とか呼ばれて、諏訪じゅうに普及しましたが、代次郎はさらに明治十三年、本格的なコルニッシュ型ボイラーを甲府から導入し、業界をリードします。

代次郎は、繰糸器械の改良に心血をそそぎました。フランス式の煮・繰兼業型を採用、撚り掛け装置はイタリア式の稲妻型ケンネルにするなど長所を折衷し、丸型の煮鍋・半月型繰り鍋とも、赤羽焼の釉薬をかけた陶器を採用、集緒器も陶器製（始めは鹿の角）にすることを考え出し、安い材料で性能に優れた中山式繰糸器（機）を造りあげました。一台の製作費は一三円五〇銭。仏式の六工社にくらべはるかに格安でした。

武居代次郎
（岡谷蚕糸博物館所蔵）

代次郎は、きのう作った器械を、翌朝はもう変えるという調子で改善に改善を重ね「道楽器械」といわれたというのは有名な話です。代次郎の器械づくりは徹底的な簡素化と実用化をおしすすめたもの（武田安弘）といいます。
　この中山式器械は諏訪じゅうに普及し、さらに改良が加えられて、明治十六年ころ、いわゆる「諏訪式繰糸器（機）」が完成されました。

＊稲妻型ケンネル　撚り掛け装置のケンネルを走行する糸の張力の変化で、撚り上がり・撚り下がりがくり返され、それが稲妻に似ていることからの命名。

諏訪式繰糸器
（岡谷蚕糸博物館所蔵）

　中山社は深山田製糸場の生糸仕判師を雇って生糸検査（光沢・大節・付節・繋ぎ節・裏糸・量目）の審査法を定め、十二年からデニール、十三年から強弾力の器械検査も行っています（『平野村誌』）。

大形稲妻型ケンネルを考案

　武居代次郎が考案した大形稲妻型ケンネルの機微が、近年の工学研究（森川英明、鮎沢諭志ら）で明らかにされ、これを嶋崎昭典先生が紹介しています。それによると、中山社が採用したイタリア直伝のケンネルは、繰糸中に糸の切断が頻発して能率を著しく下げるため、代次郎は、いったんはフランス式の「共より式」に変更したそうです。富岡製糸場から教婦を招き、三年近く改良を重ねたのですが、どうしてもうまくゆかずに断念し、再びケンネル式に戻ったのでした。

ここで代次郎は、フランス式「共撚り」の撚り掛けの長さを生かして、稲妻型ケンネル機構の長さ（鼓車間隔）をイタリア製の三倍の四五チセンにすることで、糸の張力をゆるめ、糸切れを大幅に減少させることに成功したのですが、これには、座ぐり器の「糸よせ糸道」の特性も組み入れて、大型ケンネルの考案となったのだそうです。

この大形ケンネルによって、繰糸中に頻繁に起きる「撚り上がり」「撚り下がり」をコントロールできたということです。この稲妻型の大形ケンネルも「諏訪式」といえるでしょうね。

また蒸気用三方カランも、フランス式よりシンプルな、カランその物が三方弁になっているすぐれ物だといいます。いずれも、たいへんな創意工夫です。

岡谷蚕糸博物館にある諏訪式繰糸器（中山式）を眺めると、ずいぶん素朴な器械に見えますが、これが高性能なんです。日本女性の体格に合った造りで糸を取りやすいし、糸切れが少ない。そして陶器鍋だと、熱湯に化学反応が起きなくて、高価な銅鍋や鉄鍋より糸の色つやが格段にいいのです。この優秀機が一台二〇〜三〇円くらいでできたそうです。すべての点で舶来機を圧倒する名機です。ここに日本の機械づくりの原点があるといわれています。

この諏訪式繰糸器（機）はたちまち全国へ普及して、日本生糸の生産性を高めました。中山社は明治十九年、確栄社（小口直左衛門代表）と合同し、平野社（吉田和蔵社長）となって中山社の名は消えましたが、武居代次郎の名は日本産業史に刻まれています。

〽朝の六時に腰札下げて／中山通いの程（ほど）のよさ

中山社へ通う工女のかっこ良さを歌った盆踊り唄です。器械（製糸工場）で働く女性は時代の先端をゆくあこがれの存在でした。

〽朝の六時にゃえんま顔／晩の六時にゃえびす顔

中山社は朝六時始業、晩六時終業だったことがわかります。

＊平野社の発足時社員は武居・吉田・小口のほか笠原三郎、小口円蔵・笠原治郎右衛門・笠原亀蔵・小松常十・増沢亀之助・林新一郎。

諏訪盆地に続々と器械製糸所

明治九年は欧州の春蚕不作から、九月まで糸価がはねあがり、製糸所の創業があいつぎました。諏訪地方では平野村に八社、下諏訪村に五社、長地村に四社、上諏訪村に一社、川岸村に一社が開業しています。規模は八〜六〇釜と大小さまざま。煮繭は焚き火が大半で、動力は水車と人力でした。

このうち上諏訪の茅野右衛門ら士族五人が経営した製糸所は、深山田を模した四五人繰りの規模でしたが、イタリア式器械の釜は湯が高熱になって糸質が悪く、糸目も出ないとして、富岡式の蒸気取りに改めています。平野村の青木増太郎製糸（一六人繰り）は、水利に恵まれないため、大きな車につけた横棒を足で踏んで車を回転させています。手回しの製糸場もありました。

この年、信州では零細製糸を含め五〇社が開場。全国の一〇釜以上の器械製糸場は八七でした。

この年後半に糸価が暴落し、多数の製糸家が破産するのですが、翌年には平野村二〇・長地村九・川岸村四・湊村一・下諏訪村五社が開業するなど、新たな挑戦者があい次ぎました。

この下諏訪五社の一つが、下諏訪宿本陣裏に工場を建てた岩波芝吉製糸所で、その事務所遺構が現存しています。下諏訪でも忘れられた存在になっていますが、諏訪に残る最古の製糸遺構として貴重です。

明治９年創業の岩波製糸の事務所遺構

平成 30 年 5 月　著者撮影

＊岩波芝吉製糸所の経営内容　近傍の器械製糸を模し二〇釜で開業。一一年には富岡その他の器械を参考に改良して六〇釜に。生糸百斤を七五〇円で販売。設備は木製繰糸機六〇・繰替機二〇・水車径九尺・蒸気釜五石入二釜。器械所は長さ一五間・横三間一尺五寸。一三年の産出高二八梱（こうり）、この代価一万四九二〇円。季節操業で工女月給一等三円・二等二円五〇銭・三等二円。工女六〇人のうち四五人に褒美（木綿織の原料・撚子）を贈っている（『下諏訪町誌』下巻）。「当地方ハ四月前、一一月後ハ厳寒ニシテ事業スルコト難シ、故ニ新繭ノ期節ニ着業シ、一一月迄ニ専ラ輸出品ヲ製造ス」（役所への報告書）

後に片倉とともに日本三大製糸となる平野村の山十組の創業者・小口村吉、小口組の創業者・小口善重と、山二笠原組の創業者・笠原房吉は、初め下諏訪で製糸業を営み、平野村へ帰って大をなしました。第十九銀行などの銀行が、諏訪出張所を最初に開設したのが下諏訪でした。旧宿場町の下諏訪は、岡谷とともに諏訪の湖北地方にあたり、明治以降、糸の町として発展しました。

明治十年、平野村に三〇工場

平野村は明治十年、初めて器械製糸場調べをおこなっています。そこに記載された製糸業草分けの事業者（三〇）をここに掲げます。

［間下］中山社（一〇〇人挽）武居八十二郎（一二人挽）
［新屋敷］丸三林熊吉（一二人挽）
［上浜］清水久左衛門（一五人挽）
［小口］吉田和蔵（一二人挽）小口直左衛門（二〇人挽）小口格弥（六人挽）笠原亀治（同）高橋幾之介（同）高橋徳太郎（一五人挽）小口孫兵衛（七人挽）
［小井川］増沢栄助（八人挽）宮坂勘三郎（一二人挽）増沢清助（四〇人挽）宮坂善吉（八人挽）宮坂禎助（八人挽）増澤安之丞（六人挽）宮坂金蔵（八人挽）
［西堀］青木増太郎（一六人挽）武井仁三郎（一二人挽）武井利左衛門（一〇人挽）青木末太郎（一六人挽）青木佐次右衛門（一〇人挽）
［今井］今井市五郎（六人挽）今井幸次（八人挽）今井由松（一〇人挽）今井儀左衛門（一二人挽）

今井勘之丞・今井幸太郎（二〇人挽）今井要四郎（一八人挽）今井平右衛門（六人挽）

＊平野村役場台帳の製糸場規模表示は明治十六年から釜数となる。

製糸王となる片倉兼太郎の登場

そして明治十一年、川岸村三沢（現・岡谷市）から片倉兼太郎（一八四九―一九一七）が登場してきます。垣外地籍の天龍川に径三丈七勺九寸（約一一・四㍍）の大型水車を架けて動力とした、三二釜の「垣外製糸所」を開業したのが出発でした。兼太郎は、日本の製糸業の発展を主導するとともに、片倉製糸を世界最大の製糸資本家（松村敏）に成長させる基を築いた巨人です。

＊垣外製糸場はイタリア式木製機、半月型銅製の繰り鍋、木製稲妻型ケンネル。煮繭は焚き火。工男二人、工女三四人を雇い、教婦に深山田育ちの志田とし（上諏訪小和田）を迎えている。

片倉兼太郎

（岡谷蚕糸博物館所蔵）

垣外製糸場があったのは、今の中央印刷㈱の場所です。同社は片倉製糸の活版部から発展した会社で、事務所はかつて、片倉組の本部として建てられた由緒ある建物です。

片倉兼太郎については、嶋崎昭典先生が行きとどいた評伝を書いておられるので、それに基づいてお話しします。

片倉家は田畑八町歩ほどを持ち、江戸時代から続く

垣外製糸所　明治30年

（『片倉製糸紡績二十年誌』より　岡谷蚕糸博物館所蔵）

農家でした。兼太郎は血統を大事にする人でした。分家によって家を創設した初代嘉右衛門（三代長左衛門の子）を「祖宗」として、その命日に一族を集めて祖先祭祀を行っています。その初代嘉右衛門から代々、三沢村の理正（庄屋）をつとめ、二代嘉右衛門の子が市助・権助兄弟です。市助（本家）の男子に兼太郎・光治・五介（今井家へ養子）・佐一（後に兼太郎の順養子となり、二代兼太郎襲名）があり、権助（新宅とよばれていた）の男子に俊太郎・利三郎（林家へ養子）がありました。兼太郎は後に、この父市助と叔父権助の男子家系に限定した一族共同体をつくりあげます（後述）。

　市助と次男光治（分家して新家と呼ばれていた）は明治六年、自宅庭の小屋で一〇人繰りの座ぐり製糸を始め、新宅の長男俊太郎も明治九年ころ、一〇釜の器械製糸に乗り出していました。兼太郎は光治と垣外製糸場を創業すると、すぐに従弟俊太郎と合同し共同経営とします。

　そして兼太郎は、後には弟今井五介と従弟林利三郎（丸リ製糸所）を加えた五家を中核とする、共同体に発展させます。これが片倉財閥形成の土台となりました。↓片倉家家譜は巻末資料に。

「地主」の境涯をきらった兼太郎

兼太郎は嘉永二年に生まれ、隣村間下村の漢学者・浜雪堂に漢学と書を学び、さらに慶応四年、江戸へ上って高名な書家・巻菱潭の塾で勉学しています。維新へと向かう世の移り変わりを見守り、福沢諭吉の『学問のすすめ』を書き写して熟読する青年でした。そして、なによりも人格者だったといわれます。帰郷して村役場で副戸長（副村長）をつとめていたのですが、世の動きを眺めて、全財産をかける覚悟で製糸業に打って出たのでした。

片倉家は田畑（八町二反）の一部を小作に出す小地主でした。兼太郎は後年「不作の年となれば、地主は小作人を苦しめることになり難くなる。そのようにして地主として世に立つことは、自分の性質に合わない。祖先伝来の農をやめても、時勢に順応し、国富増進に資する事業に進むにしかずと考えた」という趣旨のことを語っています。兼太郎の倫理観を示す言葉で、その精神は片倉の経営に一貫するものでした。徹底して緻密な製糸経営を追求する一方で、従業員を大家族主義で遇するなど、倫理的な経営が大をなす土台になったといわれます。

＊明治十一年、諏訪の開業製糸家は平野村二九・湊村八・長地村五・川岸村三・下諏訪二・上諏訪村一・中洲村一。規模は八～六〇釜と大小さまざま。煮繭は焚き火。動力は水車が多く、人力（手回し、足踏み）による工場が一一社。川岸村三沢の横内亀三郎は、三〇釜の繰糸枠を回転させられる足踏み動力車を考案。水利に恵まれない下諏訪では、川の水量の変動に応じて大口径の水車に二～三人が入って回転させたり、外ではね車を踏んで回すものもあった。手回しは、繰り枠の心棒へ

回転棒を仕掛けて回すなど、苦労が多かった。

家族総がかりの「生産者的経営者」

片倉家は家族総がかりで工女・工男と一緒に働きました。兼太郎は天秤棒をかついで繭を運び、まさ子夫人(糸商丸三林善左衛門の子)は毎日垣外へ通って、あかぎれの手で選繭の手伝いをし、晩年「一年じゅう繭を拾って、お給金はお盆に下駄一足、ゆかた一枚ぐらいだった」と笑い話をしたといいます。

寒気厳しい諏訪では、水車に氷が張ればたたき壊し、水車の枠に入って水車を回すのが工場主でした。その奥さんはだれよりも早く起きて、工女がすぐ仕事にかかれるようにし、終業になれば、工女が帰ったあとの片づけをするのも奥さんの役目。こうしたのが岡谷製糸に共通した行き方でした。矢木明夫氏はこれを「生産者的経営者」といっています。ここに岡谷製糸の成功の基の一つがあるといわれています。

『平野村誌』は、製糸草創期の経営者から聞いた「具体的事実」として次のような話を載せています(現代文に要約)。

・器械製糸のはじまったころ、松本平・飯田などの業者はおおむね財産家が多く、自分はお羽織で世話をやいている人が多かった。岡谷地方の業者は自分の労力を資本の重要なものとし、主人は未明に起きて釜を焚き、主婦は炊事婦となり、息子は見番・雑役に従うというように一家こぞって働いた。購繭にも主人自ら各地へ出向き、十貫以上を天秤棒で肩にして帰るのを常とした。このように朝早くから夜おそくまで勤勉努力して資本の欠乏・経営上の損失などをも自分の労力で補った。

・ある大製糸家の初代は、ある年、損失を受けて歳末わずかな金の調達に奔走したけれど、親戚さえ一人として助けるものもなく茫然自失、死をさえ考えたが、翻然（ほんぜん）として起ち、もはや他の助けに頼らず、自己の力によって再起しようと志し、厳冬も炬燵のない暮らしに耐え、諏訪湖の漁師をするなどして働き、刻苦勉励してついに製糸業に復帰し、次第に今日の大をなした。

・規模大となってからも、工場主たちは常に法被（はっぴ）・股引（ももひき）姿で労役に従っていた。工場主がまき割りなどしていて、来訪した横浜問屋から主人の所在を訊ねられるというようなことがあった。

＊岡谷地方の製糸創業者の多くは農民層の出。これに対し宿場町の下諏訪は宿場関係者、城下町の上諏訪は商人・士族が製糸業に乗り出した例が多い。

家内工業的な温かさ残す

今井久雄さん（明治三十七年生）の名著『村の歳時記―子どもの大正生活誌』に、岡谷・諏訪地方製糸の雰囲気を伝える文章があるので引きます。

　諏訪の製糸業は、ごく小規模の家内工業に端を発してきたこととて、年を経て大企業に発展しても、昔の雰囲気はなお残り、経営に家庭的な点も多く、工場主は旦那様とよばれ、従業員とともに早朝から起きて汽缶を焚き、蒸気をあげて作業に取りかかれる用意をして、工女たちの起床を待ち、夜もおそい夜業のあとの始末のためにとびまわり、手足に皹（あかぎれ）が絶えず、食事もみんなと一緒であった。

工場主の住宅をはじめ工場も、工女の寄宿舎も同じ屋敷うちにあるのが多く、なごやかな家庭的な気分で、工場主の奥さんはおかみさんと呼ばれ、若い工女たちの面倒をよく見、さまざまな相談相手にもなってくれるのが多かった。

製糸業よりやや遅れて発展した綿紡績業は、技術とともに経営方式も英国そのままを輸入したので、資本家であり労働者であり、その間に対立する冷たいものが流れ、労働争議も早くから頻発していたが、製糸の業態にはそこになお温かさがあった。

傑出した片倉四兄弟

以後、全国各地に洋式製糸場がぞくぞくと生まれ、とくに岡谷地方（旧平野村・川岸村・長地村・湊村）からは、のちに全国十大製糸に名を連ねた片倉組・山十組・小口組・山共合資岡谷製糸や吉田館、山二笠原組、大和組・丸九渡辺製糸など数多（あまた）の製糸家が育ちました。中でも片倉は、後に片倉コンツェルンとよばれる財閥を形成するまでになります。

片倉発展の基は、四兄弟と一族の結束、経営の倫理観にあったといわれます。兼太郎の弟光治は温厚篤実、繭鑑定の第一人者といわれ、従弟の俊太郎・利三郎とともに、製糸で最も重要な繭の仕入れを担当しました。兼太郎の三弟五介は平野村今井の今井太郎家へ養子に入ってからアメリカへ渡り、五年間遊学した逸材で、外交や蚕種改良・多条繰糸機開発に業績を挙げ、蚕糸業界の大立者になりました。兼太郎の末弟佐一は、現業部門を担当して企業の規模大拡張を牽引し、世界のシルク王とよばれました。市民のための温泉保養施設・片倉館（国の重要文化財）を建てたのはこの人です。

この逸材たちと一族を統率したのが兼太郎でした。弟たちや一族が兼太郎に心服し、一致団結してすすんだことが成功の基といわれます。

父・市助は「垣外製糸」創業のとき、子らに
（一）事業は一族の協同に属する。（二）一族心を一にして事業に当たる。（三）自己単独で責任をもって立つ覚悟で、責任を回避したり、努力を怠ってはならない。（四）正直、正直は人間が遵守すべき至道なり、と諭したといいます。

兼太郎は、若き日に学んだ儒教の『中庸』にある「至誠無息（しせいやまず）」を墨書して手許に置いていたそうです。父の教え「正直」と「至誠」の精神に生きた人でした。日本の製糸王になってからも綿の着物で過ごし、安物の朴歯（ほおば）の下駄をはき、汽車へ乗るときは赤切符（三等車）、生家の茅屋（かやや）で質素に暮らして、その家で生涯を終えています（大正六年没　六十六歳）。

製糸で大をなしてからも兼太郎が「常に人の下風に立て」といっていたというのは驚きです。
↓兼太郎の言葉は巻末資料に。

兼太郎の住まいには、家康遺訓の軸と、両親の写真のほかにこれといった飾りはなくて、「片倉に金屏風なし」の逸話が伝えられています。

兼太郎の倫理観は事業に貫かれ、生糸の良品輸出で米国絹業界の信用をえて、これが片倉製糸

の飛躍につながりました。株式会社に組織替えしてからも、初代の経営精神は受け継がれて、今日も東証一部「繊維」の筆頭に「片倉工業」として安定した地位を保っています。製糸から発展した会社で東証に残っているのは片倉とグンゼだけです。製糸業界で片倉と郡是は、倫理的経営の双璧といわれました。そういう会社が生き残る。このことは現代にも示唆を与えると思います。都市開発で伸びている森ビルの森泰吉郎社長が、経営理念を片倉と郡是(ぐんぜ)の創業に学んだと語ったことを、嶋崎昭典先生が明かしています。兼太郎の経営精神は現代に生きているわけです。

片倉兼太郎住宅（片倉興産㈱所有・同市川岸三沢）

二代兼太郎もこの家に住んだ（平成16年　著者撮影）

私立片倉尋常小学校

これは少し後のことになりますが、兼太郎の人物を物語る話を一ついたします。兼太郎は、学校へ行けなかった幼年工のために「私立片倉尋常小学校」を造り、交代で昼間の授業を受けさせようとし、鶴峯公園の一角に工事を始めたのですが、病に倒れ他界すると、二代兼太郎（佐一）が兄の遺志を継いでこれを完成させ、三沢地区の子も収容する「三沢小学校」と改称して開校しました。大正十年、工場法の改正で未就学児童の雇用がなくなって、私立小学校の役目を終えると、二代兼太郎はそれを青年学校にして、尋常科卒の従業員たちに勉強の場を与えました。片倉の私立青年学校は、全国で六二校を数えたといいます。

初代兼太郎は教育に熱心でした。川岸村は明治七年、三沢・橋原(はしばら)・鮎沢(あいざわ)・新倉(あらくら)・駒沢などが合併して発足したのですが、小学校は寺子屋程度にとどまっていて、区の利害対立から統一小学校をできないでいました。兼太郎は、充実した学校によって教育を進めることを熱誠をもって村民に説き、村の中心部に学校建設がきまると、建設委員として全責任を負い、校舎の地ならしから設計・施工まで細大もらさず監督指揮して完成させました。校舎敷地四千余坪・運動場二千余坪・雨天体操場二千余坪・講堂百余坪という、当時、県下でも稀な大校でした。兼太郎は敷地と講堂を寄付したほかに、学校の基本財産として一万円と学童奨励金を贈り、折にふれ学校を訪れて、子供たちの元気な様子を眺め、目を細めていたといいます。

片倉同族の子弟の教育に当たった人が、長く兼太郎の温容に接して深く敬愛するようになり、退職にあたり色紙二葉に揮毫を求めると、兼太郎はその一葉に「集散得宜」と書いたそうです。財を集めるだけで散ずることを知らなければ、精神的に欲深なけちな人間になってしまう。その中庸をえて財ははじめて生命が生まれる、という意味といいます。片倉同族会は後に信濃鉄道を全通させたり、松商学園を育てたり、片倉館を造ったりと、大きな社会貢献をすることになるのですが、その源に初代兼太郎の心得があったわけです。

隠れた援助

世間に知られていない話もあります。諏訪中学校（現・諏訪清陵高）の生徒たちが明治三十九年に寄宿舎・同志舎（のちの道志社）を造るとき、陰で援助したのが片倉兼太郎でした。

山浦地方と呼ばれる蓼科・八ヶ岳山麓や上伊那・甲州からの遠距離通学の生徒たちが、規則づくめの学校寮を飛び出して、自分たちで寄宿舎を造ろうと動き出し、米沢村出身の小平権一（ごんいち）（のちの農林事務次官、数学者小平邦彦の父）たちが、上諏訪の商人土橋源蔵（土橋半三郎の三弟で亀源へ養子）らのあっせんで融資を受けたほかに、製糸家から四〇〇円の寄付をえて建設したのでした。寄付金について小平権一は「製糸家からもらった」としかいっていませんが「あれは兼太郎の援助」だと初代兼太郎夫人まさ子の甥の林恒雄さん（片倉製糸の工女養成もした丸三林製糸所経営）から私が聞いています。当時四〇〇円といえば大金です。「兼太郎が権一に、片倉の名は出すなといったのだと思う」というのが林さんの話でした。

林さんによると、初代兼太郎は、退職した諏訪中学校の校長寺島氏を片倉一門の学監に招き、寮を造るとき光治の長男武雄（後の片倉製糸常務）と、佐一の長男脩一（後の三代兼太郎）が諏訪中学校に在学していて、小平権一は脩一と同期の縁で、兼太郎に援助を求めた、ということです。

生徒はみんなで地ならしから大工の手伝いをして、四〇人が暮らせる寮を完成させ、ここで共同自炊した生徒から多彩な人物が育ちました。上伊那郡朝日村の出身者だけでも、後に製糸業界で活躍した古村敏章と、フォービスムの画家・中川紀元や戦艦大和艦長・有賀幸作、戦艦武蔵艦長・古村啓蔵、日本女子大学長・有賀喜左衛門らがいます。しかし彼らは、完全自治の寮生活で青春を謳歌できた同志舎に、兼太郎の援助があったことなど知らなかったかもしれません。

＊島木赤彦は諏中の前身・育英会の出身者として「道志社の歌」三篇を作詞。この寮は昭和五年役目を終え、小平権一によって八ヶ岳修練農場へ寄付され、その後、八ヶ岳実践農業大学校の施設となって現存。

孝心

兼太郎兄弟は孝心に厚い人たちでした。明治二十三年、市助が病に倒れると兼太郎は、米国シアトルにいる五介に「父の容体は憂慮にたえぬものがある。父は足下が一日も早く帰国することを望んでいる。自分は松本製糸場の建設を始めたが、後を俊太郎に任せて父の看病に諏訪へ帰る。足下も病気看護のため早々帰国されたい」と急報すると、それまで帰国をためらっていた五介は、ただちに腹をきめて帰国したそうです。

また、お母さんのひろ子（上伊那郡小野村、宇治左衛門光里の子）が明治四十三年、死の床に伏したときのことを嶋崎先生は次のように書いています。

兼太郎は母親の病室に寝起きして、片時も傍らを離れず、三度の食事を自分が口にし、試した後ですすめたという。また、母の言うことは、どんなささいなことも、他人を煩わせず、深夜、水を乞う母の声を聞くとすぐに起きて水を持って行ったという。

このとき兼太郎六十三歳、日本の製糸王と呼ばれていました。佐一も、お母さんが重態になったとき、からだが冷えていく母親を抱いて、自分の体温で温めたといいます。また四人の兄弟がお母さんの枕元にあつまり、思い出話をして、母親を慰めたそうです。

佐一は常づね従業員に親孝行を説き「それぞれ修養を重ねて、立派な人間になって両親を喜ばせてくれたら、会社の面目もこの上ない。暇があれば勉強して、時代におくれないようにしてもらいたい。女子は裁縫や礼儀作法を修め、見だしなみを良くしてもらいたい。それはみんな親孝行になることだ」といっていたということです。

大正六年二月、六十九歳の兼太郎が、流感と思われる頭痛で寝こむと、六十六歳の光治が兄に付きりで看病し、ついには自分も罹患して、兼太郎の没後八日に死去しています（スペイン風邪が大流行したのは翌年）。嶋崎昭典先生は『初代片倉兼太郎』に「片倉兄弟団結の源泉の一つは、親への孝心にあり、それは兄弟思いの心情になり、さらに、従業員への家庭的な思いやりの心に及んだ。」と書いています。

垣外製糸は兼太郎・光治兄弟の懸命の努力で、創業一年目にして生糸一二梱余、二年目には一七梱を生産し、明治十四年、従弟片倉俊太郎らの一の沢社、深沢社を合わせて六〇釜とし、片倉一族の共同体制を固めます（一梱は九貫＝三三・七五瓩）。

持ち分を本宅（兼太郎）と新宅（俊太郎）各五分の二、新家（光治）五分の一と定め、兼太郎統率のもと、一族結束・一致協力の経営を築いて行きます。

＊川岸村からは大和組（入山ト）製糸も育った。明治十一年に片倉幾太郎が二五釜で創業、一三年

信英社に加盟し、三十八年、片倉伴蔵ら一族が四工場四二釜の大和組を組織。大正末期には埼玉・栃木・大分の分工場を合わせ二二七〇釜を擁し太平洋戦争まで操業。

製糸結社――共同出荷の時代

さて、群立した弱小製糸場がぶつかったのは、横浜の問屋の取引単位が一〇〇斤（六〇㌔）という壁でした。これをそろえるのに小工場では三～四ヵ月もかかったため、商機を逃し大損することもありました。そこで、いくつかの製糸家が共同出荷の組合をつくって糸の品質を統一、荷口をそろえて出荷することにし、市場での勢力向上を目ざしました。荷造りのための煩雑な手間を省ける利点もありました。これを製糸結社といいます。長野県で最初に生まれた結社は、明治八年設立の須坂の東行社で、ドラゴンの商標で出荷しています。

糸価の高騰で沸いた明治九年は、年後半には大暴落となって、売り遅れた製糸家の破産が続出、この辛酸をなめて諏訪にも明治十年、平野村今井に皇運社（矢島惣右衛門ら九人）上諏訪村大和に鴦湖社（茅野弥右衛門ら七人）の製糸結社が生まれました。

続いて開明社・確栄社・協力社（のちに改良社）・矢島社・金山社・明進社・信英社・龍上館（以上平野村）白鶴社（下諏訪村）東英社（湖南村）とかの結社があいつぎ、明治二十六年には、諏訪郡内の製糸結社は二七に達しました。皇運社は早くから糸の等級格付けをしています。

明治十年代は、共同荷造り結社の時代と呼ばれています。

＊明治十一年、諏訪地方の製糸工場数一六一（二七四〇釜）。内訳は平野村六二・長地村一七・川

岸村八・湊村六・下諏訪村一二・上諏訪村一八・四賀村一〇・湖南村七・中洲村七・豊田村三・宮川村六・永明村三・本郷村二。このうち四〇釜以上は一二社。その内訳は下諏訪村五・平野村四・宮川村二・上諏訪村一で、下諏訪が製糸業揺籃期の一中心地となっていた。

開明社、規範となる経営

製糸結社で中心勢力に成長したのは開明社（明治十二年設立）でした。加盟一六社（三一一釜）で発足し片倉兼太郎・林倉太郎（平野村）・尾澤金左衛門（同）が交代で社長、林慶蔵が計算方をつとめ、片倉兼太郎が統率者になっていきます。

一株一〇〇円払いこみの株式会社的形態をとっているのが他の結社とは異なり、優良繭確保のための共同購入・資金の共同借入れをしましたが、各製糸所の経営は、各人の才覚を競わせる妙味ある行き方でした。

精良均質な生糸生産を目ざして「定則」を設け、操業期日・工場管理・職工賃金などすべて統一しておこない、検査人二人が日々巡回して製造方法を指揮し、「工女心得」も定めて規律ある工場にしました。検査人の月給は三円の高給（社長五円、世話人二人八円）でした。

片倉兼太郎が採ったのは、糸目・繰目に重点を置き、生産費の低減をはかる多量生産方式でした。内部汚染繭でも、ぎりぎりの薄皮になるまで繰糸する、経済性を重視する行き方でした。片倉はこれを「能率的生産主義」といい、高木満さんは「経済合理性を追求した経営」といっています。

この開明社の生産管理をモデルにした「諏訪式」の製糸経営が郡内に定着して、飛躍の基になりました。

明治十二年、開明社の工女一日の平均繰目は五〇匁に達しています（優良糸の富岡は六・四匁）。この年、開明社は小型半月型の陶器鍋を考案。後にミゴ箒（ほうき）も考案（明治二十四年）し、索緒能率が上がり広く普及しました。

＊開明社社員（明治十三年）社長組三人のほか小口音次郎・林富太郎・林市十・橋爪卯之吉・小林登一郎（以上平野村）片倉幾太郎・横内源右衛門・片倉角左衛門・片倉権助・片倉光治・山崎兼吉・中島奥五郎・横内亀三郎・中島常蔵・花岡作左衛門（以上川岸村）

繰糸鍋いろいろ

諏訪式繰糸機の高機能の要素の一つが陶製繰糸鍋でした。陶製鍋の先駆・松代六工社の円形鍋を、中山社の武居代次郎が半月型に改良して、上伊那郡辰野の赤羽窯（有賀文蔵ら）に造らせています。明治十年代になって、高遠の明十社製糸がパイプ付陶製改良鍋を発明、これを開明社が採用し、生糸の光沢が一段と佳良になって普及しました。

そして、高遠焼の伝統のある高遠に、繰糸鍋を量産する丸千組が生まれ、赤羽窯とともに大量生産を競うことになります。諏訪製糸の大

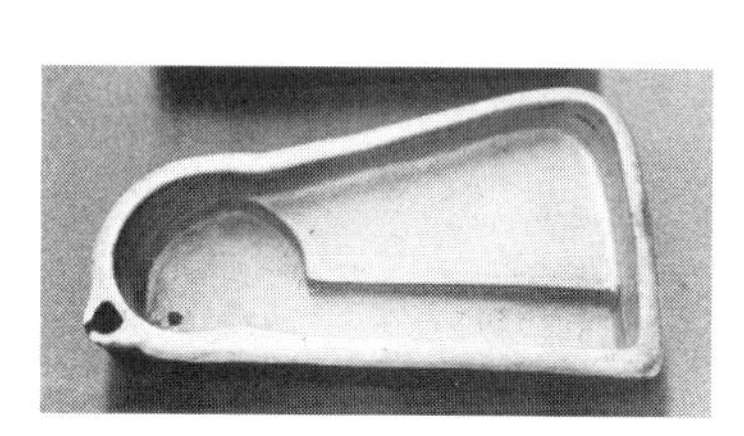

大正中期の繰糸鍋

大正末期の繰糸鍋

（丸山新太郎著『激動の蚕糸業史』より）

発展とともに赤羽焼と高遠焼の成長は著しく、丸千組はスクラッチタイルの量産でも知られました。

高遠で修業して赤羽へ帰った林豊次郎が造った登り窯（大正十年代）は、焚き口二つ、一一段という雄大な規模でした。豊次郎は林陶社を設立し、製糸会社からの注文に応じて次々に新式の鍋を製作、そのつど特許を取得する活躍を見せ、見事な三階建て洋館の社屋を残しています。

製糸各社がそれぞれ工夫した鍋を発注したので、取り口側がカーブしていたり、半楕円型、扇型、出っぱりのあるものとか多様な鍋が造られました。それに、繰糸が四条・五条……七条繰りと進化したのにつれて鍋も大型化し、後には煮・繰分業で型も変わるなど繰糸鍋は多種類にのぼり、岡谷市蚕糸博物館は一五〇点余を所蔵しています。

出来のいい鍋だと糸が取りやすく、鍋が能率を左右しました。規模拡大した製糸場にはいろいろな繰糸鍋と器械がまじっていたので、公平を期すため、工女はくじ引きで繰糸台に座るのが製糸会社のルールでした。

信州製糸が生産額全国一位に

明治十二年、平野村に山一林（林瀬平）が開業しました。綿打ち業からの転進でした。のちに大手・山一林組に成長します。中山社はこの年からデニール検査を始めて、翌年から検査成績に基づく採点により賃金をきめています。

湖南村（現・諏訪市）にもこの年、七つの製糸場が創業。水車動力の一〇～二〇釜規模で、六工場が焚き火による蒸気取りとなっています。

＊南真志野（みなみまじの）村（湖南村）では江戸時代から蚕種製造業が行われ、その業者初右衛門は慶応二年に「ぜんまい」と呼ばれる座ぐり器六台を三両三分で買い入れて「出し釜」製糸を始めていた。

この明治十二年、全国で器械製糸場（一〇人繰り以上）の調査が初めて行われ、全国の工場数は八〇四（二六府県）。県別上位は長野県三五八・岐阜県一四二・山梨県八一となっています。諏訪郡内は一〇八で県内一位に立っていて、以後ずっと首位を独走します。

そして明治十三年、信州の生糸生産額は全国の四五％（諏訪地方だけで一四％）を占め、座ぐり糸中心の群馬県をぬいて一位に立ちました。その信州で岡谷・川岸を中心とする諏訪地方は県下一の器械製糸地帯になっていて、製糸王国の基礎はここに築かれたと、史家の武田安弘さんはいっています。

岡谷・諏訪製糸の発展状況は下図のとおりですが、明治三十年代からの飛躍的成長は圧倒的です。

長野県器械製糸主要産地発展の推移（『平野村誌』下巻による）

工場数など／産地　年	工場数			釜数			生産額（貫）		
	明12	明30	明42	明12	明30	明42	明12	明30	明42
岡谷・諏訪	108	158	159	2212	9909	20202	5867	85956	352970
須　坂	8	78	39	931	3765	4953	2605	28044	62586
下伊那	24	91	98	702	2430	4173	1133	19982	58634
上伊那	60	101	71	1444	2971	3830	3377	25533	52872
埴　科	4	13	12	138	1910	3210	924	20457	48061
松本・東筑	96	81	150	1458	2345	3153	3351	16779	39508
(長野県総計)	362	774	768	8256	31503	49495	22913	271796	727342

※明治12年は「信濃蚕糸業史」による
※明治30、42年は「長野県統計書」による

しかし諏訪盆地は、各地から輸送費をかけて繭を移入しなくてはいけないハンディを負っていて、品種も出来もばらばら、輸送で傷もついた移入繭から良い糸をそろえるには大変な苦労がありました。採算ベースに乗せるには、索緒で出る屑（くず）を最少に抑えるとともに、繭を限界ぎりぎりまで糸にしなくてはいけません。そうしたことも操業時間が長くなった一因といわれます。能率主義の生産を支えた工女の、密度濃い労働を思ってみると、重い負担に耐えた彼女たちの献身に頭が下がります。

このころ尾澤金左衛門製糸所は、全通筒式の横長の蒸気汽缶を設け、大手製糸はあいついで蒸気汽缶を導入していきます。

明治末期ころの再繰場（萩倉合名会社）

（長岡和吉著『エーヨー節』より）

共同揚げ返し（再繰）へ

そして製糸結社は、さらに、生糸の品質を均一化させるため共同再繰（揚げ返し）へ進みました。

再繰というのは、繰り枠（小枠）に巻き取られた生糸を、周長一㍍半の大枠へ巻き返し、綛（かせ）（生糸の一束、一八〜一九匁）にする作業です。適当に湿らせ糸条をほぐれやすくして、綾になるように大枠に巻き取りつつ、糸の乾燥をはかります。

一綛分の生糸を巻き終わると、細い生糸がばらけるとほつれて厄介なので、編組（あみそ）と緒留（ちょ）めをして大枠から外し、捻造（ねじづくり）へ進みます。初めは二人でやっていたのですが、明治二十二年、開明社によって糸捻じりの鉤（かぎ）が考案され、独り捻じりとなりました。

糸捻じりは特殊な技巧を要する仕事で、専門の職工が行います。綛の一端を綛鉤（かぎ）にかけ、一方の端にラオ竹を通して下捻じりをし、二つ折りに折り返して縄状に上捻じりを施し、ラオ竹を通した端を、綛鉤に掛けた方の端に押し込んで綛鉤から外し、両手で形を整え上捻じ戻しをする……、というむずかしい作業です。これを職工一人が一日に千本以上も仕上げたそうです。

白絹の綛をば鉤に掛けつつも尊く思うこれの仕事を

笠原博夫（歌集『糸ねじり職工の歌』より）

次が括（かつ）造りです。捻じりをかけた一束を捻（ねん）とよび、三〇本の捻を括（かつ）箱に入れ、括締め器で圧搾（あっさく）し、括糸を三ヵ所に掛けて結束してできあがるのが括です。この仕上げを束装といいます。糸のほつれと損傷を防ぎ、容積を小さくして荷造りと運搬を容易にし、商品としての美観を整える作業で、美麗な商標をそえます。一六括（約九貫）ぐらいを上等な木箱（高遠産の樅材、のちには桜材）に収めて出荷しました。↓昭和七年からは洋俵装一〇〇斤（六〇㌔）入り金布袋造となる。

この束装も、特殊な技能を必要とし、専門の職工でなくてはできない仕事です。結束によって、生糸に真珠のような光沢がうまれてきます。

共同再繰によって各工場は繰糸に専念でき、糸質が向上しました。一般に明治二十年代を共同再繰の時代と呼びます。

＊諏訪地方で最初に共同再繰を始めたのは明治十三年の白鶴社（増沢市郎兵衛ら）。開明社が川岸村車田地籍の天龍河畔に建てた再繰場は、二階屋の本館一階に事務所・検査室・束装室・食堂。二階が工女寝室。この本館と直角に幅三間、長さ二三間の揚げ返し場三棟が櫛歯型に並んでいて、この工場配置が諏訪地方製糸場のモデルとなった。

輸出戦略で先見の明——いち早く対米輸出に転換

岡谷・諏訪糸の輸出先は、明治十五年以前はフランスを主とする欧州向けが八九％、米国向け一二％でした。

ゴブラン織りなど高級絹織物を、手工業の手織り機で多品種・少量生産するリヨンなどフランスの機業地が求めたのは、「十二中」の細糸でした。こうした優良糸では上田・飯田の製糸家が優位に立っていたのですが、明治十四年ころから、アメリカの機業地からの太糸「十四中」の需要が増えてきます。米国の絹織物業界が急成長を始めていたのでした。この流れをいち早くとらえたのが岡谷・諏訪の製糸家でした。

開明社、白鶴社などが明治十五年ころから、米国向け「十四中」を主力とする生産へ舵をきり、その集中輸出に乗り出します。他社もこの流れに乗り、これが岡谷・諏訪製糸の大発展につながりました。輸出戦略での賢い選択でした。優良繭をそろえられない諏訪盆地の環境にあって、繰糸不能の繭だけ除く程度の選繭に留め、その繭から限界に近いまで糸にして「普通糸」を多量生産し、品質をそろえて出荷する行き方が、米国絹織物業界の需要に合致していたのです。

米国の工業は、大衆向け商品を大量生産する行き方ですね。

力織機で広幅織物を大量生産する米国の絹業界が求めてきたのは、品質の均一な「普通糸」を低コストで大量に供給することでした。

日本全体の生糸の輸出先が、欧州向けより米国向けが上回ったのは明治二十二年です。岡谷・諏訪は完全に先行していました。

米国では後に自動織機、さらに高速自動織機が開発されて、世界のシルクの約九割を消費する巨大な絹織物工業国に発展します。岡谷の製糸業は、この米国絹織物業の発展を支える存在として急成長したのでした。『平野村誌』で小口珍彦氏は「この業者の明がこの地方製糸業の躍進的発展の重大な一因」と述べています。

諏訪式製糸経営の勝利でしたが、それを支えた工女さんたちの懸命な糸取りの努力を忘れてはいけないと思います。

そのころ生糸の輸出はイタリア、清国がリードしていて、日本はしのぎをけずる輸出競争を乗り切らなくてはならず、品質向上と低コスト生産に製糸家の社運がかかっていたのでした。

片倉の経営危機と第十九銀行

開明社のリーダーとして、片倉製糸の成長は目ざましいものがあったのですが、思わぬ事態に巻きこまれます。横浜の生糸売り込み問屋が、不平等条約を盾に横暴を極める外商に対抗して「連合生糸荷預所」を設立し、これに外商が対抗したことから、生糸貿易が中断状態になったうえ、西南戦争に増発された紙幣の整理を、松方蔵相が断行したことからデフレとなり、さらに、欧州糸の増産もあって糸価が続落するという最悪の事態になってしまったのです。全国で製糸家の破産が続出し、下諏訪では一六社のうち七社が落伍しています。

片倉製糸も明治十四年・十五年と続いた苦境から損失一万円余に達し、資本金約六千円の会社には過大の赤字でした。兼太郎は翌十六年の市況回復に望みをかけたのですが、さらなる景況悪化となって万策つきます。小県郡上田町の第十九銀行に融資を求めようと、片倉家の期待を一身に背負って、弱冠二十二歳の佐一が、単身和田峠を越えて本店へ乗りこみます。第十九国立銀行は黒沢鷹次郎（南佐久八千穂村出身）ら上田の商人や、佐久の豪農が発起人となって、明治十一年、資本金一〇万円で設立された銀行です（国立銀行条例に基づいて設立されたので、当時は国立銀行と呼ばれていた）。応対した三十五歳の黒沢鷹次郎は、佐一と話すうち、その人物に感銘して一万円の融資を決断したのは有名な話です。このとき十九銀行は資本金二〇万円になっていましたが、一万円の融資はおおごとです。それも危険な製糸業への投資です。糸商をして片倉の堅実経営を承知していた鷹次郎でしたが、たいへんな判断でした。この融資をえて片倉は危地を脱することができ、片倉・黒沢両家は固い紐帯で結ばれます。のちに片倉製糸は十九銀行の大株主になり、銀行経営に大きな影響力を持ったといわれ、佐一の長男で三代兼太郎を襲名した脩一が、十九銀行の後身・八十二銀行の頭取もつとめ（昭和十四年）、脩一の娘くには、黒沢鷹次郎の孫・三郎と

結婚しています

生糸品質の完全な統一――開明社方式

糸質を統一した普通糸を、安定的に供給することを求める米国の絹業界に対応するため、開明社は共同揚げ返し(三三〇窓)で徹底的な品質管理を確立しました。↓再繰機の設備単位を窓と呼ぶ。片倉兼太郎が、垣外製糸所の実務経験から精細な「職制並びに検査法」を定め、これを厳密に運用して、品位均一な「十四中」の糸の多量出荷方式を打ちたてたのでした。

各工場が運びこんだ小枠受付から↓揚げ返し↓デニール取り↓糸捻じり↓糸目改め↓デニール改め↓生糸検査↓束装↓計算方と進むごとに、担当員や役員が確認の印を押して透明性・平等性を確保したので、共同事業ながらトラブルはまったく起きなかったといいます。

そのころの日本生糸は、糸切れをそのままにしている絓(かせ)や、切れた糸を隣の糸に巻き込んだ「二本揚がり絓」、それに細太混じりの絓が荷に交じっているなど、米国機業家の不評を買っていました。開明社は、切れた糸は必ず結ぶことなど、不良品を絶対に出荷しない態勢を確立し、良品出荷を貫きました。片倉兼太郎の「至誠一貫」の経営精神がここにみられます。

＊「開明社定則」は前文で「目下の小利にくみせず永遠の大利を図り、良糸を製し名を海外に輝かし、富国の基礎を起さん」とうたっている。

生糸の品位検査も厳格に行われて一種・二種・三種に格付けし、一種はさらに三等級に分けて優等品には「御国社」次に「開明社」の社標、二種には各工場の社標をつけ、荷口をそろえて出荷しています。

＊商標　優等品には金標、一等品には銀標、二等には青標・赤標などを用いた。

このことから開明社シルクは銘柄品として声価が高まり、優先的に取引されて、対アメリカ輸出に圧倒的な成功を収める(中林真幸)ことになったのでした。明治二十五年には開明社の生糸が、横浜市場で一〇〇斤六四〇円の最高値を取っています。同社は明治三十年には、組合員二二社、釜数二〇七四と、長野県最大の結社に発展、この開明社方式は全国に普及しました。

むずかしい結社の運営を成功に導いた片倉兼太郎の仕事について、開明社の支配人をした林宗次郎は後年「兼太郎翁のような人格徳望あわせ持った偉人がいて、きわめて真摯（しんし）懇切に部下を統率せられたからこそ、わが国の製糸業を発達させ、片倉組を今日の盛大にさせたものと思う。」と語ったそうです（嶋崎昭典『初代片倉兼太郎』）。

「罰金」の「罰」は×（バツ）のこと

開明社の工女個人別の生糸試験項目は、繰目・糸目・デニール・光沢・フシ・切断繋（つな）ぎ・裏糸などで、この成績による成果給賃金制となっていて「工女賞罰規則」を明示しています。

【賞金】

［デニール賞］十三・十四・十五（十四中）を生産した者に次の基準で与える。

一日六〇匁以上五度つづいた者一〇銭、三度つづいた者五銭、六〇匁以下五度つづいた者四銭、三度つづいた者二銭。

［一ヵ月皆勤賞］一〇銭。

【罰金】

「デニール」

十一・十七・十八　一〇銭。

十・十九　二〇銭。

九・二十　一円。

賞金は工女に与え、罰金は製造人（事業主）より出す、と定めています。

この開明社規定は各社に普及して行われました。「罰金」の「罰」の本来の意味は、「十四中」の規格に外れるなど、輸出できない糸につけた赤点の×（バツ）のことだったのですが、バツ金を「罰金」と表記したことから、後年、工女に罰金を課したとの誤解を招くことになりました。

＊明治二十年ころの諏訪製糸の繰目　工女一人一日四升の繭から生糸六〇匁を生産するのが目標とされていた。和田英も富岡で、一日四升の繭をとることを目標に励んだと書いている。

生糸検査のガラ採り

（長岡和吉著『エーヨー節』より）

片倉が松本へ進出――大発展の始まり

片倉製糸は明治十八年から春挽き（三月下旬〜五月下旬）を始めます。夏挽きのみの季節操業から脱して、通年操業に近づいてゆきました。

開明社は、明治二十一年、出荷高全国一位になっています。

ここで注目されるのは、片倉兼太郎が、サンフランシスコに居た今井五介へ送った明治二十二年一月四日付の手紙です。「開明社は一千八釜と、日本一の大会社になった。生糸年産はおよそ一千六、七百梱となるはずだが、これを横浜で常時成行きで売るのは困難と思う。そこで一部は同伸社に依頼してアメリカの機屋と直接取引をしたい。ついては直ちにニューヨークへ行き、新井領一郎を尋ねて取引事情を調べてもらいたい」（要旨）というものです（嶋崎昭典著『初代片倉兼太郎』）。兼太郎が早くも直輸出を構想していたことがわかります。

＊新井領一郎　元駐日大使ライシャワー夫人の祖父。群馬県水沼製糸所の星野社長の実弟で、明治九年、日本で初めて生糸の対米輸出を成功させた。

そして、狭い諏訪での事業展開に限界を見ていた兼太郎は、安曇野の繭を求めて明治二十三年、東筑摩郡松本町に片倉松本製糸所（四二釜）を建設し、米国に留学していた今井五介（三十二歳）を呼びもどして所長に据えます。これが諏訪製糸の郡外進出のさきがけとなりました。

英才今井五介

五介は安政六年の生まれ。長兄兼太郎と同じく間下の浜雪堂のもとで儒学を修めて岡谷地方の

今井五介
（「信濃写真画報」松本市新明町、信濃写真画報社発行　大正10年3月号より）

名門・今井宗家の分流今井太郎家の養嗣子に迎えられた人です。今井太郎も儒学を学び、漢詩、和歌に親しむ教養人でした。五介は成人して今井太郎の長女くにと結婚し、大同義塾に学び、塾長をつとめて小学中等科教員の免許を受け、至誠学校の教員に任ぜられています。学問で立身することも考えたようですが、農商務省が設立した蚕病試験場（のちの東京高等蚕糸学校・現東京農工大）の実習生になって、微粒子病検査法を習得した二十七歳のとき、今井家にも生家にも無断で、生糸商の小野啓介から一五〇円の金を借りてアメリカへ飛び出した豪傑です。

後年、甥の黒沢三郎（三代兼太郎の子の夫）から米国行きの動機を問われて「岡谷のような狭い所しか知らないいんじゃいけないと思って、サンフランシスコへ渡った」と答えたそうです（宮坂勝彦『片倉兼太郎』）。アメリカで本式に勉強しようとしたのではないでしょうか。

皿洗いなどして働きながら語学など学んだようですが、その年齢から高等教育を目ざすには壁があったのだと思います。農場で働いたり、生糸の商いもするなど模索の日々を送り、明治十九年十二月「無為に過ごし候は本国の両親に対し汗顔の至りに耐えず候間かれこれ心配、終日終夜方向のみ苦慮」と書き、焦燥していました。この五介に父の市助は「正直　右の件守るべし　正直は各国共通の出世の宝なり」と書き送り、五介はこの手紙を生涯、座右に置いていたといいます。

リンカーン型の頬鬚(ほほひげ)をたくわえて帰国した五介は、長兄の命で松本所長になると、諏訪式のタッツケ(雪袴(ゆきばかま))姿で通します。始業前に氷を割って水車を回し、工場廊下の雑巾がけから寄宿舎の便所の掃除を引き受けるなどして、従業員には仕事に専念させました。妻子三人も工場に住み込み、夫人は炊事・工女の世話など業務に当たり、まだ年少の長女たみは繭選び・くず糸集め・繰糸と、見習工と一緒になって働いたといいます。

五介の積極経営で、十年後には三四六釜の大工場に、さらに大正九年には三万坪の敷地に一〇九五釜と、日本一の製糸工場に発展しました。その後、長男の真平(片倉製糸取締役)が常駐し、次男五六(同)が常駐する大宮工場とともに、片倉の機械開発の拠点にもなりました。五介は片倉のニューヨーク出張所を開設するなど外交面も担い、のちには片倉製糸紡績㈱社長(昭和八―十六年)となって中央財界で活躍し、貴族院議員にもなりました。↓片倉松本製糸所の跡地は現在イオンモール。

松商学園を育てたのが今井五介です。経営に行き詰まった松本商業学校の再建を引き受け、片倉同族会の資力で、東洋一といわれた校舎を建設(大正二年)し、諏訪の米沢武平を校長に据え、県立中学校なみの授業料で優秀な生徒を集めて、名門校にしたのでした。同校の旧講堂正面には高さ三㍍の五介の立像が置かれています。

＊松商学園の現理事長は片倉本家の当主・片倉康行氏(元片倉工業㈱取締役、片倉興産・諏訪湖ホテル社長)

信濃鉄道(松本―大町間)を全通させたのも五介です。明治四十三年に敷設工事が始まったものの、梓川・烏川・高瀬川への架橋など難工事をひかえて、資金難で頓挫していたのでした。懇請されて大正三年、社長を引き受けた五介は、自ら技師長になって現地をしらべ、独自の工法を考えて当初案より三分の一の見積をまとめ、請負う業者がないとわかると、片倉同族会の支援を取りつけて、片倉直営で遂行することにしたのでした。松本の市民タイムスによれば、片倉組の技術力をもって昼夜兼行の工事を進め、一年七ヵ月という鉄道史上例のない短期間で開通（大正五年七月）させたといいます。現在のＪＲ大糸線です。

五介は木崎湖夏季大学の開設も援助しました。後藤新平や柳田國男らと評議員になって実現させると、信濃鉄道として講堂と寄宿舎を建設し、寄附しています。また松本商工会議所を設立し、三十三年間にわたって会頭をつとめたほか、水力発電の松本電燈会社や中央電気㈱社長などにも推されて、地方経済を牽引しました。『信濃画報』は五介を「資性堅実、識見高邁」と評しています。

＊明治二十一年の賃金調べ　女子農作業一日一五銭七厘、養蚕一七銭三厘、製糸工女一八銭三厘（長野県統計書）

傑物小口善重と小口組

片倉が松本へ進出した明治二十三年には、平野村下浜の小口善重（一八五五―一九三九）が、諏訪湖畔に二五〇釜の大規模工場を建てて名乗りをあげます。のちに片倉・山十組に次ぐ三大製糸に急成長する小口組の前身です。

小口善重（屋号金三・山三）は下浜の大百姓の一人です。明治十一年、自宅に二一〇釜の製糸所

天龍川に架けられた製糸動力用の水車
（明治中期　平野村　岡谷蚕糸博物館所蔵）

を起ち上げたのですが、当時の町場だった下諏訪へ乗り込んで行きます。閉業した中村平助製糸を引き継いで、一一〇釜の御田川製糸所に育てあげ、四層の繭倉も建てて、町民から「大器械」と呼ばれ、望楼つき二階建て事務所はなぜか「ホテル」といわれたそうです。そして明治十九年には下諏訪・長地・平野村の有志を糾合して製糸結社・七曜星（しちようせい）社を設立し社長をつとめた傑物です。しかし、窮屈な宿場町に見切りをつけて明治二十三年下浜へ帰り、大型水車をかけた工場を建設し、事業の大拡張に乗り出したのでした。

その年にはもう平野村南部と湊村花岡の製糸家を糾合し、父方の従弟の小口村吉や笠原房吉らと共同再繰場・龍上館を設立しています。明治二十四年にスチームインジンを導入するなど、先進的な試みをして、龍上館を開明社につぐ有力結社に育てたのですが、明治三十五年、龍上館を解散してしまいます。加盟者の急増によって原料の統一ができず、製品の品質にばらつきが大きくなって、龍上館ブランドの生糸の信用を保てなくなったからといいます。

そして明治三十六年、母方の従弟伝吉と「小口組」をつくり、アメリカ式乾燥器も導入するなど積極経営を進めて、米国絹業界から模範工場と評価されました。

弟の定吉（山大）清助（山二）権之助（金一）と従弟伝吉（山正）、その弟房吉（入山正）修一（金正）と、それぞれが製糸工場を持つ一族を束ねたのが小口組でした。それら人材がそれぞれの才覚で、埼玉・兵庫・宮崎などに工場を展開し、昭和二年には合わせて一四工場、六六一二釜を擁する、日本製糸のナンバー3に発展したのでした。

＊明治二十六年、平野村内製糸場八六。動力は人力三六、水車三八、蒸気力一二。（『平野村誌』）

このころから、製糸業は事業大型化へ向かい、中小製糸家は落伍してゆきます。

なお、下諏訪の七曜星社の後継社長になった井上善次郎の妹・うたの長男が、岩波書店の岩波茂雄です。うたは人情に厚い、肝っ玉母さんでした。岩波茂雄はこの母親の気質・体質を受けついだといわれます。岩波茂雄には製糸家の血が流れているのです。

井上善次郎製糸所（明治十八年創業、一二三釜）は、片倉が明治三十二年に買収し、片倉製糸丸六工場としました。

同工場は戦時中、片倉が設立した諏訪航空㈱の工場になり、戦後はヤシカカメラの主力工場として使われ、現在は大型プリンター製造の武藤工業㈱諏訪工場となっています。

工場内には井上善次郎が建てた立派な土蔵が残っていて、平成二十九年、下諏訪町に寄贈されました。町ではここに写真などを展示して、町歩きの観光客の休憩所にしています。

土蔵の隣には旧片倉丸六製糸場の事務所と、製糸用貯水池も残っています。製糸用貯水池の遺構は岡谷にも少ないようです。

また片倉時代の繰糸工場棟が、武藤工業の現役工場となっているのも貴重な産業遺産です。繰糸工場が戦時中の木製飛行機の部品生産、戦後はカメラ生産に使われ、現代の先端企業の工場として生きているわけです。

山十組の驚異的な大膨張

小口善重と張り合うように発展したのが、共に下浜の大百姓小口弁左衛門を祖とする一門の小口村吉と吉三郎兄弟の山十です。村吉の父重右衛門は安政年間から座ぐり製糸を営んでいたそうです。重右衛門の弟三次郎の子が善重です。村吉は初め、善重と行動を共にし、龍上館では副社長をつとめ、明治三十六年、弟とともに龍上館から独立して山十組を結成し、組長となっています。

村吉は兄弟姉妹が九人、甥姪が六〇人余という大一族の統領でした。この一族の子弟に、それぞれ一工場を与えるほどの勢いで全国展開して、年三万梱を生産し、片倉に次ぐ全国二位の巨大製糸家になるまでに大発展をみせたのでした。

経済史の松村敏氏は「単に男系の一族のみならず、創業者姉妹の多くの男子も動員して経営に参加させた点が、片倉組・小口組、さらにその他おおくの諏訪製糸と異なった独特な経営スタイルであった」としています。この積極経営は、実務の采配をふるった吉三郎の個性によるといわれます。

小口組の小口善重も、弟らに一つずつ工場を持たせるおおらかな経営でした。山十組とともに各工場に経営を任せる行き方でしたが、これが昭和の大恐慌に遭遇して破綻する原因になったといわれます。これに対し、片倉家は、兼太郎兄弟とその子弟が本部・本社で経営実務を握り、五日ごとに各工場の財務データを集約するなど、一族が一糸乱れぬ経営だった点で山十組・小口組と対照的でした。

また片倉は①利益金の一割を積み立てとして欠損に備える②原価償却は十五年で終える、などを会計ルールとして、堅実経営で基盤を築いてから、積極経営に打って出ています。

片倉は当初から一族の資産を共有とし、重要な契約などは同族会の審議によって決定する家憲があって、一族兄弟一致団結して経営する共同経営だった点が特異でした。

釜口水門周辺の美景、製糸の残映と小口太郎

下浜の釜口水門近くの一帯が、巨大製糸山十組・小口組の本拠地です。山十組本家の大邸宅は、後に下浜区営の宿泊施設「湖山館」として親しまれましたが、老朽化のため区民センターに生まれ変わりました。そのあたりに小口一族の、地方色の濃い、造りの大きい住宅の幾つかや、三階に展望室を持つ生糸商の家などが残っていて、製糸隆盛期の残映にふれることができます。天竜川の起点・釜口水門とあわせた歴史散歩をおすすめします。岡谷名物うなぎ料理の店もあります。

諏訪湖の眺めが一番美しいのがこのあたりです。風景が大きくひらけて、みずうみ越しに望まれる八ヶ岳連峰の眺めは旅人の胸にきざまれることでしょう。みずうみの西に連なる山地は、日本列島を東西に分ける糸魚川静岡構造線の断層崖、そこから東に開けた大景観は、ここがかつて、

ナウマン博士によってフォッサマグナと名づけられた大地溝の海であったことを納得させます。私は、何かというと釜口水門へやってきては、この眺望を勝手に「フォッサマグナの風景」と名づけて愉しんでいます。

湊村や下浜の製糸家たちも、この景観を自分たちの物として愉しんでいたことでしょう。湖畔公園には与謝野晶子の歌碑「諏訪の湖天龍となる釜口の水しづかなり絹のごとくに」があります。晶子は大正十四年に夫鉄幹や画家石井伯亭らとともに当地を訪れたのでした。

水門を渡った湊側の小公園には、第三高等学校（今の京大）ボート部に在籍して「琵琶湖周航の歌」を作詞した小口太郎の銅像が立っています。太郎はすぐ近くの湊花岡の生まれで村長の息子でした。その生家も残っています。

古くから漁村だった旧湊村も、明治時代からは五三もの製糸所（小林宇佐雄氏調査）が興亡した製糸集落でした。中でも味沢製糸（味沢与重社長、明治四十五年創業）は、村内三、岐阜県土岐町に東濃工場をもつ準大手になり、湖畔に建つ繭倉と煙突は諏訪湖の風物詩の一つでしたが、平成九年閉業し、シルクを使った照明器具など、インテリア製品づくりに転じました。絹への愛着に生きる人たちがここにもみられます。

湊地区は江戸時代に普及した「小坂桑」の原産地です。小坂集落の孫右衛門が山桑の中に精英種を発見し、苗木を諏訪じゅうにひろめて座ぐり糸の支えになったのでした。

製糸家の運動で岡谷に郵便電話局

製糸家にとって通信インフラの整備は悲願でした。開明社が主体となって国へ郵便電話局設置の請願運動を行い、電話架設費用六一二円二〇銭四厘を負担することで請願が認められ、明治二十三年六月、照光寺下に岡谷郵便電話局（三等局）が開局となりました。局舎新築工事と開局準備も開明社が行い、開明社支配人の林慶蔵が初代局長になっています。

平野村での電話の実用は明治二十四、五年ころ、小井川の改良社社長宮坂嘉右衛門が、カワベル電話機を構内建物間に取りつけたのが始まりで、三十五、六年ころから小口組・一山カ林・尾澤組・片倉組などが工場・事務所間の通信に電話回線を架設しています。

製糸家が待望したのは市外通話でした。横浜の市況をいち早く知る必要があったし、繭価をいくらで買いつけるかも、製糸工場の死活にかかわり、経営者の判断と指令に社運がかかっていたのでした。片倉兼太郎・尾澤金左衛門・小口善重・林国蔵らが市外通話の電話回線の架設を国へ請願し、明治四十一年四月、岡谷郵便局内に電話通信所が開設されて東京・横浜・松本・上諏訪・下諏訪との通話ができるようになりました。これも製糸家たちが政府へ五〇〇〇円を寄付することによって実現したのでした。それも、電話交換手二人を地元で用意することが条件でした。

その後、大正十年、複式交換機に切り替えられるときも、製糸家たちが経費三万五〇〇〇円を負担しています。

大正十五年には磁石付大市外交換機に改められ、市外三三回線に増設されて、昭和七年ころには東京方面と数分間で通話できるようになりました。

勤倹努力の製糸家と、金唐紙の邸宅残した製糸家と

片倉・山十・小口グループを追って成長した山共岡谷製糸（小口音次郎）の始まりは、平野村の天龍河畔に建てた二四釜の小工場でしたが、開明社に加盟して事業を伸ばし、明治三十年開明社から独立しています。小口音次郎は事業ひと筋、勤倹努力の生き方を貫き、片倉兼太郎・尾澤金左衛門と並んで「諏訪の三勤勉家」といわれたそうです。埼玉大宮と茨城真鍋町にも進出して、大正初めには持ち釜六三三の中堅企業として合資会社になりました。開明社からは金一小松組、林組なども独立して行きます。

旧林家住宅

（岡谷蚕糸博物館所蔵）

そうした製糸家群像の中で、重要文化財「一山カ林家住宅」を残した平野村の林国蔵は異色の存在です。林家は江戸時代に糸師を営んだ旧家で、国蔵の父倉太郎は明治九年、富岡式蒸気釜を模造して二〇人挽きの器械製糸所を自宅近くの天龍河畔に創業し、片倉兼太郎らと開明社を設立した「社長組」の一人です。

明治十九年、事業を継いだ国蔵は、一山カ製糸を三〇〇釜にし、自宅隣に第二工場・一山丸（三九〇釜）を建てる一方、二十四年から東京日本橋で「川口

屋林銃砲火薬店」を経営、三十二年には諏訪運送㈱を設立し、繭などの運送業でも業界に貢献。三十三年には埼玉県深谷に開国館製糸場（六四〇釜）を建設。三十四年には福島県石城郡内郷村（現・いわき市）に石炭山を買って炭鉱を経営する活躍を見せました。四十年の糸価大暴落を経験して国蔵は四十二年、平野村の工場を片倉と合資岡谷製糸へ売却し、製糸業から撤退することになります。↓開国館製糸場は大正七年、岡谷製糸が買収し深谷工場に。

林家住宅は明治四十年に上棟し、ほぼ十年かけて建てられた木造切妻造り二階建て瓦葺きの主屋と、明治三十年代後半建築の土蔵造り二階建て瓦葺きの離れなど六棟から成りますが、離れ二階の一五畳の奥座敷に、輸出用につくられた金唐紙（きんからがみ）が壁・天井・床の間・違い棚と襖（ふすま）に貼りめぐらされているのが見所です。金唐紙は、唐草模様を型押しした和紙を、金・錫（すず）箔と漆（うるし）で仕上げた絢爛（けんらん）豪華な壁紙です。これを使った洋館は東京岩崎邸や旧日本郵船小樽支店などありますが、和室では林邸が唯一ということです。

離れにつづく南側には、英国風の応接室を持つ洋館と、四畳半の茶室（八畳の次の間つき）が一棟に、背中合わせに建ててあります。外国人接待を考えた離れといいます。主屋は、玄関の、丸味をおびた唐破風屋根の車寄せのほかは、地方色を残す外観ですが、上座敷の屋久杉板の天井とか、南洋材の鉄刀木（てっとうぼく）（タガヤサン）の丸柱など良材がふんだんに使われ、欄間・仏壇などの木彫は、立川（たてかわ）流三代和四郎冨種の弟子・好古斎清水虎吉の作です。岡谷で最初期の繭倉といわれる土蔵は、桂材でつくられ「桂倉」と呼ばれました。

金唐紙の座敷について、国の文化財専門委員を務めた小泉和子さんは「京都や大阪でもなければ東京でもない、信州岡谷の地にこんな座敷がつくられていたことに感動した。これこそ全国に誇る製糸王国岡谷を築いた企業家の力と進取の気象、バサラに通じる製糸業確立期のエネルギーだったのではないか」といっています。小泉博士は、京都島原・角屋(すみや)のアバンギャルドなデザインを挙げ、南北朝から室町初期にかけて大流行したバサラのど派手文化の流れを汲むものだとして、林邸に言及しています。

鉄工所ができ、繭倉建設も本格化

煮繭用のコルニッシュ型ボイラーは、中山社につづいて片倉も明治十七年に導入していますが、その据えつけにきた木村大助が明治十九年、川岸村に鉄工所を開業しました。木村は砲兵工廠の職工長を勤めた人ですが、岡谷製糸の発展を見て、諏訪に骨を埋める覚悟で進出してきたのでした。つづいて下諏訪に釜屋河西寅吉（明治二十二年）、平野村に丸千林鉄工場（明治二十六年）が開業するなど、製糸場の汽缶・煙突・貯水槽をはじめ、各種金具を製造する鉄工業が育って行きました。

後にはコルニッシュ型を改良した、製糸場専用の多管半通筒式汽缶が考案されました。コルニッシュ型より実用上、経済上はるかに優れた（平野村誌）独特の汽缶で、全国各地や朝鮮へ出荷されました。これも「諏訪式」の一つといえます。そして大正十二年には、諏訪鉄工同盟（林乙次郎組合長）の加入工場は二七社（平野村二五・湊村、湖南村各一）に増え、規模最大の㈱丸千林鉄工場の職工数は六四人でした。

明治二十年ころから、輸出製糸工場の選りだし繭（選除繭）を原料に国用糸を挽く「出し釜」業が起こり、踏み取り器械製造業者（平野村小口政次郎、五味計義）も現れ、器械は全国と朝鮮に出荷されるようになります。

製糸場から出る繭の屑物（キビソ・ビス）やサナギ加工品の移出も活発化し、これを扱う副蚕糸商や加工業者も生まれてきます。キビソ（索緒のとき出るくず糸）とビス（繰糸で残る薄皮）は絹紡績ペニーの原料になり、玉繭は真綿などに加工されます。サナギはウナギなど養魚飼料になるし、締め粕にした肥料は、みかん栽培地などへ出荷され、絞った油は石けんの原料に量産されました。

製糸家（山二笠原）の玄関脇に建てられた繭倉

（平成17年　著者撮影）

また、このころから繭倉の建築が本格化しました。明治十八年、最初に繭倉を建てた小口吉太郎（上浜）は「米倉があるのに、米より高価な繭の倉庫がないのは間違いだ」といったそうです。繭を自然乾燥（風乾）させるために、一間おきに大きな窓を開けた独特の繭倉です。↓小口吉太郎は繭の売買・繭の委託保管（倉庫業）を営み、生糸共同荷造りの明撰社代表もつとめた。

続いて金万・龍上館・山大・角吉林・角キ・丸正・金ル・山一・山共・金山社・山二……と繭倉の新築が

相つぎ、岡谷地方だけでも一〇五棟に達しました。建坪一〇〇坪以上の大型倉庫もあり、白壁土蔵造り四層・五層の繭倉が建ち並ぶさまは壮観で、特色ある景観が形成されたのですが、太平洋戦争後の急速な都市の変容で消えていったのはさみしいことでした。

繭は蛹(サナギ)を殺して貯蔵しますが、生繭を高温で処理すると繭糸のほぐれが悪くなります。半乾きの繭を、広い繭倉の棚に保管する諏訪式乾燥が工夫されました。

＊繭の乾燥法　半乾燥（生繭の重さの約半分に仕上げる）八分乾燥（四五％くらい）本乾燥（四二％くらい）とあり、春繭と夏秋繭でも多少ちがう。乾燥の度合いは経営判断による。

第十九銀行の製糸金融

下諏訪の丸屋旅館に季節出張所を開いていた第十九銀行が明治二十四年、岡谷に出張所を開き、のちに諏訪支店としました。製糸業は繭の買付けに多額の資金が必要です。岡谷・諏訪の製糸家は横浜の売込問屋のほか、地元の金融業者や類似銀行から融資を受けていたのですが、経営の規模拡大から膨大な額の資金が必要になり、第十九銀行の進出は大きな支えとなりました。

黒沢鷹次郎頭取は、岡谷の製糸業と運命を共にする覚悟で、製糸金融ととり組みます。本店より岡谷の貸出しが圧倒的に多かったといいます。明治三十年に増資し株式会社の銀行となったとき、岡谷の大製糸家がそろって株主になっています。片倉佐一（取締役）・尾澤金左衛門・林国蔵・小口善重（監査役）・笠原房吉・小口村吉などです。このように第十九銀行は、岡谷の製糸業の成長とともに発展した銀行です。黒沢頭取はのちに、繭保管の大倉庫群を岡谷に建てて、生糸品質の向上にも貢献します。岡谷の製糸家たちは、のちに黒沢頭取の銅像を建てて功労に報いました。

＊明治二十年、須坂町に山丸製糸場（越寿三郎）二十二年、上田町に信陽館（長岡万平）二十三年丸子村に依田社（下村亀三郎）小諸町に純水館製糸場（小山久左衛門）が相ついで創業、岡谷製糸の競争相手に成長する。

富岡製糸場払い下げ入札に片倉が一番札

この明治二十四年、官営富岡製糸場の払い下げ入札が行われ、片倉兼太郎が一番札（一万三六七三円）を入れています（今井幹夫『富岡製糸場と絹産業遺跡群』）。

政府の予定価格五万五〇〇〇円に及ばず不落に終わっていますが、片倉が早くも業界首位に立つ勢いをしめした動きでした。

片倉家は深山田製糸場閉鎖のとき、官から機械の買い取りを打診されたのを辞退しています。「高踏飛躍をしない」のが片倉兼太郎の行き方でしたが、これまでの堅実経営から富岡製糸場獲得に動いた積極姿勢が注目されます。基礎を固めてから、兼太郎は積極果敢な経営判断を発揮するようになります。第十九銀行の後ろ盾あってのことと思われます。

片倉はのちに工場を関東・東北、さらに愛知・姫路・高知・熊本・大分などへ展開するのですが、その多くは、経営に行き詰まった各地の大手製糸家の工場を譲り受ける形での進出でした。

＊明治二十六年、富岡製糸場払い下げの第二回入札（三井財閥が落札）にも、片倉兼太郎率いる開明社が三番札を入れている。入札額不詳。

スチームインジン

スチームインジン（当時の呼称。ドンキンとも呼ばれた）を設備して蒸気力を動力に利用したのは明治二十四年の龍上館が最初といわれます。明治二十六年には一二工場（間下二、岡谷二、新屋敷七、下浜二）と増加。三十九年は水車七工場に対し蒸気力三九工場となっています。「人力」は明治三十五年の八工場を最後に消滅（『平野村誌』による）。

木造で六層、吉田館の繭倉

明治二十六年、平野村の吉田館製糸が四層建ての繭倉庫を建設、のち（大正十一年）には木造建築では国内最多層の六層の繭倉に増築しました。昭和五年新築の新棟と合わせて三棟の、吉田館の白壁多窓の倉庫群は岡谷名物になりました。

生繭を適切に乾燥させて、翌年六月、春繭が入るまで保管するのが繭倉です。乾燥しすぎると解舒が悪く、糸くずが多く出て、高価な繭をムダ使いすることになるばかりか、繰糸の能率を落とし、生糸の品質を悪くするので、繭の乾燥と保管はとても大切です。

嶋崎昭典氏の研究によると、吉田館では、倉庫内の棚のセイロにスノコを敷き、半乾きの繭を薄く並べて自然乾燥させます。各地から入荷する性状の異なる繭を試験挽きして記録し、似た性状の繭をまとめて煮繭へ回すよう管理されました。倉庫係は、天候に応じて窓の開け閉めをするなど、細心の管理をしたそうです。

明治から大正にかけての高温・浮き繰り時代の繭には、天井が低く多窓の生倉（なまくら）が造られ、大正

吉田館の繭倉の一つ
（平成８年　著者撮影）

終わりころからの沈み繰り・半沈繰りに本乾燥繭が必要になると、天井の高い干繭倉（ひまゆくら）造りになりました。

吉田館の繭倉は最初に建てた四層倉が生倉、増築の二棟と昭和の新築分が干繭倉だそうです。製糸技術の基礎に、きめこまかい管理の繭の乾燥・保管がありました。製糸業はこのように奥が深いのです。

吉田館製糸（昭和五年五二六釜、従業員八〇〇人）も大恐慌下の昭和七年には、給料を払うにも苦労する危地に立ちましたが、自社の繭倉を持っていたことで、危機を乗り切ることができたといわれます。同社は、国産繭の減産から、平成三年をもって閉業しました。いたずらに規模拡大に走らず、中堅企業として堅実な経営をつらぬき、終わりを全うした数少ない製糸家の一つでした。→吉田館の繭倉跡地はショッピングセンター「生鮮市場」になっている。

川岸村に日本最大の製糸場「三全社」

明治二十六年には鉄道信越線が開通し、関東繭が上田・田中両駅から和田峠越えで大量に入ってくるようになります。この年、開明社は今井五介・尾澤金左衛門・林国蔵らが清国へ渡り繭三万貫を買いつけています。

そして日清戦争の起きた明治二十七年、川岸村石原車田に三六〇釜という国内最大の製糸場「三全社」が誕生します。片倉が開明社とは別個に建てた工場で、片倉佐一が所長になります。佐一は工事中、土はこびのモッコを担いで働き、工女たちから「佐一っさおいさん」と親しまれたそうです。

「三全」の社名は佐一の命名で「天地人」の三つの調和を願ったものといいます。佐一は「天地人が完全な調和に生きることは、最も幸せな生活であり、兄も俺もこれを理想とした。この調和によって天も栄え、地も栄え、人も栄えるならば、極楽世界が実現するだろう。俺たちの製糸工場を極楽世界にしようと思っていた」と語っており、本家・新宅・新家の三家が一致協力して事を進める意も含まれているといわれます。

二代片倉兼太郎（佐一）

（岡谷蚕糸博物館所蔵）

『二代兼太郎事歴』には、「佐一は少年時代から『三国志』などを愛読し、中でも関羽（かんう）が好きだった。関羽は義に厚く、情に富み、劉備（りゅうび）を援けて帝業を成さしめた。後に関帝と呼ばれて祀られた関羽の偉大さに惹かれる佐一少年だった。晩年、赫ら顔、魁夷（かいい）、長髭をしごいて立つ堂々たる風貌、義に厚く、情に富み、従業員に慕われた」「南宋の忠臣岳飛（がくひ）の純忠至誠の志を愛した」などとあります。

佐一は大学者になる志を述べて長兄・兼太郎の同意と父市助の許しをえて上京し、島田篁村（のちの東大教授）の「雙桂学舎」に入門したのですが、師の部屋の四壁を埋める万巻の書物を目にして、深遠な学問を究めることの難しさを思い、腕組みして考えこんでしまったそうです。製糸業を始めて苦闘している兄たちのことを思うにつけ「国富を増進し、もって国恩に報いることも人生の快事ではないか」と思いついたのだそうです。嶋崎昭典氏は「佐一は決断と実行力の強い人であった。意を決すると篁村師に率直に自分の心境をのべた。師も純真な少年の告白をよく聞き、事業に従事するものの前途に幾多の困難のあること、それを聡明と果敢とで克服すべきを説き、不断の修養と信念の必要を教え、その根底をなすのは健全な道徳によると諭（さと）した。佐一にとって経済と道徳の相関を教えられたことは、その後の二代兼太郎となって片倉組を、そして片倉製糸紡績株式会社の運営に当たり、従業員の幸せを願って展開した様々の待遇改善・福祉事業にその跡を見ることができる」としています。

工場の規模拡大について今井五介は後年「片倉家にとって、一荷口十梱の生糸を、毎日出荷できる二千釜製糸が悲願だった」と語っています。資金繰りからも、遅滞なく出荷できる規模が必要だったわけです。

三全社は、片倉が日本一の製糸家の名を上げた大工場の起ち上げでした。ここから大規模経営へすすむ素地を固めて行きます。

工女の奪い合い

明治二十年ころまで、工女募集はそれほど困難でなく、正月になると、前年の後勘定の支払いかたがた工場主が工女宅を訪ねて、その年の入場を約定し、開業前には工場主が迎えに行き、工女は行李(こうり)を背負ってやってくるといった牧歌的な雇用だったと伝えられ、手付金は二十年代は一～二円くらいでした。

それが二十五年ころから募集競争が生じて、製糸場の規模拡大とともに争奪戦が激化します。製糸家橋爪忠三郎の手記「製糸業雑記」に、二十六年暮れは奮発して工女に五、六円の品を贈り、日給も二十七年、二十八年と年ごとに引き上げ、二十八年の盆と暮れの賞品は、優等工女へ二〇円くらいの縮緬(ちりめん)の紋付羽織、米沢紬を贈るなど、工女への賞品は一人平均一〇円前後に当たり、もはやこれ以上のことはできないと製糸家たちが嘆き合ったとして「工女優待の極みなり」と書きつけ、三十二年には「工女の払底はなはだし」とあるそうです(『平野村誌』)。

工女争奪のもつれから、工女の一団をのせた馬車を、峠で強奪する事件まで起きたと伝えられます。

「組」の誕生と片倉同族会

明治二十八年、日清戦争に勝利した日本では、金属工業を始め諸工業が勃興(ぼっこう)します。製糸工場も大型化して、再繰結社から独立する流れになり、同族が結束して経営に当たる匿名組合的な「組」が生まれてきます。明治二十七年に尾澤組(尾澤福太郎)、翌年に片倉組(片倉兼太郎)ができ、三十年代になると小口組（小口善重・伝吉）山十組（小口村吉・吉三郎）山一林組（林瀬平）山二笠原組（笠原房吉ら）丸ト笠原組（笠原八百七）と、有力製糸家がぞくぞくと名を連ねるようになります。こうして製糸結社の時代は終わりを告げ、明治三十年前後から製糸業は大資本化し、下諏訪などの中・小製糸家は落伍して行きます。

「組」の中で群を抜く発展を見せた片倉組の背後には、兼太郎が統監した「片倉同族会」の一族結束がありました。同族会の根幹をなすのは、家格と順位を厳正に定めた上での同族財産の共有制でした。

この片倉家憲は明治四十三年ころ確定されたようです。持ち分を再編し、五家と、連家の分家を一三家に規定して計一八家とし、本家七二分の一〇、新宅七二分の八、新家七二分の六、今井五介七二分の五、林利三郎七二分の四（以上五家）分家一三家各七二分の三としています。男系の血脈を重視し、同族各家の維持方法まで規定して、同族が総力をあげて製糸業に取り組むよう定めています。

財産は、何人の名義を付すも全て同族の共有・管理とし、各家の歳費は持ち分に準じて支給しています。したがって個人財産は著しく少ないのが特長で、大正九年に片倉が本社を東京へ移したとき、幹部の同族は次々に東京へ転居したのですが、その新居の購入・新築費はすべて同族会が負担しています。

そして後の片倉財閥は、直系事業の株を同族と、持ち株会社の片倉合名会社・昭和興業で分け持っていたところに特長があるということです。

こうした背景があっての片倉製糸の発展でしたが、同族子弟の増加で同族会は昭和十一年に解散となり、代わって「片倉家同族規定」が設けられました。構成は一一家となり、同族のみで組織する片倉合名会社が傘下事業を統括すると定めています。

旧片倉組本部事務所

片倉組発足と事業進展で本部機能が重要となり、明治四十三年ころ垣外工場の一角に本部事務所が新築されました。木造二階建て、柱型に人工石を使い、建物内部は欅(けやき)造り。外壁に施釉煉瓦(せゆうれんが)を貼り、屋根にドーマー窓を載せた風格ある洋館建築です。事務室内に赤煉瓦で固めた大型金庫室をもち、階段がレトロな造りで魅力的です。

この階段について建築史研究者の宮坂正博さんは「踏み面の長さに変化を持たせた途方もないデザイン」「見える人のみが感じられる不思議な階段」と指摘しています。波打つようなゆるやかな曲線の手すりは、大きな欅材を削りこんだ造りで「建物、間取りは全体的に機能的、合理的で簡潔・簡素。片倉の質素倹約を旨とする社風と合致している」と宮坂さん。施工は片倉建築部の直営で、設計者は不明ですが、都会の才能豊かな設計者が携わっていると考えられる(宮坂さん)ということです。

面白いのは二階大広間がかつてステージつき百八畳敷きの和室だったことです。片倉製糸創業の地「川岸村字垣外百八番地」を記念する大広間というのです。片倉四兄弟の思いが伝わってくる話です(戦後、板張りの床に改装)。

旧片倉組事務所（現・中央印刷事務所）
（平成16年　著者撮影）

三全社工場を片倉組の本部としていた二代兼太郎組長は、この新事務所に移って全国の工場を統括しました。片倉が株式会社（後述）になって、本社を東京へ置いてからは、この事務所は片倉合名会社の本社と、片倉製糸紡績㈱川岸事務所として使われたのですが、昭和初期までは、片倉製糸紡績㈱の統括事務はなお川岸事務所で行われたといいます。

二代兼太郎社長は、一部の同族とともに、この川岸事務所に居ることが多く、ここで全国の指揮をとっていました。このような意味で川岸村の合名本社・片倉川岸事務所は、一九二〇年代後半まで、片倉事業の「本部」だったと松村敏氏は指摘しています。この建物は国登録有形文化財と近代化産業遺産となっていて、希望すれば見学できます。

国立生糸検査所できる――きびしい品位検査

米国から、生糸の正量取引など強く要望されていたことから、明治二十九年、横浜と神戸に国立生糸検査所ができ、正量・品位・練繊検査について、依頼検査が実施されました。このうち品位検査は、工女の賃金査定と関連しますので、どんな検査がおこなわれたか見ておきます。すこし煩わしいのですがご覧ください。品位検査は総荷検査（整理・性状検査）と料糸検査（一荷口から二五綛をサンプルとした検査）で、料糸検査の項目は次のとおりです。

（一）再繰切断検査（生糸再繰の切断）
（二）再繰整理検査（作業中の支障の種類、程度）
（三）繊度偏差検査（繊度の分布、繊度のむら）
（四）繊度最大偏差検査（繊度の飛び、繊度の状態）
（五）平均繊度検査
（六）糸むら検査（糸条のむらの状態）
（七）大中節検査（大中節の種類および多少）
（八）小節検査（小節の多少、形状および分布状態）
（九）強力および伸度検査（生糸の強力および伸度の程度）
（一〇）抱合検査（繭糸のまとまりの程度）

この検査項目は大正期のものですが、基本的にはこれに近い検査が始められたのでした。当時は強制検査ではなかったものの、輸出生糸は国の検査に合格するレベルの物でなくては浜出し（横浜への出荷）できないため、製糸会社はそれぞれ独自に検査を行い、糸格別に荷造りして送り出し、劣等品は安値で売るか、地遣い糸にまわされました。

製糸各社の社内検査は日ごと個人別に行われ、その得・失点数が賃金査定の基礎になりました。工女の賃金格差は、きびしい輸出検査が背景になっていたのです。

製糸機械メーカー生まれる

明治二十九年には、製糸家の請願が実って、北国街道と諏訪道が分岐する大屋に、信越線の駅ができ、和田峠線の新道開削も完工して、繭と生糸の輸送が改善されました。といっても、けわしい和田峠越しの繭輸送は、馬の背に頼っていたため、峠路は昼夜の別ない荷馬の行列だったと伝えられます。

＊明治二十九年は製糸家大損の年。糸価は前年の八〇〇円から六〇〇円へ反落。一方、繭は不作で高値のうえ、解舒わるく、緒糸のロス多く繰糸能率があがらない三重苦となり、製糸家の破産・規模縮小・廃業が続出。

片倉組をはじめとする岡谷地方製糸の急成長につれて、日本生糸の輸出が急増し始めた明治二十九年、平野村小井川の増澤亀之助が製糸器械・器具製造の丸二増澤商店を起ち上げました。和式器械製造の草分け・増澤清助の子孫です。結束糸や大小枠などの木製品の製造から始めて、十年後には製糸用器械の全品目を製造販売し、昭和四年までに国内各地や朝鮮・トルコなどへ送り出した製糸器械は一万一〇〇〇台に達するなど、国内有数の製糸機械メーカーに発展します。

大正八年には煮繭器を発売、昭和五年には立繰式半沈一二条繰糸機を開発し、六年にはK型二〇条繰糸機に発展させています。同社の研究所長・柿崎尚は、特許・実用新案を毎月出願し、業界で日本一の発明家といわれました。昭和十四年、増澤工業㈱と改称。増澤商店に続いて安藤歳蔵が器械造りをはじめて、満留安合資会社に発展。のちに片倉五家の一つ林家の経営となって、片倉の製糸機械を製造しました（太平洋戦争後はマルヤス工業㈱と改組してベルトコンベアの有力メーカーに成長）。大正になると同村西堀に角吉武井製作所が開業しています。

これも大正八年のことになりますが、製糸工場用の青銅バルヴ製造の北沢製作所が上諏訪町にうまれ、のちには軍需工場になって、時計信管なども生産する東洋バルヴ㈱に発展しました。この会社からは戦後、ヤシカカメラの牛山善政、オルゴール造りから出発した三協精機の山田正彦や、最近は燃料電池システムの循環ポンプも生産する荻原製作所の荻原富雄といった創業者が輩出しました。

また、煮繭用などの製糸薬剤をつくる化学工業も生まれています（後述）。

製糸業は、今日の諏訪の精密・電子工業やみそ醸造業など諸産業の母胎となったのでした。

里山は丸坊主、西条炭移入に鉄索

製糸は多量の燃料が必要です。蒸気取りの燃料は、初めは裏山から伐り出す薪でしたから、器械製糸が始まって十年ほどで、里山はみんな丸坊主になってしまいました。奥山の横河山（澤山）の森林も、明治二十年ころに伐り尽くされてしまいました。東俣御料林の払い下げ材にも限りがあり、山浦地方や甲州からも薪が運ばれましたが、ずいぶん高くつく燃料でした。

それ以前から薪の主要供給地になっていたのが上伊那でした（中山社は小野村から薪を移入）。岡谷街道は薪満載の荷馬車が連なる盛況だったといわれます。しかしここも資源の限界にきて、明治二十年ころ、岡谷製糸の大きな悩みは燃料の確保でした。

そこで開明社は上伊那郡横河山御料林の払い下げ運動を行い、明治二十五年、立木二〇万本（薪として一〇万棚）を年々一万棚ずつ、十ヵ年期の払い下げ許可を得て、信英社・龍上館・平野社・改良社・七曜星社・鶖湖社の六社と共同で諏訪薪炭㈱をつくり、多量の薪を搬出して、燃料事情を緩和することができました。

＊一釜当たりの薪の年所要量は平均六〜七棚（一棚は長さ四尺五寸の薪二三把）

一方で一山カ製糸場は、明治二十年ころから西条炭（東筑摩郡本城村・坂北村産の油石）の利用を始めていて、これが次第にひろがり、明治三十六年、鉄道篠ノ井線が塩尻まで延長されると、翌年、岡谷の製糸業者が共同で塩尻金井—岡谷間下に、塩尻峠越えの鉄索を架設して西条炭を移入しました。そして明治三十八年、中央東線が岡谷まで開通すると常磐炭が入るようになって、燃料確保の悩みは解消されました。後には九州・北海道の石炭も入り、大正五、六年ころには小口組・山一組などが、上質の撫順炭（満州）まで輸入しています。岡谷駅近くには石炭も扱う商社（丸三兄弟商会）が生まれました。

「信州上一番」

明治三十年代、諏訪糸は横浜市場で「信州上一番」と呼ばれるようになります。

「上一番」といっても、糸格一番というのではありません。

当時、輸出糸は六くらいの格付けがなされていて、「信州上一番」は第六ランク、つまり「裾物」です。名を知られていた上州や甲州・八王子の方が格上でした。
＊当時の生糸の格付け　外国商館、横浜輸出商によってまちまち。輸出商の格付けの一例は①飛切上②飛切③矢島格（甲州）④八王子格⑤武州格⑥信州上一番格。
しかし諏訪糸は「普通糸」ながら、糸質がそろっていて生産量が多く、絶えず市場に在荷があって、いつでも取引ができました。普通糸でよいから品質がそろい、低コストで安定的に供給してほしいという、大量生産方式の米国絹業界の需要に応えられる条件をそろえていました。そのことから横浜市場で重視されるようになって「信州上一番」が標準糸格になります。「信州上一番」が輸出生糸の本場物となって、諏訪糸が市場を制したわけです。矢木明夫氏は「信州上一番の生糸はすぐれて資本制的な商品」といっています。

糸目・繰目重視の多量生産方式と、品質管理を徹底させた、いわゆる諏訪式製糸経営（上一番式製糸）の勝利でした。その陰に、工女さんたちの並々ならぬ苦労がありました。

「信州上一番格」が定着すると、上糸を市場へ出しても「上一番格」とされてしまうことにもなります。そこで、例えば開明社は、明治三十二年から上糸に「御国社」中糸に「開明社金標」の商標をつけてアピールし、脱「上一番」を図ります。片倉製糸は、大正末にはほとんどの糸をエクストラ格（優良糸）に上昇させて、上一番格から抜け出しています。他の各社も糸質向上に注力し、諏訪糸ぜんたいのレベルが上昇して、関東大震災直後には「信州上一番」は消滅します。

良繭もとめて県外へ工場展開

明治三十一年、片倉組の片倉佐一と龍上館の山正小口伝吉が、東京千駄ヶ谷に三二釜の製糸場を建て、この工場がのちに埼玉へ移って片倉大宮工場となります。諏訪製糸の県外進出の先駆です。この年片倉は、南多摩郡の製糸場を買収して一六〇釜の八王子工場としています。デリケートな生繭は輸送で傷つきやすいなど、扱いが難しいうえ、産地に購繭員の拠点や、簡易乾燥設備を設けるのに費用がかかり、経営の拡大には繭の産地へ工場を進出させるのが上策です。工女募集・燃料確保にも有利でした。

ここにも片倉のパイオニア精神が示されました。三十八年には仙台に二〇〇釜の製糸場を建設、つづいて四十年熊谷、四十一年愛知県一宮、四十二年山形県高畠町へ進出。大正に入ると福島県郡山・高知・大分・姫路と工場全国展開の布石をうち、朝鮮へも進出して大邱（テグ）へ大製糸場を建てています。

片倉につづいて林国蔵・尾澤組（尾澤福太郎・尾澤琢郎）小口組（小口善重・小口房吉）山十組（小口村吉）山一林組（林瀬平）合資山共岡谷製糸（小口音次郎）丸A林製糸（林清吉）が埼玉・千葉・茨城・群馬・岩手・神奈川・奈良などへ、雪崩（なだれ）をうつように進出してゆきます。山十組は、一時は県外の釜数で片倉を抜く勢いでした。

県外進出によって、岡谷の製糸はさらに急速な発展をとげることになります。

平野村の山二笠原組（明治十一年創業、後の笠原工業㈱）が明治三十三年に上田駅近くに建てた常田館製糸所（一二〇釜）の五層の繭倉と常田館（事務所兼住宅）など八棟は、国の重要文化財に指定され「蚕都」上田のシンボル的存在になっています。

＊岡谷地方製糸の郡外・県外への進出工場数　明治二十九年現在一五、明治末三一、大正末七七、昭和四年八七（四万二六六九釜）

岡谷地方製糸が大発展をはじめた明治三十三年には、日本の生糸輸出額は、欧州一位のイタリアを抜いています。

この国の近代化支えた製糸業

明治三十四年には官営八幡製鉄所が火入れにこぎつけています。日清戦争で得た賠償金と、生糸などの輸出で稼いだお金でできた製鉄所でした。ここから日本にも金属・化学工業が勃興します。生糸は明治初め、日本の最重要輸出品として、輸出額一位を占めてから昭和四年まで首位を独走しました。多いときは六割近く、平均しても四割前後を占めていました。生糸で稼いだお金が、この国の近代化の元手になったのです。今の自動車産業より大きな存在でした。

産業ばかりでなく、軍艦や大砲を買うお金にもなりました。例えば、日本の命運がかかっていた日本海海戦に勝利した陰に、イギリスなどから「三笠」や「金剛」などの新鋭戦艦を買ってあったということがありました。東郷平八郎と参謀・秋山真之のT字戦法や、優秀な兵たちの必死の奮戦も、新型戦艦あってのものでした。

夜業の暗いカンテラやランプの下で、懸命に糸を取っていた工女たちが支えた海戦だったのですね。

＊明治三十四年、片倉製糸の労働時間と賃金　［労働時間］春挽き（三月下旬～五月中旬の最大約五〇日）は最短一一時間、最長一二時間。夏挽き（六月下旬～十二月下旬の最大約一七〇日）は最短一二時間、最長一四時間（いずれも食事時間を含む）。［賃金］製品検査による等級制で一日平均春一五銭、夏二四銭（最高五〇銭、最低一三銭）他にデニール賞・皆勤賞・特別奨励賞・永勤賞。このころの労働時間について同社史は「局外ヨリ見ルトキハ就業時間長キニ失スルノ感ナキニ非ズト雖ドモ、殆ンド半年間ハ各自帰家休養シ居ルヲ以テ従来ノ実験上、衛生ノ害ナシ」としている。

製糸同盟が職工の登録制

製糸職工の賃金が明治三十年ころから急騰します。平均的な技量の工女の賃金は、二十年代には一日一四銭くらいだったのが、三十六年には一・五倍の二二銭に上昇、四十年代初めには夏挽きで二〇銭以上となっています。労働者不足をきたしていました。矢木明夫氏は、資本主義発展の一画期を迎えていたとみています（『岡谷の製糸業』）。

製糸業は、釜数の三割超の数の工女を確保しないと、空き釜になることがあることと、年末から正月中旬までに募集を完了しなければならないため、激烈な募集競争が行われました。工女の親に三～五円の契約金を払うのは当たり前、勤続賞金を競い、優等工女には破格の契約金を示すなど、熾烈（しれつ）な募集戦でした。

親の方でも多額の契約金や前借金を要求したり、二重契約どころか三重・四重契約をして契約金と前借金を詐取する者までいて、募集費の膨張が経営側の重い負担になりました。

やっと契約した工女を引き抜く紛争も続出し、その防止のため、職工の登録制を主な目的とする「諏訪製糸同盟」が明治三十六年、岡谷・川岸・湊三ヵ村の製糸家三一人によって結成されました。初めは開明社構内の一室に書記一人を置き、職工登録簿を整えていましたが、大正三年には岡谷駅前に事務所を新築し、常勤職員一〇人を置くまでになりました。

同盟の事業として、職工の登録制のほか、職工募集についての協定（契約金は五円以内とするなど）と工女輸送に関すること、製糸業の改善発達の事項の調査ならびに施策、などを挙げていて、大正六年には会員一四七社、登録職工数は男女合わせて六万九三六五人に達しました。工女輸送では、歳末などの帰郷期に岡谷駅が大混乱するようになって、鉄道側と臨時列車の編成などの調整が必要でした（後述）。

職工の登録制と協定は、雇用問題で会社間に紛争が生じたとき、仲裁委員が裁決すると定めるなど、強い自主規制をして、雇用の安定につなげたのですが、大正デモクラシーが高潮すると、働く人の移籍や契約の自由をしばるものと批判され、登録制は大正十五年二月をもって廃止となりました。

同盟は「諏訪製糸研究会」と改称し、経営者団体としての活動を継続しました。その紳士協定では、工女の引き抜きをした会社に二〇〇円の罰金を課すことにしていて、優良工女の確保が製糸工場の死活問題であったことを物語っています。↓製糸研究会は太平洋戦争による製糸業の整理で役目を終え、事務所は市に寄付。

米国絹業協会の要求に果てしない技術改善

揚げ返しと結束の仕上げ法も年々改良されたのですが、明治三十六年、米国絹業協会は日本生糸の不同綛（かせ）の多いことと、絡交（巻き取り方）不良を指摘して、綛は周囲一・五メートル、重量一八〜一九匁に、絡交はアメリカ綾（別名鬼綾）に改めるよう要求してきました。

ここから絡交器の改良・研究が進められて続々と新式が考案され、大枠伸縮装置も安藤歳蔵が安藤式を発明、丸二増澤商店が六角枠を発売するなど進歩し、六〜七年で大半の工場が、アメリカ綾で仕上げるようになりました。明治末から大正の初期にかけては、揚げ返し機と揚げ返し法の革命期であったと『平野村誌』にあります。

綛糸の含水率の適否は揚げ返し技術できまるため、乾燥方法も蒸気暖管への蒸気の調節や、小枠の湿し方などに細心の注意が払われました。

このように、ひたすら米国絹業協会の要請に応える努力を続けた製糸業界でした。『平野村誌』（昭和七年刊）は「すべての方面に不断の研究が行われて、その技術・能率は年とともに向上をみた」としています。以後も米国業界の品質向上の要求は厳しさを増す一方で、製糸業界は果てしない技術改善の努力を重ねたのでした。

鉄道網つながり地理的優位性

明治三十七年二月、日露戦争が起きて、鉄道中央東線の延伸工事が、富士見駅で止まってしまいます。三十六年から、下諏訪までの工事が進められていたのに、中断されてしまったのでした。国の総力をかけた戦争でした。そこで製糸の片倉兼太郎・今井五介・尾澤琢郎、上諏訪の小島義知など有志が中央線速成同盟会を結成して政府に工事継続を請願するとともに、郡内有志（代表今井五介・尾澤琢郎・小口音次郎・小口房吉・有賀長内・山中助蔵・藤森作四郎）が国債四五万円を引き受けて政府を動かし、三十八年十一月、岡谷駅までの延伸を実現させました。翌年六月には塩尻まで全通、さらに四十四年五月には中央西線も全通し、東西の繭や石炭、工女を集め易い、地理的優位性が生きてきます。これによって岡谷製糸は大きく飛躍することになります。

一山カの二工場（のちの片倉平野、山共岡谷製糸）と小口組、山十組は岡谷駅から軽便線・専用側線を引きこみ、石炭を直接運び入れることができました。また製糸家などが石炭輸送の天龍川船渠（せんきょ）㈱を設立して、駅から専用側線と、天龍河畔へドック（船渠）を設け、ここから、専用船で川岸村の片倉丸一、丸二、大和組、丸ト、金二などと、湖上を渡り湊村、上諏訪の製糸場へ石炭が供給されました。

＊明治四十年一月、第一回「諏訪湖一周氷滑大会」開催される。

明治四十二年、日本の生糸生産量、輸出額がとうとう中国を抜いて世界一に登りつめます。この年は片倉組が、生産高国内一位を固めた年でもありました。以後、片倉は首位を独走します。

谷間の村のシルクラッシュ

中央線開通前のことですが、下諏訪の山奥・萩倉に製糸の村が出現していました。シルク王国諏訪でも特異な現象です。

萩倉は、諏訪下社の御柱祭「木落とし」が行われる木落とし坂の奥にある、標高九四〇㍍の谷間の、わずか三四戸の小村でしたが、明治十一年に小製糸場が生まれてから急に発展し、明治三十三年ころには三〇〇釜を擁する萩倉合名製糸（篠遠道蔵ら）など五社七工場と、三～五層の白壁多窓の繭倉や、工女宿舎が建ち並ぶ製糸集落になっていました。

金キ製糸所の工女宿舎遺構

（市川一雄著『写真考現学・すわ湖の町の平成元年』より）

工男女五〇〇人が働き、酒・肉・雑貨の店や飲み屋・氷水屋から「夢の湯」という名の三階建て、客間のある湯屋までできて犯罪事件も起き、巡査駐在所が置かれました。面白いのは釜の請け焚き専門の業者がいたことです。明治三十三年には、萩倉下の落合に、諏訪電気㈱による長野県で二番目の水力発電所（六〇㌔㍗）ができて、谷間の製糸の村にいち早く電燈が灯り、小都市のようだったと語り草になりました。

富山などからもやってきた工女さんたちは村びとと親しみ、お盆のふた晩は夜を踊り明かしたといいます。伊那谷から来た工女たちは歌も踊りも上手で、町場の若者たちが一里の夜道を通い「飴売り太鼓」の仮装で人気を集めた青年もあったそうです。この村に居つく人もありました。

萩倉に製糸が発達したのは、和田峠に近く、繭の入手に有利だったこと、裏山と東俣御料林から燃料の調達が容易だったことと、良水を得られたことが挙げられます。そうした好条件に恵まれてシルクラッシュに沸いた萩倉でしたが、中央線が開通すると一部は廃業、篠遠兼義製糸（二〇〇釜）や萩倉合名などは町場へ下りて、萩倉はもとの静かな山村に戻りました。

飛騨などからやってきて亡くなった、三人の工女の墓が、この集落の共同墓地にあります。肉親が引き取りに来ることができなかったため、会社が野辺の送りをし、墓碑をたてたのでした。「松雲貞操善女　神田カマ　美濃国恵那郡下原田村」「安山妙睡善女　中村つや　飛騨国高山町」と墓碑にあり、もう一基は文字が読み取れません。製糸会社が無くなってからは、村人がお彼岸に線香を手向けています。萩倉製糸の一族からは、メンデル遺伝学者の篠遠喜人（しのとおよしと）博士（東大教授、ＩＣＵ六代学長）が出ています。メンデル遺伝学はのちに、今井五介による一代交雑蚕種製造の基になりました。
＊萩倉金キ小河原喜右衛門製糸の報告書（明治二十九年）要旨　操業日数一七四日。就業時間夏一三時　秋一三時半　冬一三時。工女工銭一日平均一四銭三厘（上等二〇銭、中等一五銭、下等八銭）。工女待遇「我が一家と同一視して、金銭出納及び万般に注意し、年四回位は安否を訪問する等、及ぶ限り親切にする」工女心得「常に糸量の減殺、光沢の汚損、デニールの不同などに注意し、総て本社規則を遵守すべきこと」など。食事　朝と夕食は飯・みそ汁・漬物。昼食に魚や煮物を付ける。飯・汁は常に温かく、量は自由。入浴は月平均一七回。（『下諏訪町誌』下巻）

製糸家がたてた工女の墓は岡谷にもたくさん残っています。いずれも親元が貧しく、引き取ることができなかった工女たちの墓です。

優良糸生産への転換点――明治四十年

さて明治四十年、岡谷・諏訪製糸は転換点に立ちます。

これまでの「普通糸」から、高級糸生産へ切り替える流れになってゆくのです。これは岡谷・諏訪製糸にとって大きな試練でした。

米国で、それまでタテ糸は欧州糸が独占し、日本糸の用途はヨコ糸専用、つまり二流品扱いでした。その流れが、米国で起きた金融恐慌と関税引き上げから変わり、高価格のうえ量的に不安定な欧州糸から切り替えて、安価で大量供給する東洋糸をタテ糸に使うようになったのです。それには抱合が良く、繊度むらのない高級生糸が必要で、山形産のブランド糸「羽前エキストラ」が「信州上一番」より一梱一〇〇円高という破格の値で買われ注目されました。

「羽前エキストラ」は、繭を低温の湯に沈めてじっくり煮て、低速で繰糸した高級品です。沈め繰りは糸目が出ない、つまり繭のムダの多い、少量生産の取り方ですが、高く売れれば利益率は大きいのです。山形県では早くから沈繰・低速繰糸が行われて全県に普及していました。沈繰法は、繰糸繭と落緒糸を見分けやすくて定粒繰糸ができるため、太さが均斉な糸を取れる特長があります。

片倉は明治四十二年「羽前エキストラ」のメーカー両羽製糸所（二一四釜）を買収し、山形へ進出します。高級糸生産の技術吸収の狙いもあったのでしょう。

政府は、製糸業界にタテ糸生産への体質切り替えを指導します。

しかし岡谷・諏訪製糸にとって、糸目と能率重視の生産方式の軌道修正は容易ではなく、まず煮繭法と揚げ返し器、揚げ返し法などの改良を進めて、糸質本位の製糸法への転換を図りますが、糸目(糸歩)の減少をどうカバーし、多量生産を守るかが課題でした。高級糸生産への切り替えに、明治後期には、鍋煮繭器を使う繰糸も試みられたようです。

＊平野村の製糸家の村外持ち釜数は明治四十年四一〇四釜、大正元年八五六七釜、大正六年一万八四八二釜、昭和二年二万八三二四釜と急増。昭和二年には村内持ち釜二万〇六四一釜を上回った。／明治四十年、諏訪教育会が小学生向けに製糸・養蚕を教材とした副読本『諏訪理科図説』を発行。

近代的繭倉庫群が出現——入二諏訪倉庫㈱設立

高級糸生産への転換が急がれる流れの中で、第十九銀行の黒沢頭取は、岡谷に本格的な繭倉庫の建設を片倉兼太郎らに提案します。繭の貯蔵には非常な注意が必要で、その乾燥には特殊な技能を要し、製糸家はそれぞれ独自の工夫をしていたのですが、安全な倉庫は少なく、ために保管繭への火災保険は普及せず、金融の支障にもなっていました。第十九銀行は傘下の上田倉庫が持っている繭保管・貯蔵のノウハウを、製糸の新中心地岡谷に生かし、糸質の向上と金融の円滑化で、業界のさらなる発展に役立てようとしたのでした。

岡谷の製糸家たちはこれを歓迎し、明治四十二年一月、入二諏訪倉庫㈱の設立となりました。

資本金二〇万円・四〇〇〇株のうち黒沢鷹次郎（初代社長）が二二五株、宮坂伊兵衛（上諏訪）一八〇株、片倉兼太郎・合資林組・小口村吉・小口善重・尾澤福太郎・林国蔵・小口彦次が各一二〇株、高橋槇蔵・高橋巳喜之助・宮坂作之助が各一〇〇株など、株主に製糸家と地元資本家が名をつらねています。こうして平野村塚間の敷地八一〇〇坪に四列一二棟の倉庫群が開業したのでした。

赤煉瓦防火壁を張った生倉と干繭倉間の三間道

（諏訪倉庫㈱所蔵）

土蔵造りの繭倉とは違う、木造・堅瓦張りモルタル塗り壁の構造で、赤煉瓦の防火壁を持つ三階建ての近代倉庫でした。年々増設し、大正四年には三九棟（のべ七〇二〇坪）となり、収容能力は間下倉庫と合わせ三五万石、日本一の繭倉庫群でした。

塚間倉庫の構成は、まず「生倉」に一回目の乾燥をした繭を入れ、外気を入れて湿気を取るよう、大きな窓を開けています。ここで本乾燥した繭を次に入れる「干繭倉」は、外気の影響をうけずに貯蔵できるよう、窓を小さくしてあります。

繭の乾燥の適否は、繰糸能率と糸質・糸量に多大の影響があるばかりか、乾燥をあやまると、繭質を損傷することになるため、その管理には細心の注意と熟練が必要でした。同社では帯川式（諏訪製）など各種の繭乾燥機を導入して研究するなど苦心し、谷口直貞博士の指導をえて諏訪式乾燥機を開発、また火盗の防止にも万全の対策を講じています。これによって繭の乾燥・長期保管と供給が理想的な形でおこなわれるようになり、生糸の品質向上に大きく寄与したのでした。

また、繭を担保に融資する第十九銀行は、繭管理のデータから製糸会社の経営を把握し、業績不振の会社へ的確な支援を行うことができました。優良製糸には、それまでの約束手形・為替手形による融資のほかに、繭を担保として、当座貸越し契約を結んだ上で、業者が随時小切手で資金を引出せるやり方を創案して、製糸家の便宜を図り、為替前借と称する短期の信用取引も提供しました。

岡谷製糸の発展に、諏訪倉庫の繭保管と一体になった銀行融資が大きな支えとなったことは、経済史家たちが等しく指摘しているところです。

諏訪倉庫の牛山英一会長によると「入二」の商号は「荷が入るように」と黒沢社長が命名したのだそうです。

製糸王が現場監督

倉庫の建設委員長を引きうけた片倉兼太郎は、午後になると建築現場に現れて見回り、棟梁たちと夕食を共にしておそくまで話しこんでいたといいます（諏訪倉庫百年史）。役目に責任を持つ兼太郎の姿が、ここにも記録されています。のちのことになりますが、三代兼太郎は、諏訪倉庫の第四代社長をつとめました。

赤煉瓦防火壁の倉庫群の威容は、長く糸都岡谷のシンボルになっていたのですが、時代の流れの中で役目を終え、跡地は今、商業集合施設「レイクウォーク」になっています。

＊諏訪倉庫が昭和二十七年に開発した「諏訪式８６６型繭乾燥機」（エンドレス搬送八段型、延長二〇㍍）は特許取得。

日本三大製糸が岡谷に

明治四十四年、岡谷だけで全国の生糸の一三％を生産しています（一〇釜以上工場調査）。

また、片倉兼太郎の切り抜き帳に保存されていた「明治四十四生糸年度の年間横浜生糸入荷梱数番付」によると、全国一〇釜以上の器械製糸場は約二五〇〇社。上位一〇社のうち六社が岡谷地方の製糸家で、その出荷高は全国（一五万二七七一俵）の一六％を占めているといいます（嶋崎昭典『初代片倉兼太郎』）。

【横綱】片倉組（一万五二八四梱）【東大関】小口組（八四七一梱）【西大関】山十組（八四二〇梱）【東小結】山共岡谷製糸（六三四四梱）【西前頭一】林組（四四八〇梱）【東前頭二】尾澤組（四三三六梱）【西前頭二】丸一組（三五五〇梱）【東前頭四】日本社（二九六〇梱）【東前頭七】信英社（二三六〇梱）

このほか岡谷・諏訪地方の大和組・東英社・入一組・入〇組・萩倉合名・信厚館の名が番付に見えます。

名門諏訪蚕糸学校の誕生

明治四十五年には村立乙種実業学校（のちの平野農蚕学校）が開校し、大正十一年には「製糸科」をもつ県立諏訪蚕糸学校となりました。そして大正十四年七月、一万坪の敷地に、そのころでは数少ない鉄筋コンクリート三階建ての本館のほか、製糸工場（実習場）・養蚕場・動力室・倉庫・寄宿舎などの付属建物が建設されました。

製糸実習場は動力室・煮繭場・繰糸場・座繰場・揚げ返し場・生糸検査・整理場・乾繭場・一粒検査場・繭倉庫などに分かれ、各種の器具器械を備えていました。

また養蚕実習場は飼育室・催青室・貯桑室・氷庫・農事作業舎・堆肥舎などをもち、全国屈指の蚕糸学校でした。長野県の意気ごみを示す新校舎建設に平野村も二万円、諏訪郡が六万円、隣接町村が特別寄付三万円を拠出して応援しました。村は他に経常費一ヵ年分三万二千円を負担しています。

＊大正十五年、県立諏訪蚕糸学校の授業料四円五〇銭、校友会費五〇銭。

諏訪蚕糸学校の優等生は東京高等工業学校（現・東京工大）や東京高等蚕糸学校（現・東京農工大）上田蚕糸専門学校（現・信大繊維）へ進学し、博士の学位を取った人も何人かいます。就職組も当時の就職序列トップの片倉・郡是製糸に迎えられるなど、優秀な技術者が輩出して、全国で活躍しました。現在の岡谷工業高等学校です。

村立農蚕学校は大正二年に女子部を設け、これが県立岡谷高等女学校、現在の岡谷東高等学校に発展しました。

諏訪蚕糸学校の野球部は、甲子園に昭和四年・五年と連続出場して、五年には準優勝し、諏訪

諏訪蚕糸学校の本校舎と実習工場の煙突

（昭和13年卒業記念アルバムより）

じゅうの人たちを熱狂させました。大恐慌が起きた年でしたが、諏訪蚕糸のユニホームは慶応大学モデルで異彩を放ち、さすがは製糸岡谷の学校だと話題になりました。台湾へも遠征し、強豪校と対戦しています。岡谷・諏訪製糸の心意気を背負っての活躍でした。準優勝ナインの中村三郎投手は明大からプロ野球の名古屋軍入りして投手・主将。スラッガー中村好男一塁手は、慶応一年生秋の早慶戦で本塁打を放つ活躍を見せました。

＊全国初の中等蚕業学校として郡立小県蚕業学校（現・上田東高校）が明治二十五年、上田町に設立され、全国から生徒を集めた（明治四十三年には隣接地に上田蚕糸専門学校が開学）。南信地区の農蚕学校は明治二十八年、上伊那簡易農学校（現・県立上伊那農業高校）設立。また製糸家武井覚太郎の後援があって、組合立伊北農蚕学校（現・県立辰野高校）が大正元年開校。

製糸工場の「岡谷式普請」

岡谷製糸の特長の一つとして、建屋が簡素だったことが挙げられます。イタリア・清国との激しい競争にうち勝つのに、低コストで生糸を生産することが必要でした。古村敏章（大正十年、平野村の中規模製糸へ就職）が、先輩から聞いた製糸場の「岡谷普請」の話を回想記『生糸ひとすじ』に収めています。いつごろのことかの記述はありませんが、内容から見て明治から大正にかけての話と思われ、貴重な記録なので、ここに拾っておきます。

古村は「この土地に密着した経営方針を採る条件として、宿舎と食事の提供が不可欠の条件となる。年間作業日数が二百日内外しかない上に、付属設備に多額の固定投資が必要になるので、極力これを軽減するため、岡谷式というか製糸普請というか、特殊のものがあった」として、次のように書きとめています（要旨）。

・工場建設に当たって、敷地の整地を行うことなく、松丸太を打ち込んで、その上に土台を据えて柱を建ててゆく。屋根は薄皮（コケラ）葺きで、宿舎も天井は無い。工場は南向きで細長く、屋根は低めで気ぬきがついていた。事務所の二階は工男部屋といい、男子の独身者が雑居し、女子は食堂の二階が寝室であった。

・こうしてわずかの日数で工場が建てられ、床下には汽缶場から出るアス（石炭殻）で埋めていった。煙突もやぐらを組むことなく、補棹（さお）という一本と万力（まんりき）（上木用ロクロ）で建てられた。蒸気は圧よりも熱が目的であるので、多管半通洞型と称する他に例のない汽缶が据えられた。

・操業日数が短いのに対し、一日の労働時間は長く、百姓同様に明け方から目が見えなくなるまで、十四時間から十六時間に及んだ。日が短くなると朝が遅く、夜業が長くつづいた。休日は盆休みの二日あるだけだった。賃金は年末閉業の時に支払った。

この「製糸普請」は、中小製糸ばかりでなく、山十組でも採用されたことが『ふるさと岡谷の製糸業』にみえます。

大正末期の製糸場

（長岡和吉著『エーヨー節』より）

糸取りの現場――工女の話の聞き書きから

明治四十四年から大正にかけて製糸工場で働いた女性からの聞き書きが、本年、文芸同人誌『窓』に載ったので、その一部を要約して引用します。山十組山八工場で糸を取った志村ぎんゐさん（明治三十二年生）の話を、息子の志村明善さんがまとめたものです（要旨）。

・（工場の動力）わしらのころは水車と電気が半々だった。電気になってから、髪の毛を束ねて下げていた娘の髪が、回っている枠に絡まって死んだことがある。
・自分で繭を煮るころ（煮・繰兼業の時代）は、工場の中は、湿気がこもって、着るものがびっしょりしてしまう。替え着は、自分で持って行き着替える。夏は、回転窓を見番が開けてくれた。それでも汗がぽたぽた落ちるほど暑い。冬は冬でまた寒い。とくに体の上の方が冷える。足元には、蒸気が通っているカランがあって、そこへ足をのせるが、そんなもんでは足元がちょっと温まるくらいのもの。本当に凍みるときの夜なべでは、頭につららがさがるほどだった。
・夏は朝五時起きして行って、晩の九時まで取った。明治の終わりから、大正の初めくらいはそうだった。三十分の休憩時間はあるが、それを差し引いても、仕事する時間は十五、六時間あった。アメリカから注文の多い、景気のよかったころにはそうだった。夏は、朝まだ暗いうちに起きて髪を結ったりして五時ちょっと前、工場へとんでゆく。工場で朝ご飯を食べて、六時には仕事にかかる。夏は六時からというのは、一日が長くなるようで、ほんとうに仕事のやり甲斐があった。
・繭を煮るのに苛性ソーダを使った。入れすぎると繭がたらけてしまう。少ないと糸につやが出ない。繭の煮方で糸挽きの上手、下手の差がうんと出る。湯が熱すぎれば、栓をひねって水を入れ調節した。
・わしらの時は四つ枠で取った。一つで糸が切れて三枠で回せば、糸枠に厚いのと薄いのができてしまう。五つ枠とることなど、ほんとに難しい仕事だ。
・（抄緒の）すぐり加減で糸目が出たり、切れたりする。出る人は、糸目をうんといい成績に上げる。また、糸目ばかり出しても、糸がそろっていなければいけない。糸がそろって糸目が出れば、それが一番の仕事。わしらのころは三十目（匁）四十目工女になったら、もう、うんと糸目がある。
・繭は見番が升に入れて運ぶ。六〇センチ四方くらいの升で、それを一日に、多い人は四つくらい取る。量ばかり取っても、糸目がなかったり、検査で×（バツ）がつけば、点が少なくなって給料が細くなる。百円工女は二〇〇人の工場に一人か二人だね。八〇円から七〇円くらいならかなりいい方だ。下手な人は二五円から三〇円くらいだった。昔は百円といえば一軒の家が建った。八畳間くらいの家一軒が二〇円か三〇円で建った時代だもんね。いや、もっと安く建てられたかもしれん。それに、製糸家に口は預けている（食事は会社が賄う）しね。
・わしは百円の上にもう三円足してもらったことがあるが、そんなことは、まァ二年か三年くらいしか続かなかった。休めば引かれるしね。皆勤賞は一五円くらいくれた。わしは一年皆勤したら、次の年にはうんと休んでしまった。弱くなってしまう。皆勤は駄目だね。なんとなく体がだるくて勤まらない。
・糸が切れてつなぐとフシになる。フシコキの穴を通すのに、フシがあれば、つっと切れてしまう。下手の人は大きく結んだり、いろいろするから、ぼくぼく、ぼきぼきした糸になってしまう。いい仕事のできない人は、へぼい（下等）工場へ行く。
・サナギが見えてくれれば新しい繭を継ぎ足す。五粒で取れといわれれば五粒しか付けてはいけない。それが難しい。今度のは五粒なら五粒、六粒なら六粒と、見番が指示する。

・検査で×（バツ）がつくと「何十点」と番号札に赤字で書かれる。あの人はペケだ、赤字で物にならないということになってしまう。
・見番は二十二、三歳くらい。十八くらいの見番もいた。三十歳ごろになれば監督になった。監督は工場を回って見番に、工女はあれではいけない、こういうふうにさせろ、工場の雰囲気を見て、こういうようにしなくてはいけないと世話をやく。
・見番がへんな取り方をしている工女のケンネルを、むしり取ったことがある。工女は泣いて謝って元のようにしてもらった。そういう人は少なかったがね。ケンネルを壊せば工場は損するからね。
・腕のいい工女は習う時にわかる。二、三年すれば百円工女になる。そういう人は一生いい仕事をする。腕の悪い工女は、努力しても限界があって、一生だめだ。
・見番にも下見番と上見番があった。主任といえば一番の見番。そういう人が下の見番を連れて工女募集に行った。いい工場は五円の金を出して契約した。腕のいい工女さ。五円といえば、ひと月くらせたもの。片倉とか山十とか、お金の回る工場はいい工女を集めた。片倉へは、品の悪い工女は行かれなかった。山十はその次の次くらいで、山十へ行っているといわれるくらい良かったね。

この聞き取りは、志村明善さんが山本茂実著『あゝ野麦峠』を読んで設問し、まとめたものといいます。

第三章　糸価絶頂　――古きよき時代・大正

水車・蒸気動力から電力へ

いよいよ製糸業の絶頂期となる大正時代を迎えます。

このころ、製糸動力は電力への切り替えが進んでいました。最初に電力を導入したのは山十組です。明治四十一年に、天龍川からの揚水に三馬力のモーターを据えつけ、翌年には再繰工場の動力を電力にしています。つづいて山七工場（四八〇釜）で電力による繰糸の試験をすると、繰り枠の回転速度は均一、回転数の変更も自在と、すこぶる好成績でした。

たまたま天龍川へ架けた大型水車が、諏訪湖はんらんの原因になると騒動が起きて大正二年、天龍川の水車は撤廃となり、一気に電力への切り替えが進んだのでした。片倉丸六工場は大正二年にウエスチングハウス社製の発電機を設けて自家発電を試み、山十組山八工場は大正七年、承知川水系へ水力発電所（出力六〇キロワット）を造っています。

蒸気動力は、水利に恵まれない工場で多く利用されましたが、大正に入ると電力が増えていきました。

大正元年八月、湊村花岡湖岸と上諏訪湖畔を結ぶ汽船・高島丸が運航を開始し、昭和六年まで就航。それより前、明治四十三年ころから、第一明神丸・第二明神丸が同じ航路を往復していたという記録があります。

＊大正二年、養蚕農家の収入　水田一反歩（一〇ルアー）を小作した収入一円四五銭に対し、同面積の養蚕収入二四円三銭七厘（下伊那龍丘信用組合資料）

今井五介と一代交雑蚕種

次に取り組まれたのは繭の品種改良です。製糸が盛んになってからタネ屋と呼ばれた蚕種業者がいっぱい現れて八〇〇銘柄（基本的な品種約八〇）ものタネが売られていたため、繭の形質がばらばらで、日本生糸の品質向上のさまたげになっていました。これを、今日でいうバイオテクノロジーの技術で改良することになったのです。

植物で、一代限りの雑種（一代交雑種）は、両親のすぐれた性質だけが現れる（雑種強勢）というのは、メンデルが発見した遺伝の法則ですが、明治三十九年、蚕業試験所の外山亀太郎博士が、蚕にもこの法則を適用できることを世界で初めて証明し、国の原蚕種製造所が原種約一〇〇種を組み合わせる追試でこれを確認しました。

これにいち早く着目したのが、片倉松本製糸所長の今井五介でした。五介は私費で安曇などの業者に交雑種の製造を委託し、大正三年「♀二化性日本錦×♂欧州種」「♀二化性日本錦×♂支那種」の二品種の生産に成功しました。五介はこれを安曇の養蚕家へ無料で配ろうとしたのですが、農家は怖がって受けようとしません。五介は繭を全量、責任をもって買い取る保証をつけて飼ってもらいます。結果はたいへんな上繭二八五二貫となって片倉へ返ってきました。

五介は片倉直営の法人「大日本一代交雑種普及団」を松本に発足させようとします。ところが兄の兼太郎はこれに反対したそうです。実験の課程で黄色繭などが出るのを見て「これは製糸業者がやることではない」との判断だったそうです。

しかし研究所の建設にかかっていた五介は兄を説得し、法人設立にこぎつけます。研究部を設けての試験は、兼太郎が予見したとおり苦心の連続でした。大正五年、ようやく実用化にこぎつけて一代交雑蚕種の頒布をはじめると、爆発的に売れて、五年間で全国に普及し、これによって日本糸の品質と生産性が飛躍的に向上、高格のタテ糸生産の支えとなりました。片倉は蚕種製造所を全国に九ヵ所設けています。一代交雑蚕種の普及は日本生糸の品質が世界一の地位を築く基になったのでした。

諏訪の蚕種業

蚕種の製造業者は諏訪でも江戸時代に現れ、小井川村の三人が筆頭でした。維新後、器械製糸勃興とともに、諏訪にも蚕種製造業者が増えて、秋蚕種は関東へも移出して諏訪種（生種）の名声を得た一時期があり、業者は玉川村の一一九人を筆頭に、郡内で四四七人を数えていました（明治三十七年）。

片倉が蚕種改良に成功してから、バイオテクノロジーによって優良蚕種を製造する時代になり、岡谷では昭和六年、小井川の進工社製糸（宮坂清之丞）と小口組が蚕種製造所を新設しています。その後、長地村東堀に㈱南信社蚕種製造所（小口長重社長）下諏訪に信濃蚕業㈱（小林重雄社長）といった蚕種製造会社が育ちました。

伊那に養蚕家の組合製糸龍水社

大正三年、上伊那郡赤穂村（現・駒ヶ根市）に養蚕家による七つの組合製糸が連合した龍水社（山田織太郎・飯島国俊）が設立されました。持ち寄り型の伊那式組合製糸で蚕種、肥料、日用品の共同購入・稚蚕の共同飼育・養蚕指導なども行い、このシステムは全国へ普及、海外でも知られる産業組合モデルとなりました。これを記念する駒ヶ根シルクミュージアムが駒ヶ根市に開設されています。

丸山タンク

電力で揚水できるようになって、岡谷区・間下方面の製糸家たちが丸山製糸水道組合を設立、大正三年、岡谷駅近くの丸山の丘に貯水タンクを築造し、天龍川から揚水した水を、約一粁先の間下の製糸場まで供給するようになりました。

製糸は一釜当たり平均二石の水を必要とします。製糸は水を大量に消費する産業です。それに、水質の良否が繭の解舒と生糸の品質に大きく影響するため、製糸家は良水の確保に腐心しました。深山田製糸を始めるとき、湧水・河川水・諏訪湖水の比較試験をした結果は、湧水が最良の結論となり、川に水車を架け、製糸用水は地蔵寺の湧水を使っています。

平野村の製糸場も、草創期には川の水を引ける今井・間下などの北部に多くできていたのですが、工場が大きくなるにつれて水不足を来し、貯水池を造って用水を確保する工場が多くなりました。

丸山タンク遺構

屋根は失われている（平成30年6月　著者撮影）

当時はこれがなかなかの難事でした。山の手の「滝の沢」に堤（つつみ）を造って水を引くのに、木製の導水管を四〇〇本つないで、八〇〇ﾒｰﾄﾙ下の小部沢（おべざわ）（今の岡谷市本町三）の製糸所三ヵ所へ引水したという例もあります。木製管は太さ二五ｾﾝﾁ級のモミの木に、直径一〇ｾﾝﾁくらいの穴をくり抜いて作ってあり、蚕糸博物館が保存しています。

明治十一年に一山カ製糸場が天竜河畔に、下浜の小口苦蔵が諏訪湖畔に製糸場を建ててから、諏訪湖や天龍川に近い南部に大型工場が展開するようになりました。『平野村誌』によれば、明治十年、村内の釜数の九四％が北部にあったのが、大正元年には南部が八七％と逆転しています。一つには鉄道開通の影響が挙げられますが、諏訪湖水の利用が容易だったことが大工場の展開に利したといわれます。

それに、諏訪湖の水が製糸に適していたこともありました。牛山才治郎著『日本之製糸業』には「諏訪の水は珪石質を含むこと多量にして、含珪の水質は最も製糸に適せり。諏訪製糸の光沢他に優るものあるは実に之が為のみ」といっています。この「珪石質」というのはよくわかりませんが、地理学者三沢勝衛の助手をした小林茂樹氏は、諏訪湖の底面の大半を占める「どろま」の泥は珪藻軟泥だとしており、それと関係があるのでしょうか。この底泥をヘドロと書くマスコミがありますが違います。この軟泥、吸収材などに工業化できるかもしれません。

『平野村誌』は、岡谷製糸発展の一因として「諏訪湖が天然の大貯水池として濾過曝露（ろかばくろ）の水質改良自ら行われ、製糸用水として比較的佳良であったことは論を待たない」と述べています。昭和初期、川岸・平野・湊三村の製糸場約一万八〇〇〇釜が、諏訪湖水と天龍川の水を使っていました。

丸山タンクは産業近代化遺産に指定されて、岡谷観光のスポットの一つとなっています。

＊丸山タンク遺構　煉瓦壁の外周三八メートル、高さ二メートル、厚さ六〇センチ。内側にコンクリート造りの壁を二重（直径七・三メートルと三・一メートル）に内包している三重円筒型。天龍川からの導水管六五〇メートル（落差二〇メートル）。給水管は主幹線と支線一〇と合わせ二〇四四メートル。二〇馬力・一馬力電動ポンプ各一台を備え、専任の番人が一人いた。建設費一万六九九二円。五工場（一二一三釜）に給水し、岡谷駅の蒸気機関車用給水塔へも送水。

岡谷地方が日本一の製糸業地帯に

大正三年七月、欧州大戦（第一次世界大戦）が勃発すると糸価が崩落、政府は翌年三月、製糸業救済のため基金五〇〇〇万円で国策会社・帝国蚕糸㈱をつくって、生糸の買い上げを断行しました。

それが、翌年からは一転して大戦景気がやってきて、日本に空前の好況をもたらしました。大戦で欧州諸国が荒廃して工業生産が落ちたからです。

日本は中国青島でドイツと戦っただけで戦勝国となり、製糸業ばかりでなく、欧米への雑貨・綿布・毛織物、それに軍需品の金属・機械・化学製品・造船・鉄鋼などの輸出で、産業界は大稼ぎをしたのでした。わが国の工業生産額は五倍に増えたといわれます。

生糸の需要は、ヨーロッパが激減したのに対し、米国はうなぎ上りでした。大正六年の横浜出荷高は一位片倉組三万梱、二位山十組二万六〇〇〇梱、三位小口組一万六〇〇〇梱、ほかに山共岡谷製糸と尾澤組が五〇〇〇梱を超え、林組を加えて六大製糸と呼ばれ、岡谷地方は日本一の製糸工業地帯になっていました（大正十五年には山共・林組とも一万梱超）。

こうした有力製糸家の大規模化は、優良糸の量産のための多条繰糸機導入へとつながって行き、中小製糸家との生産力格差をひろげることになります。

その一方で大戦中の大正六年、ロシア革命がおきて共産主義政権・ソ連邦が生まれました。やがて日本にも革命思想が浸透してきて、政府は思想統制をつよめ、世相が険しさを増して行きます。

煮・繰分業――四条繰りへ

政府は優良糸生産への切り替えを加速させようとしていました。大正三年十一月、農林省蚕業試験場が、山形式沈繰法を中心とした煮・繰分業の講習会を開催、全国の技術者が受講して、各

四条ざそう機で糸を取る工女　足元の籠に繭が見える

工場名不詳（丸山新太郎著『激動の蚕糸業史』より）

社がその取組みを急ぎました。

これによって煮繭は専門の技術者にゆだねられるようになって行き、繰糸に専念する工女は、優良糸を取ることを求められ、一人の受け持ち口数も、二緒（条）から四緒へ増えることになります。大正四年には、岡谷の大手製糸場の九割が四条取りになっていたといわれます。技術の移行期には多くの困難があったことと想像されます。

煮・繰分業は煮繭機の開発を促すことになります。また、煮繭機は均一な乾燥をほどこした繭の自動供給が必要になるため、大がかりな乾繭機の開発も急がれました。それが実用化されるのは大正末です。

繭の特約取引と養蚕の近代化

善い繭を適正価格で、安定的に確保するのは製糸経営第一の課題でした。全国産繭の一六%を集める片倉は、大正四年から佐賀で繭の特約取引を始めたのを皮切りに、町村単位に特約組合をつくる方向へすすみました。繭地盤の確保です。

優良蚕種を供給し、桑園の管理から、蚕の飼育まで面倒をみることで信頼関係を築き、養蚕家と製糸会社の双方が納得する特約取引を目指すものでした。片倉は「共存共栄」策として、後には養蚕組合へ株式を与えています。

昭和三年には片倉系の組合数五五〇〇、組合員一八万人、養蚕指導員一九六〇人を数えるまでに発展しました。片倉は栽桑試験所・蚕業講習所を設立して養蚕指導員を養成し、全国へ派遣しています。自社製の商標「丸角」肥料の供給も行い、徹底した指導で良繭の生産に結びつけました。養蚕の近代化は、優良生糸生産の基盤になります。

この特約取引は大手各社も追随し、良繭の確保でも中小製糸との格差をひろげることになりました。

製糸場の汽笛(ふえ)

今井久雄さんの『村の歳時記―子どもの大正生活誌』第三巻に、大正期の製糸地帯の様子を活写した「製糸場の汽笛」の一章があります。午前四時半、製糸工場が一斉に「ボオー」と汽笛を鳴らし、製糸の一日が始まるのですが、百幾つかの製糸場が鳴らすので「盆地にこだまするその響きはまことに壮観、活況製糸の象徴でもあった」として、冬などまだまっ暗な空に鳴るその音を人々は「キカイの汽笛(ふえ)」と呼び、朝の早い製糸の代名詞にもなっていた、とも書いています。

諏訪では大正になっても製糸場を器械(きかい)と呼んでいたことがわかります。

その汽笛で起床した工女たちは、互いに髪を結い上げ合い、身支度を整えて五時四〇分から朝食、五時五五分には就業。休憩なしに糸を取って一一時から昼食、同一五分には就業して午後五時夕食、同二〇分就業、九時終業、という工場暮らしでした。

今井さんはこんなことも書きとめています（要約）。

・（製糸は季節仕事だったので）工場の休業で帰宅した娘たちは、母校の小学校の補習科へ通ったり、村のお師匠さんの家へ行って裁縫の勉強などしていた。
・工女は出身地ごとにまとまり、その中に世話役もあり、面倒をみていた。こんな小さな娘がと思われるものも、この世話役あってこそであった。
・義務教育の終わらぬ者も多いので、各工場では退職教員を置いて、昼間の一、二時間ずつ作業を休ませて国語や算術の授業をしていた。
・工場法ができるまで休みはお盆の三日間だけ。その日は工場から解放されたたくさんの工女が町にあふれた。髪を銀杏返しに結った工女もいて、諏訪湖の岸に群れて遊ぶ姿が見られた。
・遠く離れていれば故郷は恋しかろう。待ちに待ったお盆、みな一緒になって故郷の盆踊りを楽しんだ。夜を徹して手拍子足拍子、歌声は絶えなかった。また夜の町にもくり出して寺の庭で、村の若者たちもまじって賑やかな踊りの輪が夜の白むまでも続けられた。
・数が多かった飛騨の娘は、糸を取りながら飛騨の唄を盛んに唄ったので、他郷の人たちに親しまれ、すっかり諏訪の盆踊り唄、糸挽き唄となって唄いつがれた。佐渡からきた娘も唄が上手だった。佐渡訛り（なま）で唄う節回しは、いまテレビで唄う歌手などとても及ばない。
・貧しい地方から来た工女たちは「三度三度、お腹いっぱい温かい白い御飯にお味噌汁。日に一度はお魚もつけられ、そればかりかお盆やお彼岸には、甘い餡（あん）をどっさりつけたおはぎや餅さえいただけて、ほんとにもったいないことだ」と昭和の十年ころになってもまだそういっている娘があった。

優良工女表彰式後の記念撮影

（諏訪郡役所前　大正期　小口幽香著『製糸王国の時代に生きて』より）

・糸道のケンネルで撚（よ）りをかける時、糸についてて上がる煮汁が霧になって飛び散り、工女はその霧を浴びて、着物はすっかり濡（ぬ）れた。まだ作業衣がなかったころは、手ぬぐい一枚を肩へ掛けたくらいでは防ぎきれず、蛹の臭いがすっかり沁みこんで体臭になり、この製糸工女独特の臭いは、道で通りすがればすぐにそれと知れた。
・諏訪下社の大祭、お舟祭りの宵宮にも白地の真岡（もおか）（木綿のゆかた）に赤いメリンスの帯や、黄色い三尺を締めた工女たちが繰りだし、境内の見世物小屋の前にあふれた。そこにはもうあの蛹の臭いはなかった。のぞきからくりで「不如帰（ほととぎす）」や「八百屋お七」に人気があった。かき氷の店は工女たちで立錐（りっすい）の余地もなく賑わっていた。

村の正月

そして今井さんは、そのころの村（下諏訪富部（とんべ））の正月の情景をこんな風に綴っています。

町はずれの私たちの村には、方々の製糸場で働いていた、たくさんの娘たちが次々に帰ってきた。この春、小学校を卒えて工場に入ったばかりの娘たち、すっかり色白になり娘らしくなって、道々でよく行き合った。

そしてこの一年、彼女たちの稼ぎぶりなどが、いろいろと村中の噂話となった。あの娘は工場で指折りの優等工女で、百何円も家へ持って来た、あそこの家の姉妹は同じ工場で働いたそのお金で、親御さんは畠を買ったそうだ。

またその娘たちはたくさんの賃金のほかに、幾年幾年の勤続で工場から賞与として、桐の三つ重ねの箪笥がかつぎ込まれた。あの娘は銘仙一匹を、あちらでは下駄箱を、鏡台をともらい、もう嫁入り道具はすっかりそろった娘もあるそうだ等と、村の人々を羨ましがらせた。さらに耳よりなのは、糸価もよく工場も儲かったとて、自分たちが挽（ひ）いた生糸で特に織らせた、本製の古濱縮緬（こはまちりめん）を頂いたということなど、噂は噂をよんで、暮れから正月にかけて、茶のみ話は賑わった。

＊製糸場の朝の汽笛はのちに午前五時となり、やがて廃止（時期不明）された。

製糸業の絶頂期と戦後景気

製糸業の天井景気は大正二年に幕をあけました。この年、糸価の高値が一俵（一六貫＝六〇㌔）一〇二八円と一〇〇〇円台に乗せ、三年一〇三〇円→四年一一五〇円と、三年連続で高値を更新し、平均糸価が八〇〇円台を保って、業界に好況感が広がりました。

そして大正五年から九年春にかけてが、製糸業の絶頂期となりました。

大正四年の平均糸価八五〇円だったのが、五年は一一四六円と一〇〇〇円台に乗せ、六年には一七五〇円の高値が出て、平均糸価も一三七六円と一段高になって、業界は好況に沸きました。

大正五年には工場法が施行となり、月二日の休日が義務化されるなど、労働者福利が大きく改善されることになります。職工一五人以上の工場が対象でした（後述）。

大正七年十一月、欧州大戦が終結すると、戦前は借金国だったアメリカが世界一の債権国になっていて景気が躍進し、対米輸出に依存する日本の製糸業の追い風になり、この年の平均糸価は一四七〇円とさらに一段高。そして大正八年七月には二〇〇〇円にはね上がり、さらに九月二二〇〇円→十月二四〇〇円→十一月三〇〇〇円とうなぎ上り、暮れには三二八〇円に達しました。底値も一三〇〇円、平均糸価はなんと二一二八円と史上最高を記録し、前例のない好況となりました。

大正モダニズムの華――武井武雄が登場

製糸業の景気がいいと産業界全体が活況を呈して社会も沸き立ちます。明治以来もっとも豊かな時代を迎えて、大正モダニズムの華が開きました。女性の着物にしても、モダンで大胆な柄が流行ったのが大正時代でした。

また大正デモクラシーも高潮して、大正七年には政党内閣（原敬首相）が成立しています。

明治二十七年、平野村西堀に生まれ東京美術学校（今の東京芸大）を出た武井武雄が、童画家として活躍を始めたのがこの時代です。武雄の父慶一郎は村長をつとめた人で、煙突二本を持つ丸西製糸合資会社の社長にも担（かつ）がれています。西堀一星製糸の青木満之助が、個人経営をやめて西堀の有志を糾合し、事業の大型化を図って設立したのが丸西製糸でしたが、三年ほどで大打撃を受けて解散しています。西堀一の旧家武井家は残りました。

武井武雄の高度に詩的で緻密な童画は、今みても新鮮です。同時代のパウル・クレーやカンディンスキーとくらべられる版画も創っていて、そんな才能が、信州の田舎から生まれたことが不思議です。武雄少年が

明治 13–14 年ころの輸出生糸商標の一つ
（『平野村誌』下巻より）

目にしたであろう輸出生糸の商標ラベルには斬新なデザインもありました。そうしたものに刺激を受けたことも考えられます。

武雄の幼年時代は西堀製糸の最盛期でした。二五〇釜を擁して片倉の向こうを張った一星製糸をはじめサス万・丸十・角吉など七社(計四七〇釜)が狭い地域にひしめいていたのです。その後は、天龍川河岸や諏訪湖畔に大製糸場が展開するようになるのですが、そうした製糸業大発展期の熱気の中で育った武雄少年です。彼が学んだ旧制諏訪中学校の校歌には「見よ千頃(けい)の田園や／煤煙つづく製糸場／世界の富を集めては／国の基を興さんも……」とあります。武雄は中学時代に洋画グループ「椰子(やし)の実会」をつくって活躍していて、製糸文化を背景に育った才能といっていいと思います。

「おとぎの国の王様」武井武雄は、糸の王・片倉兼太郎と並ぶ諏訪が産んだ巨人です。彼の作品群を収蔵する市立イルフ童画館は、蚕糸博物館とともに、岡谷市の宝になっています。

＊武井武雄が表紙絵と題字を書いた雑誌「コドモノクニ」創刊は大正十一年。

諏訪郡宮川村(現・茅野市)生まれの国枝史郎が「神州纐纈(こうけつ)城」など、怪奇幻想の小説を書きまくったのが大正時代でした。宮川村には富国館製糸場（二五〇釜）を筆頭に欧米社・岳旭館・対岳館・明良社といった製糸場が並び建ち、近くの玉川村には二二四釜の丸茂製糸場などがあって、高い煙突から黒い煙を盛んに吐き出していました。

宮川村となりの永明村塚原（現・茅野市）の大手製糸・信厚館（最盛時五〇〇釜）のオーナー家からは、シュールレアリスムの先駆的画家・矢崎博信が出ています。博信は、後に文化勲章を受けた福澤一郎の盟友でしたが、太平洋戦争に召集されトラック島で戦没した悲劇の画人です。信厚館の最高級生糸の商標名は「白牡丹」、これを挽いた工女には特別賞が贈られたと『茅野市史』に見えます。茅野市美術館は、ＪＲ茅野駅北側にあった大きな繭倉群（のちに寒天蔵）の跡地に建てられました。↓矢崎博信の主要作は茅野・諏訪両市美術館が所蔵。

「生糸・養蚕の文化」

大正デモクラシーの高潮とともに、信州では山本鼎（かなえ）をリーダーとする自由画運動・農村美術運動、土田杏村（きょうそん）らの自由大学運動や、農村でおきた自由青年連盟（ＬＹＬ）の運動などが盛り上がりました。これを現代史家の鹿野（かの）政直氏は「製糸（養蚕）の文化」といっています。外圧の中で欧化を急いだ、国主導の国家主義的な文化に対抗する「土着」の文化だというのです。

岡谷・諏訪地方の製糸工場二八二

戦後景気の頂点となった大正八年、岡谷・諏訪地方の製糸場は二六一社・二八二工場・四万四二八釜に達しています。ほかに副蚕糸業者三三社など、製糸関連の産業が集積していました。製糸場を地区別に見ると――

平野村　九一社　一二六工場
川岸村　八三社　三八工場
湊村　三五社　三六工場

長地村　　一〇社　一〇工場
下諏訪町　二四社　二四工場
（以上湖北地方二四三社　一三四工場）
上諏訪町　七工場
四賀村　　三工場
湖南村　　六工場
全郡の工女四万九一五人、工男四四一九人。生糸生産量は輸出向け六四万一二五〇貫、内地向け八万七七六一貫、原料使用量七五万二九七貫。
副蚕糸業者は平野村一四社、川岸村三社、長地村四社、下諏訪町五社、上諏訪町四社、四賀村二社、湖南村一社となっています。

工女の集団帰郷で鉄道が大混乱

岡谷製糸の発展につれて、工女の輸送に困難する問題が生じました。特に夏挽き終業帰郷と年末の帰郷が短期間に集中するため大混乱となって、年末などは乗車不能、手荷物の積み残しが続出し、列車も遅延に遅延をかさねる事態になりました。岡谷駅は混乱のため、工女の傘・下駄・手提げ荷物などの遺失物が山積みになる有様であったと『平野村誌』が伝えています。

そこで鉄道省甲府運輸事務所は明治四十四年、製糸同盟と協議して、製糸同盟が団体乗車のとりまとめを行い、これに基づいて鉄道側が臨時列車による輸送計画をたてることになり、これを同年末と、翌年二月下旬の春挽き入場（工場入り）時から実施し、改善がはかられました。

しかし工女帰郷の見送り人が年を追うごとに増えたうえ、各会社が自分の工場の工女を早く乗車させようとして喧噪はなはだしく、危険をともなう状態になったため、大正二年の夏挽き終業帰郷時から見送り人の入場を禁止し、乗客以外の入場は、制帽をかぶった製糸同盟の委員二〇人にかぎり、工女の入場・乗車などすべてラッパで合図することにして、混乱をなくしました。大正七年からは、製糸同盟が駅庭にテント張りの臨時待合所・湯のみ所を設備しています。

ところが大正六、七年の財界好況から工女数が急増、一般の貨客も一段と増えて国鉄の輸送力が追いつかない状況が生まれ、大正八年の暮れには、工女の団体申し込みに応じきれない異常事態に陥りました。

このため、工女をなんとしても年内に帰郷させなくてはいけない工場側は、乗車申込みはしたものの、自由乗車をさせざるをえなくなって列車輸送は大混乱になり、中央線全線ばかりか、接続する広い範囲のダイヤが乱れる深刻な事態に発展してしまいました。

ここに至って翌年二月、名古屋鉄道管理局の旅客掛長が局長の命を受けて来岡し、製糸同盟と協議をかさね、乗車申込みの期日、手荷物の事前申し込み制など細かくきめた協定書調印となりました。

この間、岡谷駅は拡張を重ね、ことに大正八、九年にわたる大拡張で四万七四五三平方メートルの規模となりました。乗降場の延長は島式ホーム一九四・七メートル、本屋側ホーム一八四・六メートル。当時の線路は上下本線のほか上り五線、下り八線。通称天龍ドック線など専用側線とトロッコ線は延長六九一八㌧に達していました。

＊昭和四年、岡谷駅の乗降客数　製糸場の春挽きが始まる二月の下車客六万二二七八人。工女が年末帰郷する十二月の乗車六万六七七九人。

帰郷する工女たちの晴れ姿

『平野村誌』によると、工女の手荷物輸送は、取扱いに苦心を要するものでした。工女の帰郷時には行李二、三個をつめた麻袋が一万数千個から二万個以上におよび、最初はチッキ付き旅客手荷物扱いとして「緩急車」に積載した、とあります。これがいろいろとトラブルを生み、不都合が多かったので、大正三年末からは小荷物切符を使い、できるだけ貨車積みに改め、七年からは乗車前三日の間に受託し、分割先送りする取り扱いにしています。

暮れの終業日と工女帰郷の、あわただしい様子がうかがえる資料があります。郷土史家の今井清水さんが掘りおこし郷土誌「オール諏訪」に紹介

年末終業で帰郷する工女たち

（大正末期　岡谷駅　岡谷蚕糸博物館所蔵）

した監督B氏の日記（後述）です。就業の日に、その年の賃金を清算して支払われるのですが、これが事務方にはたいへんな仕事だったようです。大正二年十二月二十六日のB氏の日記に「本朝三時までに工女の給料渡しを了し」とあり、大正八年十二月二十五日の日記には「午後九時に至り大半渡し済み」とあるので、一日がかりの給料渡しだったことがわかります。

そして工女の出発ですが、明治四十四年十二月二十九日のB氏日記に「山梨の工女は午前三時出発、続いて上州・伊那・松本と順次出発せしめ、千名に余る人数なればその雑踏言い方なし、為に一睡も眠らざりし」（原文のまま）とあり、大正四年は十二月二十六日午後七時半、荷造りを終えて飛驒の工女を臨時列車で出発させ、大正八年暮れは二十八日に岐阜・富山・越後の工女を送り出し「これにて全部の工女輸送を了せり」と記しています。

また今井久雄著『村の歳時記』に、帰郷する工女たちの様子をいきいきと描いた一節があるので次に引きます。絹織物業を生業とした今井さんが、工女の服飾を正確に書きとめているのも貴重な記録になっています。

彼女たちこの辛苦の一年、稼ぎもたんまりたまったはず、工場からは皆勤精勤の賞与もどっさりもらった。各人の土産物もたくさん用意され、柳行李ははちきれんばかりにふくらんだ。行李は貨物ですでに発送された。

晴れの帰郷である。笑顔にあふれた彼女たち、派手な模様のモスの羽織や着物、帯を太鼓に結んでいた。年若い娘はモスの黄色い三尺帯を幅広く巻いていた。

その中に濃紺のカシミアの袴（はかま）をはく娘もまじっていた。その裾には白線が一本あるいは二本入っていて目立った。これをはく娘は寄宿舎の部屋長や養成工の教婦などしている娘たちだという。その大勢の娘たちはみな一様に長いショールをかけていた。ショールは別珍（べっちん）に色あざやかな模様が刺繍してあったり、また年齢によっては無地のラシャ、毛糸の手編みなどいろいろ流行があった。みな娘ざかりだ、顔にほんのり化粧がうつくしかった。

もうすっかり冬。駅までの道も雪が凍って危ない。彼女たちはそれまで工場で上履きにしていた麻裏草履をおろして雪道を歩いてきて、いざ乗車の時はぬぎ捨てて、新しい駒下駄に履きかえた。

そのぬぎ捨てた草履が駅の待合室に山となって、片づけるのにひと苦労であったが、中にはま新しい草履もまじっていて、掃き捨てるのがもったいなかったと、当時駅員になったばかりで若かった友人は、その思い出をいま語ってくれる。

乗車までの世話は、工場の印袢纏（はんてん）を着た工男衆が何くれとなくとび歩いていた。引率は帳場といわれた事務所の社員たち。若い者は詰襟（つめえり）服、年配者は背広姿。乗る客車はマッチ箱などといわれた小さい四輪客車で、ぎっしりと詰めこまれた。その客車の座席は横一杯に並び、縦横の通路がない。長い旅には笑えぬ難儀もあったという。

大正もまだ中ごろのことである。

乗る工女の中には藁（わら）包みを提げているのも目についた。それは諏訪湖の名物蜆（しじみ）の包みである。蜆は生き物、行李には入れられない。厚い氷を切って獲る蜆は大きくて味もしまっておいしい。たどりついた懐かしいわが家の囲炉裏（いろり）を囲んでふるまう蜆汁に、一年の思い出はなかなかに尽きなかったことであろう。

今井さんは、工女の帰郷には、特別編成の長い長い列車が組まれたとも書いています。岡谷駅の長いプラットホームはそのための設備でした。

日米絹業界の交流と今井五介の炯眼（けいがん）

対米生糸輸出で絶えず問題になったのが生糸の品質と価格でした。日本の蚕糸業同業組合中央会は大正八年、絹業視察団（今井五介団長）を米国へ送ります。諏訪からは尾澤福太郎・小口善重・小口重太郎・橋爪忠三郎・林菊次郎・片倉直人が参加し、米国で格付け協議会に出席したほか二七都市・三〇工場を視察して、アメリカでの絹消費の状況を直に見ることができたのでした。今井五介団長は帰国する一行と米国で別れ、ブリュッセルで開催された万国商事会議に列席し英・仏・伊三国の産業を視察して八年暮れに帰国、岡宝劇場で開かれた帰国歓迎会で重要な報告を行っています。

五介が冒頭に述べたのは「近い将来、恐慌がくる」ということでした。昭和四年末に起きる世界恐慌を見事に予見した言葉です。絶えず危機感をいだいて、世界を見回していた五介でした。そして五介はこう語っています。

米国には、日本の製糸は安い繭を買い高い糸を売って暴利を得ているという誤解がある。この誤解が深まれば深まるほど日本は不利になる。なんとなれば、彼らは清国の生糸産業を育てて、安い優良糸を輸入しようという決心があるようだ。これはある程度まで確実で、すでに動き出している者がある。そこで私は、彼らの誤解を解くため、米絹業協会の首脳に日本視察を働きかけ、日本の製糸業の現状を見て、今の糸相場が不当でないことを了解してくれと力説し、向こうも視察を受け入れてくれたが、あまり気乗りしておらないばかりか、まず清国の蚕糸業を視察して、その改善発達を図るという底意で、日本はお義理に視察するという考えがあると思われる。（南信日日新聞＝現長野日報＝記事の要約）

米国絹業視察団のメンバー

右から小口善重、団長今井五介、尾澤福太郎、橋爪忠三郎、小口重太郎、林菊次郎、片倉直人

（「信濃写真画報」より）

この講演から見えてくるのは、今井五介が絶えず抱いていたと思われる強い危機意識です。五介は片倉製糸の行方を憂慮し、事業の多角化によって経営の安定を図ろうと動いていました。それは二代片倉兼太郎も同様でした（後述）。五介はまた、日本の競争相手の清国について、米国業界との関

係から警戒の目をむけていたことがわかります。五介は、米国民が清国に同情的であることを承知していたのでしょう。そして米国の工業が、冷徹に「品質の良い原料をより安く」供給することを要求し続けることを覚悟し、製糸業の近代化を進めなくてはいけないと考えていたと思われます。五介が、内外の情勢をいかに鋭く見通していたかがわかる講演です。このように製糸業はずっと、きびしい国際競争の場になっていたのでした。五介の講演から、焦慮する業界首脳たちの面貌（かお）が見えてきます。

この大正八年、片倉製糸の専務・片倉脩一（のちの三代兼太郎）は、自己資本での発展は限界にきているとして、株式会社への改組を立案、米欧視察から帰国した今井五介社長がこれを即決し、設立準備に入っています。さらに着実な発展を構想しての改組案で、九州都城への大型工場建設も立案していました。

＊大正八年、諏訪地方の生糸生産額は輸出向け六四万一二五〇貫、国内向け八〇七六貫。同年、養蚕組合が協業化した組合製糸・龍上社工場が永明村（現・茅野市）塚原に建設された。加盟組合は落合・富士見信富・玉川・四賀。

米絹業協会視察団の素っ気ない対応

翌大正九年九月二十八日、米国絹業協会の視察団が来諏しました。チャールス・チニー会長夫妻など七人です。今井五介が、日本生糸の生産現場を見て理解と助言を得たいと要請したことに対する答礼でしたが、五介がいったとおり、清国視察をすませての来日でした。四月十九日下関着、二十八日東京から列車で上諏訪へ来て牡丹屋に泊り、二十九日、小口組金ヤ工場（下諏訪）・諏訪倉庫・山十組第六製糸場・合資岡谷製糸会社・尾澤組角キ工場・片倉組平野製糸場・林組山一工場の順に視察して、夜は上諏訪鶴鳴館で開催された歓迎会に臨みました。

一行の視察は繰糸場・再繰場・仕上場を一巡して、きわめて熱心に、仔細に観察し、工員の最低年齢・賃金・生産量まで根ほり葉ほりして訊ね、「賞与金を与えるや？」まで質問した、と新聞記事にあります。米国側の関心がどこにあったかがうかがわれる報道です。

岡谷成田公園での昼食会には、全山、日米国旗で彩られた中に天幕張りの美々しい食堂がしつらえられ、東京精養軒特別あつらえの洋食が後から後から運び込まれる（南信日日新聞）というほど、製糸業界は神経をすり減らす接待でしたが、チニー会長の挨拶は「ブランドの名声のみによって取引はせず、品質本位の取引をしたい。細むら・太むらも注意していただきたい。小口組の試料生糸を持ち帰り、精密に検査しその結果を発表したい。米国では、いわんとするところを残して止めるのが雄弁ですからこれで止めます」という素っ気ないものでした。今井五介の講演を聞いている製糸家たちは、改めて危機感をかみしめたことでしょう。

＊大正十二年二月、ニューヨークで開かれた第二回国際絹業博覧会に、蚕糸業同業組合中央会が第二回視察団を送り、この時は岡谷から小口金吾・小口朝重が参加。同年四月には米国からも視察団が来訪。

下伊那郡飯田町出身の農業史家・古島敏雄は「養蚕業の最盛期は大正八年に終り、十一年頃には養蚕の前途を危ぶむ風潮が濃くなっていた」と書いています（『子供たちの大正時代』）。日本の製糸業はこのころがピークだったといえると思います。

工女が賃上げ求め就業拒否

諏訪地方の製糸労働争議は、昭和三年におきた山一林組争議が知られていますが、大正八年に平野村の製糸場で、工女が賃上げを求めて就業を拒否する騒ぎがあったことを、平成十八年、郷土史家の今井清水さんが郷土誌に書いています。下諏訪・岡谷の製糸場で監督を勤めたB氏の日記にもとづく情報です。

B氏が勤めた会社は、明治三十八年時点で従業員総数二三六六人といいますから大手の一つです。B氏の希望か姓名・会社名とも伏せられていますが「矢木支部」の記載が見えることから小口組の工場と推定します。

事件は八月二十四日、会社が工女慰安に岡谷座（御倉町）で観劇会を催したことが発端でした。上演中に電燈が故障して五〇分間の中断があって、翌朝、定刻の汽笛を鳴らしても工女一同起床せず、工場側は「昨夜、劇場で協議し結束せしものにして、大事の伏在するならんと推測」して冷静に対処し「観劇意外に時間を要し、疲労を癒すため一時間を猶予、六時三〇分入場すべき」ことを工女たちへ伝えたものの「入場者さらになし」。

そこで会社では見番を通じ工女たちに「各室委員をもって要件を提出」するよう伝え、十数人の委員と客室で「会見」した。要求は五項目で中心は①夏挽きより一日平均点につき七五銭を支給すること④成績採点は以前の方法で行うこと、でした。①は賃金算出の基準となる平均賃金の引き上げ、④は、きびしくなった賃金査定基準の緩和を求めるものでした。

会社側は、工女全員に「招集」を伝えたものの応ずる者なく、夜を徹して個別に意見を聞くなど説得につとめ、三二〇人の承諾を得て、二十六日朝六時半「就業入場の令」を下したのですが入場者なし。見番・助手を三手に分けて、三棟の工女寝室をまわり入場を促しても、工女たちは動きません。

ここに至って役員一同は責任辞職の決意を示し、「哀訴的勧誘」を試みると、甲州の工女たちが率先して就業したとの知らせが入ったのですが、他地区の工女たちは「首謀者の甲州の工女が先んじて就業したのは不実」と怒り、大挙して役員室へ押しかける騒ぎになりました。

そこで幹部社員Yが講堂に全工女を集めて、現行の平均点（賃金）は一日六〇銭余に当たることなど、清算法について説明し、平均点賃金の二五％増を限度に、年末賞与として支給したいとのべ、実質的に七五銭の要求が認められたことで工女一同了解、解決にこぎつけた、とあります。

この大正八年には川崎造船・足尾銅山・釜石鉱山・砲兵工廠（東京・大阪）などで同盟罷業（ストライキ）が起きています。

＊明治四十二年七月末、一山カ製糸場で越後工女が同盟罷業したと地元新聞が報じ、郡役所が平野村役場に調査を求めたが、罷業の事実はなかったのか報告書は出されていない（武田安弘論文）。

工女さまざま——監督の日記から

監督の主な任務は、良品質の生糸生産と、能率向上のための工場指揮ですが、監督B氏の日記には、従業員の福祉厚生についての記述も多く、中間管理者としての監督の苦労が見てとれます。

例えば工女四一五人（第二工場）の健康管理。大正七年秋に起きたパンデミック、スペイン風邪は、全国で死者一五万人を出し、諏訪地方でも約四万人が罹患して一二〇人が死亡していますが、B氏の工場でも一六四人の工女が寝こみ、十月三十日から見番一同に看病を命じたとあり、十日間近く工場は休業状態になったようです。大正十二年八月には腸チフスが流行して工女一八人が発熱、現業員総がかりで消毒や徹夜の看病を続けたと記録しています。

監督は、病死（チフス、脳膜炎など）した工女の火葬の面倒を見て、遺骨を抱いた親族を駅まで見送りをし、遺骸を届けてほしいと望む東山梨勝沼の親元へは、客車の一室を九円四二銭で貸切って送り、木曾宗賀村の親元へは、駅と交渉して貨車一両を借り切り、送り届けています。遺骸を運ぶのに歩いて和田峠を越えなくてはいけない小県郡武石村の親元へは、人夫六人を雇い、職員一人をつき添わせ、上伊那郡平良村へは人夫四人を雇っています。

工女の食事にはたいそう気を遣ったようで、お采の配り方に片寄りがあって、工女が食堂へ出ないデモンストレーションに及んだときは、炊事婦を諭したという記述（大正二年）があります。脚気予防のため大正十年八月から、米飯に麦をまぜることにしたときは、工女に説明して賛成を得ています。

大正三年七月下旬、連日の炎天で暑気はなはだしかったときには、見番ら工男に命じて繰糸棟の四面へ散水させ、夜は工女寝室の屋根へ水をかけて暑気を防ぐ、とあります。また、工女寝室に蚊が入らないようにと甘草や木挽き糠を焚き、就寝の際には蚊取り粉を燻す、と記しています。

「製糸工場は工女様々だった」という話をよく耳にしたものですが、こういう記録を読むと「なるほど」と思います。

〽工女工女と軽蔑するな／工女会社の千両箱（糸挽き唄）

明治時代の工女寝室は狭く、寝具も二人ひと組というのが一般的だったといわれますが、大正になってから一人寝の布団に改められて寝室が手狭になり、B氏の工場でも大正八年に寝室の改造をしています。その後、工女寝室に押入れ・雨戸・天井が設けられ、各階の結髪所などに消火器が置かれました。

工女たちが楽しみにしたのはお盆休みの盆踊りでした。B氏の工場では門前に仮舞台が設けられて八月十五、十六の両日は、夜通しの踊りになったようです。B氏の大正七年八月十五日の日記に「早朝、工女一同に精勤賞を配布、大喜びにて、夜に入り盆踊り、すこぶる賑わいたり」とあります。翌年には精勤賞にそえてキャラメル一函、リンゴ数個が配られ、仮舞台では二日間にわたり芝居も演じられました。

十一月のえびす講と十五社の祭りも、工女たちが心待ちにした日だったようです。明治四十二年のB氏日記に「恵比寿講なるにより工男には酒、工女には甘酒を饗す。一同喜色面に益（ママ）し、歓声、場に満つ」とあり、翌年には三遊亭円次師匠を呼び、十五社の祭りにも、浪曲師を招いたり、岡谷座で芝居見物したりしています。

暮れの工女帰郷には、監督として付添いをしていて、大正三年十二月三十日の日記には「遅刻なく上田着。工女の中に歌を能くする者二、三名あり、間断なく歌い継ぎ、車中の鬱、ために慰せり」とあります。

大正五年に工場法が施行されて、月二回の休日が義務づけられて、B氏の工場では休日の娯楽用に、蓄音器とレコード音盤二一枚を購入し、花岡公園（明治四十一年、地元青年会が整備）・成田公園への花見や山遊びなど行っています。大正七年春の岡谷座での観劇会は、活動写真と連鎖劇があって終演一一時四〇分。秋の観劇会には、夜食に一人あて五目飯のにぎり飯二個を薄板につつみ、梨二個をそえた、とあります。

大正十一年秋には、上諏訪湖畔で開催された「湖上博覧会」に工女全員を引率して見物、高島公園で昼食を摂ったとの記述も見えます。この博覧会は、衣ヶ崎から鶴遊館までの湖畔に六角堂の竜宮城や美術館・蚕糸館・農業館などがあって、たいへんな賑わいだったそうです。製糸業全盛時代のイベントでした。

工女の娯楽とスポーツ

製糸工場の娯楽は、ふた晩つづく盆踊りと、年末閉業の夜の慰労会に歌や踊りで夜を徹する、というのが明治初年からの伝統で、この伝統行事は昭和までひきつがれました。

大正五年の工場法施行から、従業員の福利が一段と進み、月二日の休日が定着して、製糸各社は工女の娯楽に力を入れるようになって、大正十年には、工女慰安を目的にした芝居小屋・三沢座が、片倉など川岸の製糸家一九社の出資で建てられました。間口八間・奥行き二〇間、総二階建て、花道・回り舞台付の本格的劇場で、こけら落としには実川延若一座を招いています。つづいて岡谷地区の製糸家が岡宝劇場、下諏訪の製糸家が御田劇場を建て、工女の観劇会を競いました。芝居見物などの娯楽提供は、工女の能率向上につながることがわかり、経営側がいろいろと工夫するようになります。

個々の製糸場でも唱歌会や幻燈会を開いたり、工場内の講堂に舞台装置を設けて演芸会を催す会社も出てきました。花見のほかに上諏訪・下諏訪温泉への行楽やハイキングも行われ、工場内に蓄音器のある娯楽室を設け、オルガンやマンドリンを置く会社もあったということです。図書室の充実もすすみ、読書好きの工女が増えて、本を持って工場へ入り、休憩時間に読みふける工女もあったといわれます。

明治十七年創業の矢島社（矢島清次郎）から発展した矢島製糸合資会社（平野村今井）は、大正十年ころから従業員向けのガリ版刷り月刊誌『向上雑誌』を発行しています。岡谷市民新聞の記事によると従業員の「修養会・学芸部」の編集で、工女や社員の随筆・詩・童話・掌編小説から幹部の所感、学者の原料政策についての論文まで載せていて、大正文化の息吹が感じられます（『向上雑誌』の合本は岡谷市蚕糸博物館所蔵）。

体育では、修養団の「国民体操」が大手工場にとり入れられ、片倉製糸は「歯みがき体操」も採用しています。工場の庭に鉄棒やブランコを設けた会社が多く、卓球室やテニスコートをつくった工場があり、矢場を持つ会社もありました。

社内運動会は、大正十年に片倉の平野製糸所がはじめてから大手各社にひろがり、競技重視のプログラムになって、三ヵ月も前から練習し、工場間で優勝を競うようになったと『平野村誌』に見えます。

糸価史上最高値、そして暴落……

そして大正九年三月、糸価は一俵四三六〇円の史上最高値をつけました。空前絶後の好況に沸き、従業員にウナギの蒲焼(かばや)きをふるまう製糸場(平野村小井川の山上宮坂製糸場)もあったのですが、これが日本製糸業の絶頂でした。この熱狂的景気をみてひと旗あげようと、各地で製糸業を始めるものが乱立するのですが、それが暗転します。

最高値をつけた日の翌日から、糸価の暴落となったのです。シルクバブルの破裂でした。八月には糸価が一一〇〇円まで落ちこんで、生糸取引所が一時閉鎖、生糸貿易商と製糸家の倒産・休業があいつぎ、政府は糸価維持のため、帝国蚕糸㈱による第二次生糸の買い上げを実施しました。株式も暴落し、東京株式取引所が二日間休場、日銀が財界救済の非常貸出しをする事態になりました。いわゆる戦後恐慌です。

製糸業は政府の措置でなんとか危機をきりぬけ、この年の平均糸価は一六六三円となっています。

＊国策会社の第一次帝国蚕糸㈱の民間株主は、生糸貿易商が占めていたが、第二次では諏訪の製糸家の出資が多く、相談役社長補佐に今井五介、専務に尾澤琢郎、取締役に小口善重、監査役に小口今朝吉が名を連ねた。

小説家の宇野浩二が、大正九年の糸の町の変わりようを短篇「一と踊」（大正十年、中央公論）に書いています。山の上の公園の草に座り、煙草をふかして町を眺めるくだりです。

糸の町の変転

私の足の下には掌ほどに小さくその町が見おろされるのである。まず目につくのは、その町の権威であるところの、製糸工場の煙突である。どういうわけからか、それらの煙突はみな赤色に塗ってある。この前この山の公園に今の私の女房やゆめ子らと一しょに遊びに行って、おなじ町を見おろした時は、それはわずか半年ほど前のことに過ぎないが、当時生糸の相場は天井しらずで、これらの赤色の百本の煙突は、万本あってもたりないかと思われるほど、黒黒とした威勢のいい煙をはいていた。ところが、今ではその相場が四分の一にさがってしまったという話で、それらの煙突のある工場はこのところ当分休業しなければならぬ状態なのだそうである。思いなしか、私の目に、今はそれらが、何と半年前の威勢にくらべて、いかにも悄然として朝空の下に立っているように見えるのであった。

宇野は文壇に登場した大正八年に下諏訪温泉へやってきて、子持ち芸妓ゆめ子（作品での名）と出合い、十年にかけて「ゆめ子もの」と呼ばれる一連の作品を書き、その中に町の様子を点綴しているのですが、小説家の観察眼は流石（さすが）だと思わせます。この「ゆめ子もの」を読んで芥川龍之介が下諏訪へやってきて、宇野とゆめ子と三人で上諏訪の花松館へ活動写真を観に出かけたのが新聞ダネになり、宇野がそれをまた小説に書いています。

「工女ファースト」の家憲

「ウナギの蒲焼き」の山上宮坂製糸所（宮坂清之丞）は、倫理的経営において、片倉と並ぶ存在でした。大正八年九月八日の南信日日新聞の記事に、精神的な工女優遇によって、生産能率も他工場よりはるかに優秀だとして、長野県工場監督官（医師）から推奨されたとあります。注目されるのは、その折の場主のことばです。「工女を唯一の権威となし、工女ありて製糸場の存在を許すものなり」という先代の遺訓を胸に、工女の優遇にできうるかぎりの努力を払い、工男には、工女を軽侮するふるまいをしないことを誓わせている、というのです。工女の父兄を迎える施設として、米国産の赤松材を使った二階建ての建物を新築した、ともあります。

同社の従業員数は約四〇〇人と推定されますが、大正七年現在の勤続者が十年以上三一人、十年一三人、九年一〇人、八年一二人、三年六三人と高率です。十ヵ年皆勤者が一人、五ヵ年皆勤が五人いるというのも驚異的で、一年間皆勤も八七人を数え、これが医師でもある工場監督官の「推奨」につながったようです。

同社は明治八年、宮坂清之丞が始めた七釜取りの座ぐりから器械製糸に転換、湊村花岡の浜半次郎らの共同再繰「協力社」（のちの改良社）に参加して発展し、最盛期には三七二釜（従業員男三八人、女三八〇人）の中堅製糸に成長しました。大正十五年、県工務課の設計で建てた女子寄宿舎三二五坪・大講堂一一〇坪は、模範的な近代的施設として、参観者を集めた会社でした。

製糸家の家族の暮らし

この山上宮坂製糸所のオーナー家へ嫁いだ宮坂秀子さん（ご主人は歯科医）が、義母から聞いた話を『ふるさと岡谷の製糸業』へ発表しています。宮坂家は製糸遺構を最も多く守っていることでも知られています。

大正九年の土用丑の日に、従業員にウナギの蒲焼きをふるまったときは、早朝から社主の家族総出でウナギを焼き、一日がかりの調理になって、ウナギの臭いと油で具合が悪くなった家人もあるそうです。聞き書きの中から少し拾います（要約）。

・工場に氷倉があって貯水池の氷を切り出して貯蔵し、風邪で発熱した工女さんの氷枕に使い、盛夏、暑い職場で働く工女さんに、砕いた氷を配った。昭和五年には、この氷を利用して五秒で凍るアイスクリーム製造器を設備。工場別棟で鶏と豚を飼い、卵と肉を給食に使った。御飯は蒸気の大釜で炊き上げ、味噌・野沢菜・奈良漬けは自家製のものを使い、大食堂で食事をした。工女全員にお膳箱を用意した（これは有力各社共通）。

・食器は白い磁器で飯・汁とも「山上」と名入れの厚手の茶碗、通称デブちゃん茶碗がそれぞれに配られた。おやつにはスイカなども出した。

・大正五年、工場法ができて月二回（十五日と末日）休みになった。大正十五年～昭和十年ころの休みは月二日のほか、八月の盆休み三日間、三月の操業始めと六月初旬ころ、それぞれ一週間。十二月には年末休業。盆踊りでは夜明かしするほど楽しんだ。十二月の終業日には味付けご飯にお頭つきの魚で夕食、盛大な演芸会になって八木節などがあった。工女の家族と近隣も招いた。

・社歌があって、午後三時になると眠気覚ましに、流行歌も交えて、一棟ずつ歌い始めて輪唱になった。事務所に大型の電気蓄音器があってレコードをかけてスピーカーで放送し、軍歌も唱和した。講堂には演劇用の大幕と、映写用の白幕、卓球台もあった。

・汽缶場の隣に、蒸気熱を利用した大型の浴場があって、従業員を入浴させた。事務所の隣に医務室と病室があって、渋川先生がいつでも駆けつけ、今でいう産業医の役割を果たしていた。

・教婦の浜先生が工女に修身・国語・算術・算盤・裁縫などを教えた。養成工は三〜四人いた。

・七年勤続で鏡台、十年勤続で桐の箪笥を贈って表彰し、皆さん記念写真を大切にしていると話してくれる。通勤の工女さんで、寄宿舎に泊まってみたいといって、泊りにくる子もあった。工女さんたちは、休日に友だちと写真館で記念写真を撮ったり、松本へ遊びに行ったりしていた。

・病気で帰郷した工女からの「病気が治ったので来月からぜひぜひお願いします」などという手紙が残っている。家訓にある「使用人を大切に」という心が、再び入場（工場入り）してくれる気持ちにさせたのだと思う。

・年末など閉業中、山上の家族一同で、帰郷できない工女と一緒に、寄宿舎の布団の生地の洗濯や、綿の打ち返しをするなどした。家族には、操業中より忙しい毎日だった。休日にするボイラーと煙突の掃除は、家の男の子（兄弟）が、専門工と一緒に作業した。多管式ボイラーへ潜ってするアカ落としは危険な作業だったが、兄弟とも文句をいわずにボイラーの穴へ潜っていった。経営者の家族はこうして一年中、工女さんとともに働いて工場をささえた。

この義母の方は嫁の秀子さんに「工場主としておごることなく、率先して働くこと。使用人を大切にして、いつも他人への気遣いと、感謝の気持ちを忘れてはいけないと言い伝えられてきた」と話し「自分の家で特別のことがない限り、自分は幸福だと思い、外の人には親切に」と諭した(さと)ということです。

〽歌で働らきゃ楽しい工場／合いの手になる枠(わく)の音（糸挽き唄）

＊山上宮坂製糸場は大正十五年、五条繰糸機と、煮・繰分業の長工式煮繭機、今村式乾繭機を導入。昭和十六年、太平洋戦争開戦に伴う企業整備で入万製糸と合併し進工社製糸所と改称、六条繰糸で発足。戦時中の中断を経て戦後再開したが三十一年事業閉鎖。

ボイラー掃除の少年が博士になって人工呼吸器発明

山上宮坂製糸所の息子として育った医学博士宮坂勝之さん（聖路加国際病院）は、平成三十年、諏訪での講演で、生家のしつけについて「朝は学校へ行く前に、家の拭(ふ)き掃除をするのが子の役目だった。入浴は工女が優先で、家の者の入浴は、工女さんたちが上がった後でなくては許されなかった」と話しました。

　この宮坂医師は「高頻度振動換気法」による人工呼吸器の開発者です。リニアモータによるピストン運動で、肺に強い負荷をかけることなく呼吸ガスの吸入・排出を毎分九〇〇回程度おこなうことができ、先天的に肺に欠陥のある新生児の治療に使われ多くの命を救っています。宮坂医師は国立小児病院勤務時代にこれを発明して平成四年、実用化された独創的な研究にあたえられる井上春成賞を授与されました。臨床医として初の受賞です。

　高頻度振動換気法は、呼吸の常識をひっくり返す発想によるものでした。普通の人が行う呼吸は一分間に一〇回くらいですが、一分間に一〇〇〇回近くもの呼吸をさせようとするもので「クレイジー」といわれて、保守的な医学界で認められるまで十年近くの年月が必要でした。

　この治療法は、宮坂医師がトロント大に留学中、消火活動で肺を焼かれた消防士を助けようと苦闘したとき、少年時代に入った製糸工場のボイラー風呂で体験した現象の記憶が頭をよぎり、研究をはじめたのだそうです。

　製糸工場の浴場は、ボイラーからの熱を水の中に噴きこんで温めるので、その騒音と振動はかなりなものだそうです。工女さんが入浴したあとの終い湯だったため湯温が低く、蒸気を出してくれるのを心待ちにして、その振動と騒音の中で浴槽につかり、声を出してダミ声になるのを楽しんだりしているうちに、なぜか胸の奥からだんだん痰(たん)が出てきたり、いつもより長く声を出していられるのを、子供ごころにも不思議に思ったことが、消防士の治療中にふと頭に浮かんできたというのです。宮坂博士は聖路加国際医科大の特任教授も兼任しています。

十二歳で独り立ちしていった養成工女たち

『ふるさと岡谷の製糸業』には、丸興製糸若宮工場の工女養成をした湊花岡の丸豊製糸所の子として育った浜与平さんの思い出話も載っています。小学校に入るころからの記憶といいます。養成工は小学校を卒業したばかりの子で、新潟や佐渡の子が多かったそうです。浜さんの話からは、養成工を守った工場一家の様子や、十二歳で独り立ちしていった養成工の姿が浮かび上がってきます。繰糸の実際が、具体的に語られている点でも貴重な記録なので引用します（要旨）。

・おふくろは（養成工女を）自分の子と同じように扱わなくてはいけないと一生懸命でした。夜も女の子の様子を見にいったり、髪にしらみがいないかといって、髪をすいてやったりしていました。また、風邪をひいていないか、腹が痛い子がいないかといって、病気の子はすぐ私たちの子供部屋へ連れてきて、面倒を見ていましたね。

・そのころ、私はよくわかっていなかったので、自分の子供の世話をほっといてと、内心思ったこともありました。だから私と弟は、弁当のご飯は自分で詰め、梅干しをまん中にいれて、かつお節をかけて登校した。俺たちの面倒を見てくれないんですよ。おやじもおふくろも、預かった子供の方が優先だったんです。

・うちの工場には養成工を教える指導員が二人いて、諏訪蚕糸学校に入学した私も、三年生になると繰糸実習があるので、うちの工場で指導員におそわりました。まずミゴ箒（ほうき）の使い方ですが、コツは繭をあまりつついてはいけない。箒の腹を上手に当てて、箒を上げたとき糸口は少ない方がいいとかいわれて、これだけを三ヵ月もやらされた。

・すぐり（抄緒）も、いい糸を出すには、左手で釜の縁に、腕のまん中くらいを固定して、ちょっと上げてやれ。この高さを縁から一〇センチくらいに保っていること、あんまりこっちへひっつめちゃダメだとか、もっと上げろとか、なかなか難しい。この左手はクズ糸も持っているし、良い糸も持っているんですよ。

・添緒（接緒）は、糸口を人差し指でサッとつけてやる動作で、これが大事なところです。糸歩に関係するので上手か下手かが問題で、下手の人は何回やっても糸がつながらない。そりゃ難しくてね、今の子供たちにやってみろといったって、とてもあんなことできっこない。自分でやってみてすごく苦労したのでよくわかる。あのころの小さな子どもたちは偉かったなぁと思いますね。養成工の子は涙を流しながら一生懸命ならっていた。親元を離れて働きに来てね。

・私なんかぼんやりしていて、なんでおふくろは俺たちの面倒をみてくれないのかなんて、甘えていたのに。自分で糸繰りを習ったときに、初めて、おふくろが、預かっていた小さな子どもたちに、あそこまで面倒みてやったかがわかりましたよ。あの子どもたちは十二歳で独り立ちし、自分で稼いでいるんですよ。あの子たちはえらいなぁと思いましたね。今考えても涙が出ます。

・湯気がボウボウと立つ中で、回っている糸からしぶきが飛んでくるもんですから、手ぬぐいをたたんで頭の上にちょんと乗せたり、胸へ手ぬぐいをかけたりしていました。午後は新しい手ぬぐいにします。

・熱い湯の中から、ちゃんと一〇チセンで糸口をすぐり出し、添緒するときは左手で糸を押さえていて、左中指で糸を切って投げるわけです。そのとき、強く投げると集緒器にぶつかってしまう。添緒にはポイントがあって、早く掛けてやらないと、糸が人差し指に巻きついてしまう。そうやっているうちに繭がだんだんやせて落下していくし、糸が細くなっていく。その先は節があったりするので切る。残った薄皮は別の用途に向けられる。

・この添緒が一番技術を要する工程で、私は覚えるまでひと月かかりましたね。この添緒が百発百中になるのには、手のしなを使うとか、手首のキックが必要なんです。練習のおかげで私は蚕糸学校で一番うまかった。丸興に入社してから、工場で教婦に叱られて泣いている子や、できない子に糸繰りのコツを教えてやることができました。

片倉組が株式会社に脱皮

片倉組は大正九年三月、戦後不況が始まる直前に株式会社に組織替えを果たし、二代片倉兼太郎が社長、今井五介が副社長になりました。改組直前の片倉の経営規模は全国一府一〇県と朝鮮に製糸所計二三ヵ所（一万一九五〇釜）絹糸紡績所一ヵ所、支店四八ヵ所を擁する日本一の製糸家になっていたのですが、さらなる発展を図るには、一族の資本に限界があり、株式公開に踏み切ったのでした。

組織替えについて同社社史は「片倉組の開放は、蚕糸業に内包する矛盾を解決し、進んで経営の刷新を図り、蚕糸報国の誠を致さんとするにあった」としています。株式会社の設立趣意書に、製糸業の健全な発展には、すぐれた知識と経験のある経営者、熟達した技能者、優秀な蚕種家、良好な養蚕家との提携が必要であり、そのための改組だとしていて、矢木明夫教授（東北大）は「この時期の製糸業のあり方、将来への課題をよく自覚したものとして興味深い」といっています。

これを構想し、趣意書を起草した知恵者は、片倉一のキレ者といわれた脩一専務（のちの三代兼太郎）だろうと思われます。

片倉組は前年、養蚕家との共存共栄と、労使協調のため従業員に利益配分を行うと声明し、株式会社設立趣意書にも「従業員ニ利益ヲ分配シテ労使協調ノ実ヲ挙ゲ」とうたい、一定の条件を満たした従業員に、功労株を与えています。片倉の人材重視の伝統に加え、大正デモクラシーに対処した施策でもあったと思われます。

資本金五〇〇〇万円、総株式一〇〇万株（額面五〇円）ですが、一〇株未満、さらには、一株・二株といった株主がすこぶる多いのは、従業員へわけた功労株が多数にのぼったことを示しています。

＊大正九年三月末において一〇株未満株主は一六二七人、一〇〜四九株所有者は一七六六人に上り、両者あわせて全株主数の七八％を占めている（松村敏）。

この片倉の株式会社発足は、奇跡的ともいえる幸運に恵まれたものでした。おりから空前の株式ブームにあって、片倉が一株三〇円のプレミアムをつけて公募すると、応募者が殺到してプレミアムにプレミアムがついて、ついに四五円八〇銭となり、片倉は一三七四万円の創業者利益を得ています（松村敏）。それも、株式払込みを三月六日に完了、その直後の三月十五日に株式市場の暴落がはじまり、戦後恐慌となったのでした。まったく危ういタイミングだったわけです。

　この株式会社化の成功は、片倉製糸にとって大きな意味を持ったといわれます。片倉はプレミアム金を経営の安定と技術革新の原資にし、翌年にかけて、経営不振の佐賀・高知・徳島の製糸会社を吸収合併しています。一方で、都城工場の新設計画は、戦後恐慌に対処して素早く取りやめました。以後の経営は、配当無配の年も出しましたが、安定配当をめざす努力をしています。片倉の経営の特長の一つが配当重視主義といわれます。

　片倉は組織替えを機に本社を東京へ移し、大正十二年には京橋に本社ビルを建てました。

旧片倉製糸紡績㈱東京本社（京橋）
（片倉工業㈱所蔵）

＊片倉の従業員規則「垣外製糸場則」に始まり、工男女永続賞内規などの成文化をへて明治三十五、六年ころ片倉組営業規定ができ、寄宿舎規則などを定め、片倉独特の職員養成制度の見習生規定も設けた。社史は「いわゆ

る家族主義的な制度に立脚して企画された」としている。また従業員の呼称も大正十一年十一月から見番は「現業員」に、工男は「業員」に、工女は「業手」に改称。大正十年には従業員退職金規定を制定。

片倉を追って山十組（小口村吉）山共岡谷製糸（小口宗雄）丸万製糸（小松米蔵）金山製糸（小口圭吾）林組（林利喜平）が株式会社になって行きます。このほか同村には合資会社の吉田館・丸浜製糸などと、個人経営でも五〇〇釜以上の製糸所が金ル組などが匿名組合の小口組・丸キ若宮製糸所があり、あって競い合っていました。

旧片倉製糸紡績㈱東京本社玄関

（片倉工業㈱所蔵）

絹のストッキング――求められた高格糸

戦後景気に沸くアメリカで、大正八年ころから、フルファッションの絹のストッキングが流行していました。女性のスカートが短くなり、脚線美を競うようになったのです。ジャズや社交ダンスが流行し、ハリウッド映画が人気を集め、華やかな都市文化が花開いていたのでした。

これにつれて生糸の輸出が急増するのですが、靴下はより薄いものへと向かい、製糸業界は、さらなる糸質の向上を迫られます。糸条斑やフシのない高格糸が求められるようになるのです。

糸条斑とは糸の細太むらのことです。デニールはそろっていても、糸の取り方の違いで、細太のむらが色むらになって出てしまうというのですから厄介(やっかい)です。

糸条斑検査では、優等工女が取った糸にも×（バツ）がつき、優等工女がパニックになったといいます。各社が新しい繰糸法を必死に研究し、デニールをそろえるために行われた「束つけ」とか「付け替え」とかのテクニックはいけないということになって「定粒法」の繰糸法にかわり、色むらやフシのない糸を生産しようと、会社も工女たちも懸命でした。製糸業界は新しい時代を迎えていました。

ようやく労働時間短縮

大正九年秋の糸価暴落からの不況で、岡谷の製糸場は、工場法(大正五年施行)の規定どおりの「労働時間一日一二時間以内」を実行に移しました。

製糸業は「季節的繁忙産業」として、労働時間は、大正十年まで一四時間、大正十二年まで一三時間までの延長、さらに繁忙期には一五時間労働が特例で認められていたのですが、生産調整のため、延長とりやめに踏み切ったのでした。

労働環境がよくなり、工女さんも元気がでて、これが糸質の向上につながりました。労働時間の短縮は、経営側にも良い結果をもたらします。

ただし、操業時間の短縮で賃金が減るのを心配する声があったらしく、会社幹部が工女を集めて説明した、と監督B氏の日記にあります。

その後、大正十五年の工場法改正で、十六歳未満の者と女子については就業時間が原則一一時間、最大一二時間に短縮され、休憩時間一時間が義務づけられました。↓諏訪の製糸工場は休憩時間を午前・午後各一五分、昼食後三〇分と協定。

短縮されたといっても、一二時間労働というのは、今から見るとずいぶん長い拘束です。農村では、朝明けきらぬうちから、夕方暗くなるまで野良にいて、夜は寝るまで藁細工に励むという暮らしが続いていた時代でした。日本はまだ貧しかったのですね。

半沈式煮繭機が登場し煮・繰分業が本格化

大正六年、「煮繰分業による浮き繰り法」（煮繭技術の側からいうと半沈煮繭法）が考案されました。繭の煮熟を抑え糸歩を重視する浮き繰りと、充分な煮熟で品質を高める沈繰法とを折衷したもので、大正十年ころからこれが主流になって、昭和初期には全国に普及します。繭へ湯水を浸透させる技術を競う加圧蒸気浸透法・真空浸透法・熱風浸透法といった煮繭機が開発され、煮繭が独立部門になっていきます。

この流れを加速させたのが大正八年、長野県繊維工業試験場（大正七年設立）の田村熊次郎技師が発明した長工式煮繭機でした。これを丸二増沢が実用化して、浮き繰りと半沈式煮繭の分業鍋も売り出します。

片倉は大正四年から大宮工場で、平田式煮繭機の試験を開始し、大正八年には矢島式も加えて操業しています。岡谷地方では、上伊那郡辰野の武井覚太郎製糸（のちに片倉と合併）が大正七年、矢島式煮繭機を導入したのが先駆けでした。九年には山共岡谷製糸が矢島式を導入しています。

岡谷地方で長工式煮繭機を最初に導入したのは、大正十年、平野村若宮の中小製糸・丸キ中村製糸（中村百太郎）でした。この会社へ就職して工場管理人になった古村敏章青年が、工場主にすすめて煮繰分業の先陣を切ったのでした。

にわかに脚光をあびて参観者が引きもきらなかったといいます。古村は従業員の食事改善もすすめ、諏訪中学校の英語教師の未亡人を講師に迎えて工女たちに裁縫・手芸・作法を教え、これが工女から感謝されて、永勤者が増え、繰糸成績も向上したといいます。また、立正閣の住職を講師に招くなど工女の精神修養を重視する経営が、大手工場にも影響を与えました。古村青年はのちに業界の指導者になって行きます。

ただし丸キ中村製糸の煮繭機は成績が思わしくなく、原因を究明すると、新しく掘った井戸のイオン濃度が不適格と判明、これを軟水にするには莫大な

長工式ＭＱ型煮繭機

（丸山新太郎著『激動の蚕糸業史』より）

資金を必要とするため、責任を感じた古村青年は、煮繭機の浸透部の構造を手直ししたり、繭のつぶれをなくす工夫もし、配繭桶内の温度を下げないとか、口立て箒の使い方を注意するとかして、水質の欠点を補う努力をつづけ、とうとう過労のため現場で倒れてしまったといいます。製糸の難しさの一例です。

長工式煮繭機は同年、片倉丸六工場・小口組・山十組も導入し、高級生糸の品質を競う時代へ入っていきます。各社に煮繭士（主任）が生まれ、入荷する繭を舐めてみたりして、最適の煮繭に到達する努力をつづけました。煮繭の適否は繰糸能率と糸の品質に大きく影響します。煮繭主任の腕に社運がかかっていました。大正十一年には、平野村内だけで煮繭機三十数台を数え、以後急速に普及してゆきます。

このころ四条繰りから五条繰りへの増枠が進められていました。片倉丸六工場は五・六条取り向きの丸六式繰糸鍋と、丸六式自動索緒機を考案するなどして、生産性の向上を図っています。そして抱合装置を、稲妻型からケンネル式に替え、撚り掛けを充分にして、抱合の良い糸づくりが進められています。

煮繭機には最適の乾燥繭が必要になり、上諏訪出身の小松豊作博士（東京高蚕教授）が大正十四年、気熱乾燥を取り入れた自動送繭型の乾繭機を考案して「田淵式自動乾燥機」が出現し、日本における乾燥機械の原型を完成（嶋崎昭典）させました。ここから大型の乾繭機が続々と開発され、煮繭機とともに、昭和初期にかけて普及します。こうした技術の進歩で、工女の平均繰目は一二〇匁レベルに達し、糸の品位も一段と上がりました。

小豆ほどの空気を……煮繭の難しさ

半沈式煮繭の実際について、山一林組熊谷工場の煮繭主任をした武居長次さん（平野村間下）がいい文章を残しているので、それを要約して引用します（『ふるさと岡谷の製糸業』）。

・煮繭機の役目は①繭の煮え具合を良くすることにより繰糸をやりやすくし、能率を上げる②糸歩を向上させる③生糸の質を向上させること。

・煮繭主任の仕事の要諦は、繭の全体を柔らかくし、繰糸の途中で切れやすい糸を一回も切れないようにほぐし、かつ、繰り始める前と、繰り終わりの部分の、屑糸をできる限り少なくするよう作業するのだが、これが、なかなか思うようにゆかず、むずかしい。

・煮られて湯が浸透した繭の中に、適量の空気が残っている、ということが、煮繭の大切な技術。繭に入った湯に、わずかな必要量の空気を残す、ということだ。繭は、繰糸鍋の繰り湯の中で、わずかに頭を出す状態で浮いていなくてはならない。喩（たと）えれば、氷が水に浮くように、である。これを煮繭の状態から表現すると、繭の中に残った空気の量が、表面から見て、小豆粒ほどであることが必要で、大豆粒ほどでは大きすぎ、粟粒ほどになったら繭は鍋の底に沈んで、繰糸不能になる。これが、煮繭で繭層がほぐれやすく、解舒を良くするという第一条件に次ぐ重要な条件だ。

・この作業の良否が工場の業績を左右する。三〇〇人いる工場が二つ並んでいたとする。どちらの生産効率が良かったかで、二人の現業長の能力の軽重を問われ、その部下の現業員（見番）

五人の責任となり、さらには工女二五〇人余の成績・賃金に影響する。

この一文、製糸業の奥の深さを伝えるものだと思います。武居さんが諏訪蚕糸学校を卒業して就職したのは昭和六年（日給五〇銭）で、そのころには各種の大型煮繭機が開発されていて、中でも千葉式・増沢式・織田式が高い普及率だったそうです。複雑な機構をもつ機械のため性能は一長一短で、目標とする煮繭に到達するまで調整するのがむずかしく、据えつけに来たメーカーの技術者を、長期間滞在させるのが常たったそうです。あまりに長く拘束したため「ハハキトク」のにせ電報を打たせて逃げ帰った技術者もいたというくらい、機械の調整がむずかしいのが煮繭機だといいます。故障すると工場が操業停止となるため、保守にたいへん苦労したということです。

長工式を発展させた増沢式は、湯浸透方式だったのを、林組専属の丸平笠原鉄工所が昭和七年、蒸気浸透式に改造し、武居さんは、その蒸気排気量調整装置を考案したということです。このように、製糸各社は、不断に細かな技術革新を重ねていたのですね。

＊嶋崎昭典博士は「煮繭の要諦は、繭の煮くずれを生じない工夫を施しながら、浸透部で繭にできるだけ多くの水を吸わせること」としている。

武居さんは後に増沢商店（増沢工業）の研究部で活躍し、戦後独立して武居蚕機（後のタケイサンキ）を設立。煮繭機へ繭を自動的に供給する自動繭秤機や、糸捻機などを開発、さらに、自動繰糸機用の水流式配繭装置を完成させるなど、特許・実用新案取得五四件の業績を残しました。

工女争奪さらに激化

工女の確保は製糸会社の死活問題です。工女の争奪は大正に入ってさらに激化していました。製糸同盟が工女の登録制を敷いたといっても、工女の雇用は一年契約ですから、年末閉業から春挽きまでの間に猛烈な募集運動が展開されたのでした。とくに優等工女は奪い合いで、大正八年ころから「移転料」の語が生まれ、他工場から移る工女に一〇～二〇円、中には五〇円もの契約金が贈られ、前貸金も一人一〇〇円に達した例もあったといいます。

一方で、工女引きとめに、年末賞与の一部を、翌春、入場（勤務）を契約した時に支払うことにする会社もありました。

工女募集競争の過熱から内務省が規制に動き、長野県は大正十年「職工募集取締規則」を制定して募集員は知事の許可制にし、雇用契約書の形式も定めて、取り締まり対象にしました。警察の管轄になって大正十二年、岡谷警察署調べの募集費平均は工女一人当たり二〇円七〇銭、前貸金三八円七五銭となっています（『平野村誌』）。

大正十四年、岡谷警察署が許可した募集員は一八〇二人、長野県下の募集員登録者は八〇〇〇人にのぼったといいますから、たいへんなことです。運動員とも呼ばれた募集員の役目は重く、抜きつ抜かれつの駆け引きが行われて悲喜劇も生まれました。一軒の農家で顔を合わせた他社の募集員と競り合い、コタツに当たりながら主人と雑談するうち、コタツの中で二〇円を主人に握らせたところ、その主人が勘違いして他社の契約書へハンコを押してしまったとか、朝早くから夜おそくまで駆けずりまわり、宿へ帰って報告書作りをし、ろくに眠らずに農家へ飛んでゆくと、他社の募集員に先を越されていたといった苦労話がたくさん残っています。

Y社に勤めた武井平吉さんがこんな思い出話を書いています（市民新聞平成五年五月三日）。

募集員は契約書類の入ったカバンを提げて、工女たちの家を走り回った。夜おそくなって宿屋に泊まれなくて、最後に訪問した工女の家の倉の出し（土蔵前の土間）にワラを敷いたり、立てかけてあったネコ（むしろ）を敷いて夜明けを待つ人もあった。短期間にすませなければならないので、募集員の苦労は並大抵ではなかった。工場間の争奪戦はすさまじく、工女の好む反物など持ち歩いてのサービス作戦も派手に行われた。

訪問先に他の工場の募集員が現れて物々しい空気になったり、先に訪問していた募集員が、裏口から逃げ出すひと幕もあったと、話題はにぎやかなものであった。

宿屋のない村落では、工女グループの姐御格（あねご）の工女の家に泊まりこんで、契約をまとめることができた。工場に来てからの姐御格は、工場と工女の中に立っていろいろの心配ごとや賃金の前貸しなど、一切親身になって世話をし、労使双方にとって良い関係になっていた（要旨）。

見番も楽ではない役目

募集員は会社から出張費を支給されるといっても、見栄えのいい服装を自前で整え、金鎖の懐中時計をチョッキにかけて恰好をつけたりと物入りが多く、楽ではなかったようです。

新聞ダネを利用して他社の悪評を流したり、工女を映画館へ連れて行ったり、工女グループのお姉さん工女に礼金を渡すとか、あの手この手の募集競争で、選挙運動になぞらえて、契約を集めて回ることを「工女の運動」といったと、郷土史家中村龍口さんの書いたものにあります。

工女につらく当たった見番が、募集に行った先でその工女から、手玉に取られる仕返しを受けたうえ、他社に契約されてしまったという話が佐倉琢二『製糸女工虐待史』に出てきます。工女を「虐待」などしたら会社のマイナスになることを証明したような話で、佐倉氏のオウンゴール。工女からあまり良くいわれない見番ですが、苦労の多い役どころだったのを見ると、同情したくもなります。

工女たちの盆踊り唄に

〽糸は切れ役わしゃつなぎ役／まわる見番怒り役

というのがあります。彼女たちの憂さ晴らしだったのでしょう。見番を「怒り役」と客観視していて、工女たち、なかなかです。

工女たちは少年工男を「サナギ寄せ」と呼んでいたというように、製糸工場は女性優位の世界だったようです。工女哀史の話によく引かれる「〽鬼の見番エンマの帳場／役にたたないサナギ寄せ」の糸挽き唄も、工女たちはくらーい恨み節でなくて、威勢よく唄ったものだといいます。

〽糸を取るなら程よくお取り／ガラは十四で目は四十

の唄からは、リズム快調に糸を取る様子が目に浮かびます（ガラはデニールの検査、目は糸目）。

〽可愛い主さんに検査をさせて／十四の四十と読ませたい

という工女唄もあります。

ついでに愉快な糸挽き唄の話をしましょう。明治三十八年、上伊那郡平出村（現・辰野町）で肝取り事件という連続殺人事件が起きました。人を殺しては肝を切り取るという怪事件で、犠牲者は六人にのぼりました。この犯人勝五郎（水車小屋の番人）をつき止めたのが工女の岩垂きくさんでした。勝五郎は、製糸工場から夜道を帰るきくさんを背後から襲ったのですが、きくさんに急所をねじりあげられて顔を見られ、逮捕につながったのでした。きくさんは大評判になって、岡谷の製糸工場でこんな糸挽き唄が流行ったそうです。

〽岩垂きくさは工女の鑑／憎い奴ぁキン●●ねじあげろ
〽見番さんも監督さんも気ィつけなされ／岩垂きくさの例もある
〽弱そうに見せるはタシナミからよ／それがわからぬクソ工男
〽工女弱いとダレそんなこといた／外貨を稼ぐは工女だけ

意気軒昂（けんこう）の工女たちです。

勝五郎は、難病に効く高貴薬にする肝取りではないかと噂されたのですが、誰に売ったのか口を割らずに絞首台へ上り、謎を残しました。

賃金算出法を明示

工女の募集競争が激しくなると、大手各社は立派な「就業案内」のパンフレットをつくって宣伝に努めました。パンフレットには就業規則・賃金の算出法・賞与規定を明記していて、B6判三〇ページに及ぶ物もあります。賃金の算出法は、品質管理の検査データとからむ失点制があるので複雑です。工女哀史を書きたてた物には、でたらめな計算だとする攻撃が見られますが、無知からの曲解でしょう。ブラックボックスで賃金を決めるのでなく、明治時代から透明性のある労務管理をしていることがわかります。

工女さんたち、ややこしい賃金査定法をみて頭をひねったようで、

〽ここの会社の規則を見れば／千に一つのムダもない

と糸挽き唄にあります。

各社とも会社案内のパンフレットで、福利厚生施設の説明に力を入れました。吉田館の「就業

案内」（大正末期）は、工場の教室で修身・国語・裁縫などの補習教育を行い、修養室には月刊雑誌類のほか、工女の出身地の新聞も読め、娯楽室にはオルガン・蓄音器・ピンポンも備え、芝居・活動写真見物や、春は花見、秋は運動会などを催し、運動場ではテニス・鉄棒・弓道・野球もできる、とうたっているそうです（岡谷市民新聞の記事から）。製糸各社が魅力ある職場づくりに腐心していたことがうかがわれる話です。

御法川多条繰糸機

（岡谷蚕糸博物館所蔵）

大手製糸は社内貯金制度を設けて、賃金の一部を貯金するよう従業員にすすめ、退職時にまとまったお金を手にできるようにしていました。強制的貯金とした例もありましたが、多くは任意貯蓄だったようで、その通帳を岡谷市蚕糸博物館で見ることができます。

多条繰糸機登場——高級糸の量産時代へ

糸質本位、しかも多量生産を求められるようになって、低温・沈繰・緩速の多条繰糸機が登場してきます。高級糸を量産する画期的な機械です。鉄製フレームのマシーンで、工員は立って作業（立繰）します。

御法川多条繰糸機の職場

（岡谷蚕糸博物館所蔵）

接緒器つき多条繰糸機は、明治三十六年に、御法川（みのりかわ）直三郎が発明していました。官立蚕病試験場の実習生出身の御法川直三郎は機械づくりの名人で、のちに博士の学位を取っています。明治二十三年に独創の繰糸機械を発表したこの人に注目し、研究援助をつづけたのが、蚕病試験場で一年先輩の今井五介でした。

片倉は大正十年、御法川式繰糸機一二台を大宮工場などに設置して試験に入ります。郡是製糸・大倉製糸や信州の依田社（丸子町）などの大手も試験を始めたのですが、糸の減耗が大きく色沢も劣悪で、工業化を疑問視されるようになって、郡是などは研究から手を引きます。ひとり片倉が研究を継続し、繭乾燥法の改善などで御法川機の生産性を向上させ、特許御法川機の独占使用権を取得します。

そして年末、試験運転でそろえた見本糸をニューヨークへ送り、今井真平取締役（片倉松本工場）が渡米して米国絹業界の反応を見ると、特に高級靴下用の原料として優れ、当時の格づけにおさまらない優秀品とわかり「ワンダフル・ダイヤモンド・グランド・ダブルエキストラ」とまで激賞されて、米国第一の生糸商社チニー商会から大量の注文を取りつけました。

これに自信を得た片倉は三二条機と二〇条機の実用試験にかかり、二〇条が最も合理的との結論となったのですが、糸歩の減耗は解決できず、採算ベースに乗せるための改良をつづけます。
＊大正九年以降、工女賃金上昇率が糸価騰貴率を超える。

糸価続落、業界に憂色

大正九年の糸価暴落から製糸不況が続いていて、年が改まっても回復の兆しが見えず、業界は憂色に包まれました。政府は四月、生糸買い上げの帝国蚕糸㈱に対する興業銀行融資三〇〇〇万円に保障を与えると発表し、糸価は六月、ちょっともち直したのですが（中間景気）、ひと月ももたずに下向きになってしまい、この年の平均糸価は一五一一円と続落で終わりました。

この大正十年、製糸会社の全国上位八位のうち六社を岡谷地方の会社が占めています。
①片倉製糸紡績（川岸村）一万六〇六一釜（全国総釜数に対する割合五・五九％）
②山十組（平野村）一万三一九三釜（四・六三％）
③小口組（同）六六七九釜（二・三二％）
④郡是（京都府）五六七五釜
⑤依田社（長野県小県郡）四一三〇釜
⑥林組（平野村）三八八三釜

⑦岡谷製糸（同）三四九六釜
⑧尾澤組（同）二八四六釜
ビッグ3の全国工場数は片倉二一工場、山十組一九工場、小口組一二工場。

人造絹糸進出の脅威

アメリカでは人造絹糸工業が発展して、大正十二年ころから、米国絹織物工業の主力分野である広幅織物のヨコ糸に、人造絹糸・レーヨンが使われるようになっていました。

人造絹糸は明治二十三年、フランスのシャルドンネ伯爵によって工業化されたといわれ、キュウプロアンモニア法などの発明もあって、技術開発が進み、米国の小幅織物などの原料に使われていたのですが、欧州大戦で供給が途絶え、米国で人造絹糸の生産が盛んになっていたのでした。広幅織物向けのヨコ糸の大量輸出で稼いできた岡谷製糸には脅威でした。大手製糸が輸出で生き残る道は、高級靴下用の高格糸を生産するしかなくなります。

日本でも大正二年に帝国人造絹糸㈱、五年に日本人造絹糸㈱、六年に東洋人造絹糸㈱が相次いで発足して、急テンポで生産を増やし、昭和十年には輸出を始めるまでになります。

片倉製糸首脳は、人造絹糸工業の発展に強い危機感を抱き、製糸業の先細りを予想して、経営多角化の模索を始めていました。取締役の片倉三平（光治次男、東京高蚕卒）は社命で大正九～十年と十二～十三年、二回にわたる海外視察を行った際、人絹特許権の取得を命じられたのですが、この人絹に欠陥があることから特許権取得に至らず帰国しています。どんな種類の人絹かあきらかでありませんが、アセテイト・レーヨンではないかと思われます。もし片倉が同レーヨン生産に乗り出していたら、戦後、炭素繊維などの先端技術産業に展開していたことでしょう。おしい逸機でした。

これを取り戻すため片倉は、他資本に先駆けて、昭和六年からスフ（木材を原料とする人絹）の生産試験を始めます。製糸をおびやかす人造繊維産業へ逆進出する戦略でした。

大震災、不況の中で片倉がニューヨークに駐在所

大正十一年、製糸業は不況を脱し、平均糸価一九〇四円と、大正八年につぐ高値を現出したのですが、翌十二年九月一日、関東大地震が起きて、日本経済は慢性的不況に陥ります。横浜の倉庫にあった生糸五万五〇七梱が全焼、製糸業界も痛手を受け、糸価は乱高下し、片倉は、名門の尾澤組を吸収合併します。尾澤組は平野村内四工場に一〇〇〇釜余、県外四工場に一六〇〇釜余を擁する大製糸家でした。この年の平均糸価は、品薄から二〇〇四円の高値となっています。

大正十三年、糸価の動揺は続き、業界は三月、生糸の売り止めを実行し、長野県内の製糸場は十日間の操業停止をするなど振り回されます。これが糸況の常ですが、年平均糸価は一七八三円の高水準を保ちました。

片倉は大正十三年、ニューヨークの五番街に出張所を開設して、生糸の直輸出に乗り出します。二年後、武井方介（光治三男）を派遣して販売に当たらせてから急速に直輸出量を増やし、生糸の扱い高では三井物産・日本生糸（三菱商事系）などの商社と肩を並べるようになります。商社は、

生糸をニューヨークで売っておいて横浜で手当てするショート・ポジション（売り越し）の手法でしたが、製糸と兼業の片倉はロング・ポジションの行き方で、商社より優位に立ったといわれます。直輸出の利益は大きかったに違いありません。

片倉は昭和八年、フランスのリヨンにも代理店を設けて、ヨーロッパへ直輸出を開始、昭和十四年に開設した上海出張所では清国生糸の輸出も扱っています。

＊片倉ニューヨーク駐在所に昭和五年から三年間在勤した片倉五郎（光治四男、東大経済卒、後に三代兼太郎養子）は同駐在所を改組しカタクラ・エンド・カンパニー設立（昭和九年発足）を準備。のちに片倉工業㈱取締役、片倉興産㈱代表取締役を務めた。

五条取りへ

この大正十三年、平野村東部地区で五条取りへの移行をリードしたのは、古村敏章青年がいた丸キ中村製糸所（二代中村百太郎社長）でした。煮繰分業で初めは小枠の回転を速くしていたのだそうですが、古村は「張力が加わり糸が痩せ、糸条斑が悪くなり、糸の固着のできるおそれがあった。この弊害を除くためには、糸条をふやし、回転を遅くするにあった」と回想しています。

しかし一条増やすには設備の改造が必要で、莫大な費用と時間をかけなくてはならず、四条繰りの設備をそのままにして、小枠を改めて五条繰りにすることを考えたが、小枠を新たにつくるにも時間と資金を必要とするため、四条を切り縮める工夫をくり返して実用化にこぎつけ、夏挽きの間に全部を五条に改めたそうです。これが東部地区の製糸工場に広がったといいます。一条ふやすにもこれだけの努力が注がれたわけです。

古村は、中村組の再繰場（岡谷区）の屋根に「気ぬき」を設け、糸の固着を防ぐ工夫もしています。古村は「生糸は風で乾燥するのが理想」といっています。

このころ古村は、大正デモクラシーの高まりに対処して、従業員の福利厚生向上を力説したところ、そのゆとりがない、などの声があったので自説を抑え、東部製糸組合の合同運動会を提案して実現すると、これが好評で、繰糸能率が向上したということです。

＊東部製糸組合　小口・小井川・西堀の一一社・一五工場（三八四〇釜）主な工場は金山社（小口圭吾）・吉田館（吉田佐文治・吉田金十）・山上宮坂（宮坂清之丞）・山吉組（小口吉左衛門）・笠原組（笠原八百七）など。

古村は、上伊那郡朝日村（現・辰野町）出身。海軍兵学校の入試に失敗して岡谷小学校の代用教員（月給一二円）をしているうち、大正十年、岡谷区の丸キ中村製糸所に迎えられて就職（日給五〇銭）したという経歴。信英社から独立して、村内若宮に二一六釜の新工場をつくった中村社長（三十七歳）は、古村を秘書のように優遇し、古村は業界首脳の会合に顔を出して、金ル組の林雄平社長らの薫陶を受け、業界で知られるようになったといいます。

大日本蚕糸会が東京で開く高等蚕糸講習会を受講したり、自ら製糸現業員講習会を企画して、県工業試験場の技師を招き、諏訪蚕糸学校講堂で開催するなど活躍しています。また、左翼の吉野作造の講演も聞くなど、大正デモクラシーが高潮する中で製糸業の対処を考える人物として頭角を現していました。

大正十三年、全国五〇〇釜以上の工場数調査によると、県別で長野県が一位（全国の二九％、岡谷地方だけで一三％）、二位愛知、三位埼玉、四位群馬、五位山梨となっています。

＊煮・繰分業の索緒は長めのミゴ箒（ほうき）が必要になり、箸を使うように二本箒で索緒する工場もあった。大正十四年には、合資岡谷製糸の橋爪克己が索緒機を考案、その後、片倉式・ＹＤ式などの索緒機が開発されて普及。そのミゴ箒は逆に短くなる。

セリプレーン検査器が登場

大正後期、アメリカでの絹の用途は、ストッキング用へ特化されつつありました。そのストッキングでは、織り斑（むら）の有無が、商品価値を決める最大の要素になったことから、輸出生糸は、新たにセリプレーン検査が行われることになります。大正十年、米国で考案されたこの検査装置を米国絹業協会が採用し、その検査成績による格付けでの取引を通告してきたのでした。

セリプレーン検査は、黒いパネルに生糸を巻いて光を当てることによって、糸条の細太の斑（むら）が、縞（しま）の濃淡になって現れるのを、米絹業協会の標準写真と見くらべて採点し、生糸の品位格付けをするものです。糸条斑の採点が生糸品質で最も重要視され、製糸業は新時代を迎えることになります。

＊糸条斑　普通には糸長四五〇〇（メートル）内の繊度斑および色斑をいい、イーブンネスともいう。

アメリカの絹のストッキングの進化はあまりに急でした。初めは六ゲージ物（一インチに針六本）だったのが、急テンポで薄地になって行き、のちには五一ゲージ以上という「肌の色が透けて見えるような」薄物にまでなり、原料生糸も、糸条斑検査で九〇点以上の最高格糸に行きつくことになります。
大正十四年六月、片倉がセリプレーン検査器導入をきめます。

製糸同盟が古村青年を欧米調査へ派遣

米国からセリプレーン検査・高格糸生産への移行を迫られる一方、大正デモクラシーの高潮で、労働福祉への対処など、製糸業界は曲がり角に立っていました。丸キ中村製糸所の古村敏章（二十六歳）が、欧米の労働事情と絹業界の動向を把握するため外遊したいと手を挙げ、岡谷製糸同盟は大正十三年、古村青年を、二年間の欧米絹業調査に派遣することをきめます。異例のことで、旅費三五〇〇円は中村製糸一〇〇〇円、岡谷製糸五一五円、片倉組五〇〇円、山十組三〇〇円、小口組と丸二増沢各二〇〇円など、有力業者の寄付金によるものでした。

古村青年は業界で煮・繰分業と五条繰りの先鞭をつけたほか、中村製糸に独立した病室を建てるなど、従業員の厚生福利につとめる業績をあげ、信濃毎日新聞の風見章主筆に進歩派新人とみこまれたのか、大正十三年六月、同紙に「製糸界一瞥」を一二回にわたり執筆していました。

この中で古村は「資本・繭・人が製糸業成立の三要素」だとして、従業員の人格を尊重することが労働能率を高めるといい、行政に対し夜間蚕糸商工学校の創設や、製糸試験場の設置を提案しています。

古村青年は十一月六日横浜を日本郵船の箱根丸（一万四二〇トン）で出航、フランスでは絹業地のリヨンを訪ね、パリで諏訪出身の若きアーティスト清水多嘉示（たかし）・武井直也と交流。イタリアでは製糸工場を視察、開発されたばかりの自動繰糸機「バカパ」を詳しく検討し、そのレポートを東京の蚕糸業同業組合中央会へ送っています。その評価は、糸歩の減耗少なく、繊度斉一、光沢など品位優良としつつも、落繭の処理など問題あり、抄緒の減耗ははなはだ大など、問題点を指摘し、日本の製糸業からみて完全な自動機とはいえないと結論づけています。一方で日本の製糸業に対して「機械を利用すること極めて少なく、相変わらず手工業として女子の指頭の運動に任せつつあることは恥辱ではないか」「製糸業の目的は自動繰糸機にあり、その実現に邁進する必要を痛感した」と述べています。

ベルギーでは労働者福祉を調査し、ドイツではシーメンスの工場も見学。英国ではたまたま炭鉱のゼネラルストに遭遇し、バーミンガムまで飛んで地区労組の幹部の話を聞いています。労組は長期の積立金をもち、ストライキのときの賃金カットを補てんできる態勢にあること、スト中も坑道の保守など責任をもっておこない、交渉が妥結すればただちに作業を始めるなど、洗練された労組の姿に目をみはり「争議には破壊が伴い、憎悪と対立が残るという先入観を持っていたが、その誤りを知って恥じ入った」と記しています。この経験から、日本にも健全な労働組合が必要だと認識するようになったといい、この経験が、のちに起きた山一林組争議への対処の指針になったとしています。国民組合連盟・工業福利施設協会・産業福利編集社などを訪ねて、先進国の労働事情を学んでいます。

最後の米国視察では、皿洗いのアルバイト（月三〇ドル）もして滞在費を稼ぎながら、米絹業協会長のチャールス・チニーの工場を見学、社長宅に招かれるなど、業界の有力者たちと交流。

セリプレーン検査を実習し、データに工女の個人差が大きく現れ、未熟工女の技術引き上げが必要と記録しています。また大小の織物・ニット・染色工場を見学して、米国業界が求めるシルクについて正確な知識を把握しています。驚くほど多数の業界人と交流したのも収穫でした。

永田鉄山秘話

古村青年は大正十五年一月五日帰国、その翌日の夜、渋谷区松濤の永田鉄山宅へ行っています。製糸と外れる話ですが、古村氏は後に岡谷製糸の指導者の一人になる人であり、そうした人物がどんな人脈と視野を持っていたかを知る話としてお聞きください。

永田鉄山は上諏訪出身、後に陸軍省ナンバー3の軍務局長（少将）になって、右翼・皇道派の相沢中佐に刺殺された人です。

鉄山は陸士・陸大とも恩賜の軍刀組の秀才で、次の陸軍次官・陸軍大臣と目されていました。陸軍の統制派のリーダーとして、皇道派を抑えていたのですが、永田鉄山が倒されたことで皇道派の暴走がはじまり、翌年、二・二六事件を起こして、政党政治をぶっつぶしてしまいます。そして、それまで鉄山の陰でかすんでいた東條英機が浮かび上がり、陸相・総理大臣に登りつめて、太平洋戦争を引き起こしてしまいました。

鉄山の部下でのちに企画院総裁（国務大臣兼任）になってA級戦犯として終身刑の判決をうけた鈴木貞一が「文藝春秋」の半藤一利氏に「永田鉄山在りせば太平洋戦争は起きなかった」と語ったことは広く知られています。

古村青年が訪ねた当時、鉄山は中佐で軍務局軍務課の高級課員・徴兵令改正審議委員・陸大教官の任にありました。古村青年が欧米視察に出発するとき、鉄山から「もしも君が皮相の観察をして、外国かぶれして帰国することは百害あって一利もない。帰郷前に試問するから、上陸直後、永田の所へ来い」と申しつかっていたのだそうです。陸軍のスーパーエリート永田鉄山といつ接点があったのか不詳ですが、古村青年の行動の幅広さにはおどろかされます。

鉄山邸で長時間にわたって応答し、その結果「よく見てきた。まずは合格だ」と講評があったが、米国軍に対する見方は全く異なったそうです。古村が「米国の街頭募兵を見ると、大和魂に立ち向かう気迫があるとは思えない」といったのに対し永田鉄山は、フォードの生産力などを挙げて「米国は、国と幹部は恐るべき力を持っている。財力により兵器の改良進歩も著しい。これからの戦争は国力の総力戦になる。二百三高地を取っても、奉天で勝っても勝利にならない。わが国で一日の戦費があれば一年の平和が保たれる。平和を続けなくてはならない。戦争をしてはならない」と語ったというのです。古村氏の回想記『生糸ひとすじ』にあります。

この回想記、日記を基に書かれていて価値ある記録です。永田鉄山については最近、同志社大学の森靖夫氏が、参謀本部などの第一級資料によって、鉄山が一貫して戦争回避に動いていたことを明らかにしていますが、古村氏の記録は、製糸関係者にしか読まれておらず、新史料として学者を驚かせることでしょう。

欧州の駐在武官をした鉄山は外国事情に詳しく、古村から長時間「試問」したというのは、古村のような若い経済人でも、世間へ及ぼす影響を鉄山が重視していたことを示すものと思われます。鉄山は財界首脳と交流し、国力を培養しなくては総力戦に耐えられないと言っていたことが、視野の狭い皇道派から狙われることになったといわれます。当時、古村青年に「戦争をしてはならない」といったというのは重要な発言です。

「世界一の製糸集落」

大正十四年、岡谷駅到着の繭は八万一二九二トン、同駅発送のキビソ（副蚕糸）は四一七四トンと、ともに最多を記録しました。

繭の仕入れ先は、北海道から鹿児島まで四二府県と朝鮮に及んでいます。繭の仕入れ量からみて、地理学の三沢勝衛は、平野村について「製糸業の集落としては本邦はもちろん、世界中その一位を占めている」と述べています。

この年、全国輸出製糸上位一〇社のうち、岡谷地方が五社を占めています。一位片倉、三位山十組、四位小口組、八位合資岡谷、一〇位山一林組。

二位に関西製糸の雄・郡是が浮上しています。郡是の社長波多野鶴吉は、キリスト教の牧師を教育部長に招いて、社員に修養教育をしたことで知られ、「善い糸は善い工女が作るものである」というのは波多野社長の言葉です。

＊郡是製糸は明治二十九年、京都府何鹿（いかるが）郡の製糸家が一丸となって設立。大正五年ころから急成長し、第一次大戦後、三井・三菱財閥も株主になり、昭和初年ころには全国に三一工場、一万余釜の勢力に。また紡績大手の鐘淵紡績（武藤山治（さんじ）社長）も、大正十年ころから甲府草薙社・彦根製糸な

どを買収し、製糸業界の新勢力となっていた。

この年も経済は低迷していましたが、糸価は最高二一三〇円、最低一四二〇円、平均一九五七円と、前年につづき高水準で推移。製糸業はこれが「古きよき時代大正」の終幕となります。

国用製糸の町

大正以降で挙げておかなくてはいけないのは、岡谷とともに湖北地方を形成する下諏訪が、普通機（ざそう機）で着物用の太糸を生産する国用製糸の町として特異な製糸集落になっていたことです。

＊国用生糸　国内で消費される地遣い糸。輸出生糸より品質が劣るが、高級着尺地に使われる物は輸出生糸と大差ない。

国内経済の発展につれて、大正初めころから着物用の生糸需要が年を追うごとに増えたことが背景にあります。大製糸も輸出検査に外れた糸を国内へ回していましたが、下諏訪では大正六年から、もっぱら国用糸を生産する五〇釜未満の零細工場が急増したのでした。製糸業法の特例で認められた「器械座繰（きかいざぐり）」で電気動力と蒸気を使います。

そもそもは、輸出製糸場から大量に出る「選り出し繭」、いわゆる二等繭・くず繭を使って糸を挽く零細工場が、大製糸の周辺に生まれていたのでした。例えば川岸村には片倉組・大和組・丸ト組に依存する工場が多くあったのですが、下諏訪では初めから国用製糸として一本立ちした業者がほとんどでした。

大正十四年、下諏訪では、大手製糸は入一組・山十組山八工場・片倉丸六工場ぐらいで、国用製糸が五四社、工女一二〇〇人（うち有配偶者五五六人）にのぼり、有志が共同で託児所を開設し、三三人の幼児を預かって、三人の保母が世話をしています。

昭和三年には、下諏訪の五〇釜以上の大・中規模製糸は一三工場（四一三五釜）で、諏訪郡内一四一工場の九％に過ぎないのに対し、四九釜以下の零細製糸は下諏訪六六工場（一五四〇釜）で、郡内一六二工場の約四一％を占めています（小林茂樹氏の論文による）。

国用製糸は煮・繰兼業のざそう機で十八中・二十八中とか三十八中とかという、国内機業地の用途に合わせた生糸を生産します。かつて大製糸で働き家庭に入っていた中・老年の工女を、昼食持参の通勤、それも家計補助的な賃金で雇えることで経営が成り立っていたのでした。国用製糸の生産費は、輸出製糸にくらべ三割がた低廉でした（下諏訪町誌）。

昭和九年五月には、輸出製糸が赤字で悲鳴をあげているのを尻目に、国内の機業地は好況で、丹後・越後・桐生などの生糸商が町へ買い付けに乗り込んでくるといったこともあって、地域経済の支えとなりました。

零細経営の利点として、繭問屋から二等乾繭を少量ずつ買って挽き、地元生糸商に手早く売ることができ、繭仕入れに多額の借入れをしなくてよかったことも挙げられます。寒挽きをする業者もあったそうです。

＊片倉製糸所長会議記録（昭和五年二月）によると、下諏訪所長が「下スワハ国用製糸ノ中心ニテ約七八工場二〇〇〇釜アリ、シカシテ小資本ニテ日日ノ使用量ノ繭ヲ買ッテ挽キテ行クタメニ工場マワル、コノ仕事ヲ中止セズ失敗セサル原因ハ諏訪式絶対努力主義ナリ」と報告（松村敏）。

下諏訪町内には国用糸を扱う矢崎・五味・宮阪・斉藤・小松などの生糸店があり、平野村には日本一の内地生糸問屋の入大中村商店（小松兼義）や丸糸商店などが名を残しています。
糸ねじり職工で歌人の笠原博夫は、国用製糸の情景をこんな歌に詠んでいます。

無心なる子をば柱につなぎ置きて母は糸繰る姿尊し
午後三時しばし休憩の製糸所に孫負いて老婆乳くれにくる

さきほどご紹介した志村ぎんゑさんも、結婚してから国用製糸で働いたそうで、その思い出話が、国用製糸工場の様子をよく伝えています。

大正十年の過ぎ、結婚して長男が生まれてから、ちょっと糸取りに出た。国用製糸だったが驚いた。あらまァ、楽になったなと思った。十時と三時に休みがあって、ふかし芋を配ってくれた。子どももつれて行って、遊ばしておく。そんなこと、わたしら娘のころにはなかった。

こうした零細製糸のほかに「出し釜」業も盛んでした。主婦に器械と繭を提供して賃挽きさせる仕事です。製糸工場で働いたことのある女性が、軒先などに据えた「踏み取りざ式ざそう機」で糸を取る風景が町じゅうで見られました。昭和十五年には六六業者が一〇八一人に糸を挽かせています。足踏みざそう機の改良者・五味計義が、岡谷から移ってきて量産するほどの盛況でした。

足踏みざそう器で出し釜の糸を取る主婦（昭和39年）
（小林茂樹『写真が語る下諏訪の百年』より）

下諏訪の出し釜業は明治四十年に始まり、挽いた甲斐絹用ヨコ糸が、横浜の若尾商店で「信州上一番」より高く売れたことから、出し釜ブームが生まれたといわれます。温泉と遊郭のある下諏訪は、ひと味ちがう糸の町になっていたのでした。

岡谷地方にも出し釜業者が約一〇〇人いて、昭和八年には平野村で座繰りに従事する女性は一一〇七人を数え、それは九戸に一戸の割合になる（松村敏）といいます。

足踏み器で取った糸は「座ぐり糸」とされました。

工場より疲れ帰れば妻はまだ内職の糸を座繰りしており　笠原博夫

製糸王国の底辺の風景です。

＊大正十五年、工場法施行令の改正で就業規則の制定が定められた。片倉は最低賃金を一日三〇銭・養成工一五銭と定め、標準賃金は春挽き五〇銭・夏挽き六〇銭を保障。他に入場賞・皆勤賞・精勤賞・

成績賞・特別奨励賞を加給（最低賃金三〇銭は前年から実施）。経済史の石井寛治は、工場法施行令の改正が、製糸工場の賃金形態改革の画期になったとしている。

男装して踊る工女のひと群れが……

大正末となると、工女さんの稼ぎは一段とよくなっていたのですが、五条取りをこなすのに息の抜けない毎日でした。大手以外の工場では、労働環境の改善が遅れた所もあって、苦労する工女さんもいたことと思います。

それでも彼女たちには青春を精いっぱい生きようとする日々がありました。仕事を終えて街へくり出すのが楽しみだったといい、夜の商店街には活気があって、山村から働きに来た少女たちには、都会の風にふれるのが新鮮なよろこびだったようです。

休日には活動写真（映画）を観たり、地元の工女の家へ行って遊んだりと、てんで（それぞれ）に楽しんだと聞きます。

なんといっても一番の楽しみは盆踊り（エーヨー節や佐渡おけさ）だったと、元工女の皆さんが話してくれたものです。工場の庭、照光寺や真秀寺の庭など、あちこちの踊り場で、空が白むまで踊ったそうです。その盆踊りのフィナーレは諏訪下社の「御射山祭り」。八月二十六日の宵宮に岡谷・上諏訪の若者たちも集まってきて、たいへんな熱気だったと伝えられ、手拭を姉さんかぶりにした工女たちがまじって、大きな踊りの輪になったといいます。

ある年のこと、その御射山祭りの踊りに、法被股引で男装した工女のひと群れが現れて

〽かわいい主さの背中にゃ丸九／襟は渡辺製糸場

などと元気よく踊っていた、と今井久雄さんが記録しています。長地村（現・岡谷市）の大手製糸・丸九渡辺の工女たちでしょう。

男装とはやりますねぇ。川端康成『浅草紅団』の弓子のような少女がいたかもしれません。

糸挽き唄の源流は飛騨の炭焼き唄

明治の工女の生活記録は、和田英の『富岡日記』ぐらいしかなく、工女たちが盆踊りに唄った糸挽き唄（エーヨー節）が、彼女たちの心情を映したものとして研究対象にもなっています。今井久雄さんは「『あの唄は昔、飛騨からきた工女たちが唄ったものだ』と年寄りから聞いた」として、次のように記しています（要旨）。

・飛騨と信州は古くから交流があった。歳とりの膳にのせられる鰤は飛騨鰤といった。能登沖や富山湾で獲れる鰤は飛騨街道をのぼって高山に運ばれ、「野麦ボッカ」と呼ばれる人たちの背で雪ふかい野麦峠を越えて松本平や諏訪・伊那に運ばれてきた。文化交流も深く、飛騨は明治の初めに一時は筑摩県に編入された。

・明治になって岡谷や下諏訪で製糸が盛んになると、飛騨の娘たちは陸続と諏訪へやってきた。山本茂実『あゝ野麦峠』にも「ワシは初め下諏訪で働いたが、二〇人の工女の半分は飛驒の者だった」とか「ワシの行った岡谷の山一は六〇〇人くらいの工場だったが、あらかた飛驒の者だった」といった話が記されている。そんな飛驒の工女が糸を挽きながら口ずさんだり、盆踊りで唄った飛驒の唄が、一緒に働く工女たちに伝わり、次つぎに広まって諏訪全郡に、さらに伊那、甲州辺にまでと及んで、あたかもそれは諏訪の唄のようになっていった。――

そして今井さんはこう綴っています。

そんなことを心に留めていた私は、民謡に造詣の深い今井泰男さん蒐集(しゅうしゅう)のうち、NHKラジオ全国民謡めぐりの録音で「飛驒の炭焼き唄」を聞かされ、はたと膝(ひざ)を打った。当地の盆踊り唄とそっくり、なる程これこそがあの源流であったかと納得したし、以前年寄りから聞いた言葉もうなずけた。

飛驒は山国、炭焼く人も多かろうし、炭焼き窯の火をみながら唄うその仕事唄は、そこに住む人たちみんなの口にひろく唄いつがれてきたことだったろう。

盆踊り、大正の終わりとともに衰微

その今井久雄さんは「あんなに盛んだった盆踊りも、大正年代が終わりになるころには、何故かめっきり衰微した」と書いています。

その背景として今井さんは、明治末まで、小学校は四年制だったので、工女の年齢が低かったが、大正も十年代となると工女の学力もずっと向上していた、としてこう結んでいます。

工場では糸質の向上・能率増進の要請がますます強く、のんきに仕事唄を唄い、隣りの仲間との談笑で息抜きもできず、ただ目を粒付にすえ、糸の繊度をそろえる緊張の日の連続であった。また一方、工場法や基準法の制定で待遇も改善され、月二回の定休日は、盆休みへの期待をだんだん薄くしていった。

さらにラジオができ電蓄などの普及で、工場に流行歌がスピーカーから流され、仕事唄などの声はすっかり消されてしまった。昭和になっても不景気はいよいよ増すばかり。「東京行進曲」や「東京音頭」など明るい歌も流行したが、時局は緊迫の度を加え、湯気の中に響くは軍歌などがやたらと多くなった。

かてて加えてその筋からの強い要請で、各工場内に編成された産業報国会などの活動は、彼女たちから地方色をみんな消してしまうことになった。また村の若者たちも、日支事変の進展につれて村に残る数はだんだん少なくなり、もう盆踊りなどと心のゆとりはなくなり、いつとなくすっかりその姿を消してしまった。

時の流れを見事にとらえた一文です。

（以上、湖国新聞、昭和五十六年二月二十二日・二十三日　今井氏の寄稿文から）

第四章　激動の昭和

——世界大恐慌と戦争と

昏（くら）い昭和の幕開け

大正十五年一月には東洋レーヨン㈱が設立され、日本にも人工繊維の時代が到来し、生糸価格の低落など、製糸業界の環境はきびしさを増してゆきます。三月には改正輸出生糸検査法が公布され、業界はセリプレーン検査の導入を迫られます。

この年、全国で生糸を年一万梱以上生産する会社は一一社、うち五社を岡谷地方が占めていました。内訳は片倉九万六千余梱・山十組五万五千余梱・小口組二万八千余梱・山一林組一万三千余梱・山共岡谷製糸一万二千余梱となっています。

このころ、五条取りへの切り替えが進んでいて、これを支えたのは工女さんたちのがんばりでした。繭も品種改良で品質が上がり、繭糸の平均繊度は最大五デニール、平均三～四デニールとなっていました。

不況は続いていて、十二月十八日には生糸相場が暴落し、製糸場は年末まで操業停止に追いこまれました。

十二月二十五日、大正天皇が崩御、摂政裕仁親王が践祚（せんそ）し、昭和と改元しました。不況下で昏い昭和の幕開けでした。さきほど申し上げた怪奇幻想の小説家・国枝史郎は、昭和の世を迎えたとたん、売れなくなってしまいます。世の中の空気ががらり変わり、軍国主義の風潮になってゆくのですね。この年の平均糸価は一五八五円。前年とくらべ一段安となっています。

＊昭和元年十二月の工女日給（賞与・食費を含む）［五〇〇釜以上の工場平均］最高二円一〇銭・最低七〇銭・普通一円五銭［一〇〇釜以上四九九釜］最高一円五五銭・最低七〇銭・普通一円二銭［九九釜以下］最高一円五〇銭・最低六〇銭・普通九五銭（『平野村誌』）

景気は深刻化していて昭和二年三月、片岡蔵相の「渡辺銀行破綻」の失言から金融恐慌が巻き起こります。若槻内閣が総辞職、台湾銀行で取付けが起きて休業銀行が続出し、緊急勅令によりモラトリアム（金銭債務の支払い延期）が実施される騒ぎになりました。

それに春からの天候不順で信州は大霜害となり、岡谷地方の製糸家は埼玉から、値上がりした繭を移入しなくてはいけなくなって、経営が危うくなりました。その不況下で製糸業界は、セリプレーン検査機の導入を急いでいました。七月には輸出生糸検査法が施行され、正量検査が義務づけられました。

その七月、芥川龍之介が自殺します、三十七歳でした。遺書に書かれていた「ぼんやりとした不安」が流行語になったように、時代が傾いてゆくことを予感させる事件でした。平林たい子が小説「施療室にて」でプロレタリア作家として登場してくるのはそのふた月後です。

製糸王国にしのび寄る影……糸都にはなお熱気

昭和二年の平均糸価は一三四二円。二年つづきの一段安となり、製糸業界に暗い影がしのび寄っていました。片倉の首脳は、早くから製糸斜陽化の危機感を抱き、経営多角化の手を打っていたのですが、糸都岡谷にはなお全盛期の熱気がありました。昭和二年八月十七日の南信日日新聞がその雰囲気をよく伝えているので引用します。

四万に近い若い女達を包有する工業地岡谷のうら盆は流石(さすが)に他の地では見られない変わった情緒がある。十四日の夕方から解放された多数の工男や工女は、一年に一度の盆のこととて出来るだけ着飾り、籠(かご)から放たれた小鳥の様になって、嬉々として大道を歩き回っている。十四日の夜も十五日の昼から夜へかけても至るところ女ならざるはなく、各種興業物や露店商人は何れも大入り満員のホクホクものである。出張写真店もあれば見世物もあり、軽業もあれば浪花節もありと云う具合で、長塚の辺を中心として大賑いを呈している。一方、下諏訪や上諏訪、または遠く上山田の温泉などへ入浴がてらに出かける者もあり、それが為め岡谷駅をはじめ上下諏訪駅の各列車は大混雑を呈し、客車の増結だけでは間に合わぬ位である。何にしても四万の工女が三日間に二円宛小遣いを使うとしても八万円からになるのだから、岡谷は全く一年中の書入れ時と云ってよい。

＊昭和初期、諏訪の十大製糸　片倉製糸紡績・山十製糸・小口組・山一林組・岡谷製糸・笠原組・大和組・入一組・丸ト組・丸九渡辺製糸（いずれも湖北地方）。

山一林組争議

その昭和二年八月二十八日、平野村の合資会社山一林組の本店工場（三三四釜）第二工場（二八四

釜）第三工場（三〇〇釜）で争議が突発、ストライキが十九日間におよぶ大争議に発展しました。争議団発表の組合員数九八〇人（従業員数一二二一人）。

＊山一組は他に諏訪郡永明村・上伊那郡伊那富村・埼玉県熊ヶ谷町・千葉県我孫子町・静岡県沼津市・愛知県稲沢町に工場を所有。

山一の争議団を指導したのは、日本労働総同盟のオルグでした。「全日本製糸労働組合・第十五支部」の名で出された「嘆願書」を、名目的な代表社員林今朝平がつき返し、組合幹部の工男に「組合を辞めるか、さもなくば自決せよ」と迫ったと書かれてきましたが、林家出身の林嘉志郎さんは、「辞職せよ」だったと講演録「山一林組争議の再検討」で指摘しています。組合の要求は次の七項目。

（一）労働組合加入の自由を認めてほしい（二）組合員なるが故に転勤或は職務上の地位を下げないこと（三）組合員なるが故を以て絶対解雇しないこと（四）組合員に万一不都合の行為ある場合は組合幹部に申告すること（五）食料及び衛生に対し改善してほしい（六）体育及び娯楽修養のための設備をしてほしい（七）賃金を上げてほしい（賃金計算法の細部は省略）

当時、山一組の就業規則によると、賃金は「日給および出来高給」となっていて、工女の日給は一級八〇銭以上、二級七〇〜七九銭、三級五〇〜六九銭、四級三〇〜四九銭（食費、宿舎費用は会社もち）でした。等級は繰目・糸の品位・糸目などによる採点できめる成果給制になっていますが、林嘉志郎さんは、嘆願書のやり方だと年功序列型の固定給的になり、会社側の賃金体系とは大きな差があったとしています。林さんによると、争議団の女性総部長は三十八歳、工女としては能率が下がる年まわりで、その意見が反映された要求ではないかとしています。

林さんは、山一の賃金は片倉と大差なかったとして「年功序列型にすれば安定はするが、競争みたいなものがなくなってだらける。ソ連が共産主義をやった時の平等の考え方ですね。だが、全部同じなら平等かというと、決してそうじゃなかった。働く者もなまける者も同じでは、なまける方がいいってことになってしまう。固定にするとそういう欠点があった。一方、能率だけにしてしまうと、体の弱い人とか、保護しなくてはいけない人に厳しくなって、賃金格差が大きくなってしまう欠点がある。その両方を何とか調和させようときめたのが賃金規定だと思う」といっています。

会社側は、繭買いに出張していた重役たちがとび帰り、実質的な経営者・林利喜平が製糸同盟の支援を取りつけ、古村敏章を相談役に頼み、弁護士を委嘱するなどして二十九日夕、組合幹部に回答しました。第一項については、信教の自由と同じ意味で各人の自由だが、第二・三・四項は会社の自主権を侵し、工場の管理権を労働者が獲得しようとする「恐ろしい思想」によるものと認められるとして拒否。第五項以下は、従業員から具体案を求めて次第に改善したい――というものでした。

争議団指導部は、これを不服として翌日午前十時ストライキに入ることを宣言、三十日、予告通り無期限ストライキに突入し、泥沼化します。ストライキ四日目の九月二日、会社側は、八月末までに就業を希望しない従業員は解雇すると発表し、ストライキ九日目には工場閉鎖を通告。この日までに二五人が争議団を抜けて帰郷しました。

山一組争議団本部が置かれた陸川薪炭店前に並ぶ喪服姿の工女たち

喪服は前社長葬儀の際に会社が支給したものという

（昭和２年９月３日　岡谷蚕糸博物館所蔵）

ストライキ十四日目の九月十二日、会社は本店工場の炊事場を閉鎖。これに対し争議団指導部は、会社側が七日、工場閉鎖を予定していたのに、籠城戦術をとることなく、本店工場の工女約四〇〇人を映画館へ連れ出し、映画館で入場を断られて帰社すると、本店工場の門は閉ざされていて、折からの風雨の中で工女さんたちは行きまどい、争議団は総くずれになりました。十五日までに七二〇人が、会社から給料の支払いを受けて帰郷。争議団は九月十七日、残った男女四七人が解散し、争議は終結しました。

　経営への労組の関与を求める項目が争点になり、総労働対総資本対決の争議になってしまったのでした。

戦後の労使紛争の分水嶺になった、三井三池炭鉱の大争議（昭和三十四〜三十五年）と共通する根本問題を含んでいた争議でした。

繊維産業の労働争議は、東京モスリン亀戸工場のストライキ（大正三年）が有名ですが、製糸場の争議も大正八年、全国で一〇件以上起きています。山一組争議は製糸場で最大規模のストライキとして大きく報道され、世間の耳目を集めました。結果として岡谷地方に深い傷跡を残し、まことに不幸な争議でした。未成熟の時代が生んだ悲劇としかいいようがありません。

争議の再検討

この争議については、これまで多く階級闘争史観から論断されてきましたが、近年、新資料の発掘もあって、客観的な見方が生まれています。これには日本の労働運動の流れとかかわりがあります。

明治時代、日本で最初に労働組合の結成を指導したのは高野房太郎です。高野は苦学してサンフランシスコ商業学校を卒業、さらに経済学と労働問題を勉強して、アメリカ労働総同盟（ＡＦＬ）の会長に注目され、ＡＦＬの日本担当オルガナイザーに任命された人です。

高野は、平等を欠く社会で、労働者の状態を改善する手段が労働組合の設立だと説いて、明治三十年、わが国で初めての労働組合「鉄工組合」を組織しました。約五千人加盟の金属機械関係の産業別組織です。

高野は、資本家と交渉するのに、ストライキは労働者の権利とする一方で、ストライキは労組

旧山一林組本社事務所
（平成 30 年 6 月　著者撮影）

の負担も大きいといっています。労働組合が育てば、労使双方ともにストライキをさけ、平和的な交渉を選ぶ可能性が増すとして、徳義的で秩序あり、見識ある運動を進めることを説いたということです。

また高野は、消費者でもある労働者の所得と、教育を向上させることを重視し、国を富ませるには、労働者の生活程度を向上させるのが「富国の策」だとも説くナショナリストとして、反共主義の人だったそうです。

この高野房太郎が弟・岩三郎（のちの東大教授。労働経済学）の学業を援けるため、明治三十三年、労働運動から身を引き、片山潜が指導者になってから流れが変わります。

片山潜は社会主義へ傾き、労働組合を政治闘争の主体と位置づけたことで、労働運動が変質して行きます。片山潜は入党してソ連入りし、コミンテルンの執行委員になりモスクワで客死したのですが、共産主義思想がひろがっていたという時代背景がありました。

＊政治活動を規制する「集会及び政社法」は明治二十三年施行。治安警察法が明治三十三年、治安維持法が大正十四年にそれぞれ施行。

養成工女たち　前列中央は教婦（昭和６年ころ）
（丸山新太郎著『激動の蚕糸業史』より）

山一組の争議を指導した日本労働総同盟は非共産党系でした。共産党系の労働組合全国協議会（全協）の支部からの、共闘の申し入れを拒否したのですが、スト突入を手柄とするような、闘争至上主義に走った陰には、左派勢力間の主導権争いもからんでいたといわれます。第一回普通選挙（大正十四年）が実施されてから、共産党・労働農民党・社会大衆党・労農党といった無産政党の勢力争いが激化していたという背景からです。

総崩れの翌日ひらかれた争議団側の山一組争議批判演説会で、争議団幹部の佐倉琢二（二十五歳）が「第十五支部員が、争議開戦と息まいた時に、よほど抑えたのだが、ついに争議になってしまった」と発言。これを岩波新書『製糸労働者の歴史』（昭和三十年刊）は「当時の労働組合右翼幹部の性格をよく物語る言葉であった」としていますが、事実は逆で、佐倉青年はその経歴から、マルキシズムの党に近い人に見えます。全蚕労連結成五周年記念事業として編纂された同書は、事実をとり違えているのではないか。

＊佐倉琢二　明治三十五年塩尻村の自作農家に生まれ、上京・遊学中に『女工哀史』を読み製糸場で働き、昭和二年三月『製糸女工虐待史』を解放社から刊行（発行人は川岸村出身の弁護士で共産主義者の山崎今朝弥）。山一組争議で活躍し、雑誌「戦旗」に執筆、モスクワ入りを目ざしたが果たせず中国で過ごし、戦後は進駐軍などで働いた。

山一争議団の指導者は諏訪合同労組委員長のT（三十九歳か四十歳）総同盟主事T（二十五歳）同関東争議部長O（二十六歳）オルグS（年齢不詳）らと佐倉青年でしたが、この指導部に主導権をめぐる葛藤があったことが佐倉青年の発言からうかがわれます。

穏健路線の総同盟本部は「合法的に行うこと」を決議していたのですが、総指揮官（と呼ばれていた）Tらは、製糸業というものへの洞察が浅かったかもしれません。

争議団の工女たちは平均十七歳、中には十二、三歳の「保護工」数十人もいたといいます。どういうことかわからないまま組合に加人した人がいたことを、新聞が報じています。指導者の責任は大きかったのですが、オルグらは、争議団から脱落者が続出した九月十五日に姿を消してしまったのでした。

糸都震わせたスリバン

スト先行主義ばかりでなく、争議団の指導部の戦術が、地域事情から浮き上がっていなかったか、ということもあります。ストライキ突入とともに、激烈な文言をつらねた大量のビラをまき「暴虐なる山一林組をこらせ」のノボリを押したてた五〇〇人規模の市中デモ行進をして、ただ事でないと思わせる幕開けでした。江戸時代から一揆とかの騒動のなかったこの地方の住民を驚かせたと、林嘉志郎さんはいっています。

会社側は「経営の自主権を守り、岡谷の街の繁栄と平和のために戦う」とのビラを配って対抗し、ストライキの長期化とともに情勢が険悪化して行きました。林さんは「争議の焦点が、会社経営の自主権を譲る、譲らないの問題になって、待遇改善の問題はどこかへすっ飛んでしまった」といっています。

林さんは林利喜平の次男。争議当時三歳で争議の記憶はないそうですが、生家にかかわる事件を重く受けてとめ、証言を集め、研究を進めてきた方です。林さんの講演によると、オルグSは六日夜、本店工場へ集めた工女たちに「メーデーの歌」など労働歌を教えたほかに、童謡「もしもし亀よ亀さんよ」の替え歌として「もしもし林の今朝ちゃんよ／世界のうちでお前ほど／道理のわからぬ者はない／どうしてそんなに馬鹿なのか」などと高唱させたそうです。またS作詞の替え歌「おれの嫌いな林のオヤジ／それもそのはずわからずや／ケチほい／ケチほい」というのもあって、気勢をあげた争議団が床を踏み鳴らし、鬨（とき）の声をあげたりする騒ぎになったといいます。

給料の清算を急いでいた事務員たちが、仕事にならないといい出し、替え歌にたまりかねたか重役が、本店前庭にテントを張って駐在していた警官に訴え、これを受けた警官が労組に警告したため争議団は「いよいよ干渉か！」と激高して抗議し、あわてた警官が岡谷署へ急報すると、争議団の応援の男たちが門番を押しのけて本店前庭へ乱入、駆けつけた警官隊が塀を乗り越えてなだれこみ、乱闘になってしまいました。雨の中で泥んこの乱闘だったといいます。消防団がスリバン（緊急呼集の打鐘　摺半鐘）をならして出動し、集まった群衆から「爆弾が投げ込まれる」などとデマが飛ぶ騒ぎになって、本店前の住宅にいた林家新宅の長男（当時小学生）は、のちに、弟の嘉志郎さんに「怖かった」と話したということです。

このころ、労働者の実力行為で産業を管理し、社会改革を実現しようとするアナルコ＝サンディカリスムの「黒色青年連盟」とか「関東自由連盟」を名乗る無政府主義者まで乗りこんできてビラをまいたといいます。争議団とは関係ない過激派ですが、革命前夜のような不穏な空気になっていたことがうかがえる話です。製糸業というものを知る地域住民の、争議団の指導部へ向けるまなざしには複雑なものがあったのではないでしょうか。

古村氏は回想記で、山一労組のストライキを、総同盟が組織拡大の道具にしたと断じていますが、被抑圧感情の噴出ということもあったかもしれません。古村氏は、欧米調査のとき目にした「洗練された」労働運動を理想として、そうした労働組合を育てたいと思っていたことからの対処だったと述べていますが、当時それをいっても通じない話だったろうと思われます。

山一組は山一本家・新宅、山十、入山一などの屋号をもつ六家からなる一族の共同体です。新宅の次男に生まれた林さんによると、きちんとした規約によって経営を進めた片倉とくらべて山一林組は近代化がおくれ、資本の蓄積のないまま工場拡大を図るなど、無理があったといいます。社内預金の引き出しが制限されたと争議団が指弾していて、経営のゆるみに総同盟が「狙いをつけて」争議が起きた、と林さんはいっています。

争議団側も、資金の積み立てがないまま、一回の交渉で無期限ストライキ突入というのは、今では考えられないことでした。総指揮官は、無期限ストライキで一気に世間をひっくり返そうと幻想したのかと思えるような冒険でした。全日本製糸労働組合の名で、山一組の工女たちに配ったビラで「皆さんは岡谷四万の女工、長野県十万、全国三十三万の女工を救うべく第一線に立ったのです」と呼びかけていて、戦後の三井三池炭鉱争議と比定されるような大争議でした。

＊協調会の桂主事と福田徳三博士（東京商大）が調停に入ったものの不調に終わったことが後に判明。斡旋内容不詳。

工場の閉鎖は、工女さんたちに気の毒なことでした。一方、総同盟のオルグは、工女たちに寄りそい、現実的な成果を得る思慮をしたかを問われた争議だった、といえないか。林さんは「一番犠牲になったのは工女たち」といっています。大正八年に片倉製糸仙台工場で起きた争議では、平均五銭の賃上げ回答をえて妥結しています。

私は月に一度の「ふるさとの製糸を考える会」で、林さんと顔を合わせていました。林さんは、マルクス経済学の本山といわれた東大経済学部に学んだ人です。山一組のオーナー家の子として、大学でつらい思いをしたのではないかと拝察していました。林さんは長く教員をし、永住の地とされた茅野市の美術館長もつとめ、大学時代のお仲間の雑誌に、小説や詩も書いていて、繊細（せんさい）で地味すぎるほどのお方でした。争議のことを一人で背負いこんでおられるように感じられ、そんな林さんを痛ましい思いで見つめていたものです。

林さんは集めた争議関係資料を吟味し、ずっと考えつづけてきたことを吐露されたのが「再検討」の講演だと受けとめました。調べた事実を挙げ、公平な見方を示されたと思います。

林さんは「考える会」からの帰り、岡谷駅のプラットホームで私に「製糸業は、繭代が八割だからね……」とつぶやくように漏らしたことがあります。争議で経営者の家が負った苦しみに耐えている人の言葉としてそれを聞きました。その言葉が今も耳底に重く残っています。

争議終結で山一林組は九月二十八日、まず本店工場で操業を再開しました。復帰した工女三八六人（県内・山梨・新潟など）と新規雇い入れ五六人での再出発でしたが、争議で深手を負っていたのか、昭和五年、大恐慌が起きると苦境に陥り倒産してしまいます。

当時はやった唄に「東雲節」（鉄石・不知山人作詞、不知山人作曲）があります。「なにをくよくよ川端柳／焦がるる／なんとしょ／水の流れを見てくらす／東雲の／ストライキ／さりとはつらいね／とかなんとかおっしゃいましたかね」……謎の人物の作詞で、なにか言いたげで、すこし頽廃的。「ストライキ」とつぶやいているところに、この時代の雰囲気が感じられます。この唄「ストライキ節」とも呼ばれたそうです。気分的レベルでもマルクスボーイがかっこよくふるまい、たくさんの若者が共産主義に希望を見出そうとした閉塞の時代でした。

戦後の演歌に「赤色エレジー」というのがあったのを思い出します。昏い昭和初期の世相を思わせる歌でした。

＊労働組合運動の系譜　大正元年設立された「友愛会」は、高野房太郎の指導理念（労使協調）に

立っていたが、大正八年「大日本労働総同盟友愛会」、大正十年「日本労働総同盟」と改称。大正十一年に日本共産党が結成されると、大正十四年、総同盟の極左派が分派して「日本労働組合評議会」を名乗り、共同印刷などの争議を指導。昭和三年、同評議会は当局から解散を命じられて「日本労働組合全国協議会」（全協）となり、総同盟と対立。

「母の家」

山一組争議のころ平野村丸山橋きわに、鳥取県出身の高浜竹世（たけよ）が新聞広告で「長野県社会課公認　婦人相談所」をうたう「母の家」を開設していました。工女保護の活動ということで、協調会や市川房枝・吉野作造らの後援会から、月百円ほどの援助があったといいます。

竹世は、夫の文学者高浜長江（ちょうこう）と死別して製糸の街へ来たといいます。竹世が諏訪湖畔などに立てた「一寸お待ち思案に余らば母之家」の立札は、大正時代に活躍した神戸婦人同情会の城ノブ（愛媛県出身のキリスト者）が、須磨海岸へ立てた札にならったものでした。

一年半の活動の間に、内縁の夫T（上田出身、英語塾教師）とともに、工女の身の上相談にのり、国際労働協会・婦人労働小委員会の市川房枝委員へ報告しているのを、ノンフィクション作家の神津良子氏が掘りおこし『「母の家」の記録』として刊行しています。それによると相談の内容は、妊娠の悩みや、見番への不満などです。

「母の家」は、山一組争議で、工女たち三〇〇人余の救護所になったのですが、地域との軋轢（あつれき）と、争議をめぐって内部にもめごとがあったのか、九月二十一日に閉鎖となり、竹世夫妻は離別して

Tは長野市へ向かい、竹世は郷里へ去りました。

神津氏の本によると、Tが市川房枝へ送った手紙には「争議団のお方もずいぶん勝手な話で、いかに感情的にしても、全く脱線もはなはだしいかと存じます」「何が何やら私には一向にわかりかねます」などとあるということです。

竹世の方から後援会へ援助辞退を申し出て、後援会世話人は十一月五日、竹世へ一切の関係を断つ通知を送ったと発表しています。

十一月八日『母の家』に貸家札／争議でけつまずき没落」の見出しで報じた信濃毎日新聞は「すでにその当時から疑惑をもって見られていたところ……」と書いていると神津さんの本にあります。野心的な女性の挫折でした（城ノブは、昭和天皇が行幸した社会福祉施設の運営者になっている）。

＊城ノブの夫・伊藤友治郎は上伊那郡長藤村板山（現・伊那市）出身の社会主義者。幸徳秋水と交流があって海外へ亡命し、ノブは伊藤の生家で長男を出産。城ノブの伝記を書いた長男城一男は平成十四年諏訪市で逝去。

この昭和二年、岡谷駅発送の生糸七三四五トン、サナギ飼料四四〇トン、同駅着の石炭一一万六八九六トンに達し、いずれもこれが最高記録となりました。この年、横浜出荷一万梱以上の製糸家は五社。うち四社が川岸・平野村の片倉・山十組・小口組・岡谷製糸。

御法川多条繰糸機と「ミノリカワ・ロウ・シルク」

片倉は昭和二年に御法川式多条機の実用機（A型）を完成させました。ざそう機より糸歩が劣り不安を残していましたが、重役会で多条機の工業化を決定し、大宮工場で機械の大増産にかかります。ざそう機から機械製糸への、創業以来の大転換でした。

翌年一月、大宮工場でA型御法川多条機二六五台の操業を開始、翌年には松本工場などで改良B型御法川機を稼働させ、優良糸の大量生産に入ります。以後、全国の工場へ御法川機を配置していきますが、各工場へ設置するごとに新鋭機となり、昭和十五年ころまでの間に一二型式に及ぶ改良が重ねられました。

御法川式多条繰糸機の職場

（岡谷市蚕糸博物館所蔵）

御法川機は、毎分五〇～七〇メートルの緩速により、三〇～四〇度の低温湯で繰糸するので、糸むらや「ズル節」の少ない高級糸を生産することができました。索緒機・接緒器・切断防止装置を装備していて作業が軽減され、接緒能力は座繰器（ざそう）の二倍（坪井恒）という性能でした。

しかし御法川機は糸歩の向上が課題でした。片倉はまず最新式の千葉式煮繭機を導入して、低温・沈繰法を進化させます。千葉式は日本最初のエンドレスチェーン方式の進行式煮繭機であるばかりか、湯浸透を蒸気浸透にした画期的な機械でした。これによって多条機における蒸気煮繭法が確立されたといわれます。

さらに片倉は昭和八年、松本工場の今井真平取締役が丸井式回転接緒器を発明し、これを大宮試験所の今井五六取締役が、御法川式回転接緒器に改良するといった具合に改良を重ね、採算性とともに糸条斑・フシの検査成績も向上し、高格生糸の量産体制を築いていきます。御法川機は、今井五介父子が完成させたといえるものでした。これを追って平野村の機械メーカー増沢・丸安も多条機の開発を急ぎました。

諏訪蚕糸学校生徒のセリプレーン検査実習

（昭和13年卒業記念アルバムから）

繭の品種改良によって多糸量・糸質優良の繭が供給されるようになっていて、御法川機の追い風となり、輸出生糸検査法で、第三者による格付けがされるようになると「ミノリカワ・ロウ・シルク」の優位を際だたせることになります。

御法川機は、低格糸の生産にも驚異的な成績をあげ、名機と呼ばれたそうです。

＊御法川式多条繰糸機の価格は二〇条機で一五〇〜

二〇〇円。昭和十年までに一万四七二二台が稼働。
＊昭和二年、平野村間下など三区の岡谷上水道が給水開始（下諏訪町上水道も昭和三年竣工）。

セリプレーン検査時代に

そして昭和三年、夏挽きから大手製糸各社が、いっせいにセリプレーン検査を開始し、米絹業界が要求する格付けの生糸輸出に移行しました。輸出前に生糸サンプルの抜き取り検査が行われることになり、製糸各社の品質管理はいっそう厳格なものとなりました。各工場の現場ではたいへんな苦労を重ねたことと思われます。

平野村を訪れた米国蚕業視察団
白髭の人は二代片倉兼太郎（昭和３年５月８日
片倉製糸平野製糸所前『丸興工業社史』より）

古村青年が米国で調べてきた日本生糸のセリプレーン検査成績を見ると「最高九五点、最低八〇点、平均八四・一点」から「最高六五点、最低四〇点、平均五〇点」までとバラつきが大きく、多条機につく工女の技術引き上げが課題でした。技術格差は会社の浮沈にかかわります。

この年、岡谷地方の製糸家の持ち釜は

二万余、村外経営分二万七千余、総計四万八千余に達し、片倉・山十・小口・岡谷製糸・山一林組など岡谷地区上位十社の生産額は（村外経営分と合わせて）全国輸出額の三〇%を占めていました。

この昭和三年、東京で日米生糸格付技術協議会が開かれ、来日した米国側委員九人が五月、会議を終えて岡谷を訪れています。A班は小口組金ヤ工場・諏訪蚕糸学校・諏訪倉庫・山一林組会社、B班は吉田館製糸場・諏訪蚕糸学校・諏訪倉庫・片倉平野製糸所・山十会社を視察しました。『平野村誌』は「この視察において、米側の関心をことに惹いたのは諏訪蚕糸学校であった。その結果、団長チニーは後日、特に同校にセリプレーン検査機一台を贈り越した」と記録しています。

昭和三年の平均糸価は一三三三円とジリ安。大変動のうねりが迫っていました。

賃金もセリプレーン採点制に

輸出製糸各社の工女賃金の算出法（成績査定標準）も、昭和三年十二月からセリプレーンの採点を主要条件とすることに改められました。その一例として片倉製糸尾澤製糸所の採点法を『平野村誌』から見ます。

【糸目】一杯糸目一匁増減するごとに得失八点。

【均斉】（セリプレーン糸条斑）▽一〇〇点　得四〇点　▽九五点　得三〇点▽九〇点　得二〇点▽八五点　得一〇点▽八〇点　得五点▽七五点　得失なし▼七〇点　失一〇点▼六五点　失二〇点▼六〇点以下　失三〇点。

【デニール】▽十四　得一五点▽十三・十五　得一〇点▽十二・十六　得失なし▼十一・十七　失一〇点▼十・十八　失二〇点▼九以下・十九以上　失三〇点
【類節（らいせつ）】▽一〇〇ケまで　得一五点▽一〇一～一三〇　得一〇点▽一三一～一五〇　得五点▼一五一～二〇〇　失五点▼二〇一～二五〇　失一〇点▼二五一以上　失一五点
【切断】▼一〇ケ　失一〇点▼以上五ケ増すごとに失五点を増し最高三〇点とす。
【合紋違い】▼失五点。
【糸目不同】▼標準（工場平均）より綛一本につき一匁五分以上増減　失一〇点。
【品位不良】▼双子・光沢など各項目につき失五点より五〇点。

セリプレーンでの採点は、これまでの検査とは大違い。糸条斑の均斉が最重要視される一方で、平均繊度に近づけ、かつ糸目も確保する繰糸をしなくてはならず「工女・業主とも非常な苦心をした」と『平野村誌』は述べています。

繰糸法も一変

繭の品種改良で平均繊度が三デニール以上、太い部分は四デニールになっていて、十四中の糸の場合、それまでの「交ぜ五粒」（春繭）「交ぜ六粒」（夏秋繭）では糸が太目になるため、セリプレーン成績をあげるには定粒付き繰糸が必要になり、それまで行われてきた「束付」とか「付け替え」などの方法は不可となったそうです。

そこで新しい繰糸法が工夫され、例えば、初め四粒で繰って行き、次第に細くなって十二デニールになったとき、一粒に限って添緒すると、太い部分は十六、細い部分は十二となって、繊度均斉の上でも、セリプレーン採点の上でも「佳良」の糸になったといいます（『平野村誌』による）。優等工女も、こうした繰糸法を会得しようと必死だったことでしょう。

注目されるのは、検査で明治時代に使われた「罰」の用語が「失」に改められていることです。「得点」「失点」の表記は、大正十五年の角キ尾澤製糸場（片倉）の採点表に見られるので、そのころには表記が変わっていたと思われます。そもそも明治時代の「罰」は懲罰というのではなくて、不合格の×（バツ）の意でした。

岡谷に乾繭取引所できる

この昭和三年、原料繭の確保を図る岡谷乾繭委託㈱が、諏訪倉庫内に設立されました。広く各地から乾繭を集め、時価取引によって、製糸経営の安定を図るのが目的でした。

乾繭取引は、荷の中身がわからないのが大欠点でした。そこで諏訪倉庫の手塚政吾技師による切歩および繰糸試験のデータを表示し、入札することにして、これが養蚕家の信用をえて、各地から乾繭が集まるようになり、製糸家は常時、採算に見合う繭仕入が可能になりました。手塚技師（上田蚕専卒）は、わが国乾繭検定の創始者となりました。

政府は手塚技師のデータをもとに繭検定所規定をつくり、政府の補助で道府県に繭検定所が設立され、昭和十一年、全国で繭検定が施行されることになります。

乾繭取引の増加にともない、繭も生糸同様に先物取引が可能になれば、製糸経営の安定が図られるとして、乾繭取引所の設置について手塚技師・北村茂義・古村敏章が委嘱されて調査研究に当たり、二六社の会員組織による岡谷乾繭取引所（小口善重社長）が昭和十二年七月開所し、昭和十八年閉鎖となるまで毎月五日と十日に市が行われました。

昭和三年、健康保険法が施行され、岡谷地方の一一六工場、二万六六五一人が加入。国の出先機関として岡谷出張所が十一年開設されました。→十七年には厚生年金保険、二十八年には日雇労働者健康保険、三十五年には国民年金を併管し、社会保険事務所となった。

片倉館――製糸王国時代の記念的建物

片倉館が上諏訪湖畔に竣工したのがこの昭和三年十月です。二代片倉兼太郎が、片倉同族会に、創業五十周年の記念事業として提案し、財団法人の運営基金と合わせ八七万円を用意して建設した、製糸従業員と市民のための温泉保養施設です。

このころ片倉製糸は、全国二四府県に傍系を含め五八工場、朝鮮半島に四工場を展開し、約一万八千釜を擁して、全国の生糸生産量の一三％（輸出額では一六％）を占める世界一の製糸会社になっていて、二代兼太郎はシルクエンペラーと呼ばれていました。

二代兼太郎は、大正十一年九月から十ヵ月にわたる欧米の絹業視察をおこない、企業の社会貢献事業に強く心を動かされたといいます。ドイツの温泉保養地カルルスバートの、市民のための入浴施設は大いに参考になり、故郷に公共の温泉福利施設を造ろうとこころざしたということです。

片倉館は入浴棟・会館棟・別館（迎賓館）から成っていましたが、別館は戦後、諏訪湖ホテル

重要文化財片倉館

（平成 30 年 5 月　著者撮影）

の中に移築されました。入浴棟と会館棟は国の重要文化財に指定（平成二十三年）された名建築です。

設計者・森山松之助（五代友厚の甥）は、東京帝大を出て台湾総督府で活躍した人です。彼が設計した総督府新庁舎（現・総統府）台南州庁（現・国立台湾文学館）・台北州庁舎と専売局庁舎は台湾の「国定古跡」になっています。帰国して久邇宮御常御殿・本所公会堂など多くの建築を手がけていて、重文指定の片倉館は国内での森山松之助の代表作の一つです。

浴場棟は鉄筋コンクリート造り地下一階、地上一部三階建て。六角の尖塔（展望塔）と鋭い傾斜をもつ切妻屋根、水平の線を組み合わせた非対称のデザインが面白く、建築史家の古田智久氏は「片倉館の入り口は、斜め四五度内側を向いている」と指摘しています。直方体でなく、角度とズレをつけた造形に、シュールといっていいか、不思議な視覚があって魅力的です。

非対称（アシンメトリー）を好むのは日本人特有の美意識だと、名児耶明氏（五島美術館）が語っている（平成三十年四月一日、日本経済新聞文化欄）のを読んで「なるほど」と思ったものです。

森山松之助は、西洋建築を学び、それをこなして、国風洋館を造り出そうと意図したのだと受けとめました。私たちに親和性のある洋館になっている秘密が解けた心地です。高遠丸千窯で焼いたスクラッチタイルの外壁も、歳月を経て深みを増しています。屋根の帯状の紋様（シェブロン）には謎がありました。

大浴場は大理石造り。百人が入浴できる長方形の大浴槽は深さが一・一㍍もあって、那智黒石を敷きつめた底から温泉が湧く仕組みが珍しく、ヨーロッパ風の浴室の、透かし模様のテラコッタのスクリーンや、半円形のステンドグラスなど、端正な美しさがあります。二階休憩室は、大きな柱頭をもつ角柱が異国風で、螺旋（らせん）階段を登る細い展望塔は謎めいた空間になっています。

集会棟（会館）は木造二階建て。風格あるヨーロッパ調の外観ですが、大理石を使った重厚な車寄せを持つ玄関から入ると、厚い面取りガラスの扉の向こうの広い廊下の両側に和室が並んでいて、高い天井から下がる照明具など、大正ロマンを感じさせる建物です。二階はなんと二〇四畳敷きの大広間（舞台付）。格（ごう）天井に優雅な白色ガラスボールの電燈が幾つか灯り、集会や見本市の会場に使われるなど、一階の和室とともに多様な使用に供されています。

別館はかつて、芝生に続く池のある前庭に臨む瀟洒な邸宅風の洋館と「菊の間」と呼ばれる座敷から成り、戦時中、某宮家が疎開してきていると噂されたものでした。

建築史研究者の宮坂正博さん（岡谷市文化財保護審議会長）によると、総工費五五万九五六八円で、施工は片倉製糸紡績㈱建築課と片倉合名会社の直営といい、宮坂さんは「種々の材料と工事の見積を広く求め『質の高い物を適正な単価で』という片倉のスケールの大きさと物を見る目の確かさ、総合的な力量が感じられて興味深い」と述べています。信濃鉄道の敷設工事とともに、片倉の実力が示された造営事業でした。湖畔埋立て地の軟弱地盤に、赤松材二五二一本を打設した耐震工法も注目されます（森山松之助建築事務所へは総工費のうち三万六〇〇〇円が支払われた）。

宮坂さんの研究によって、施工者が大方判明していて、主だった人では宮坂健治・五味春吉・宮坂荘吾・林多一郎・小口四平などの名が見えます。当時一流の技術者を集めた一大プロジェクトでした。事務所棟外壁の彫刻は、大阪の左官橋本某（岡谷橋爪源郎の親方）の手になり、壁面より三〇チセンも盛り上げられ、普通では考えられない技巧がこらされているそうです。また浴場棟外壁の彫刻は、日本橋の欄干彫刻で知られる高梨三五郎（コテ絵の伊豆長八の系統）の弟の指導で、宮坂兼人が高い足場に登って制作した力作といいます。

「千人風呂」と呼ばれた片倉館は、諏訪湖畔に出現した昭和モダンの夢の世界でした。洋式庭園には、魚が泳ぐタイル張りの大きな円形水盤があって噴水が上がり、これも新しい都市景観でした。たいへんな人気を集めて観光名所になりました。

私は先日、富岡製糸場を見にゆきましたが、平日なのにお祭りのようなにぎわいで、年間百数十万人もの観光客が訪れているとのこと。わが国最初の木骨煉瓦造りの洋館三棟は国宝になっていました。

富岡製糸場が日本の近代製糸業の原点なら、国の重要文化財・片倉館は、製糸王国の時代を記念する建築物といえるでしょう。落ち目の諏訪観光の救世主になってもらいたいものです。

諏訪出身の建築史家・藤森照信は「全国を見回しても、これだけの浴場建築は他に例がない。

規模が大きい上に、姿が浴場らしからぬ本格的西洋館で印象深い。日本の浴場建築の傑作を挙げろというなら、東の片倉館と西の道後温泉の共同浴場を両横綱といっても言いすぎではない」と書いています（諏訪清陵高校同窓会報）。

片倉館が出現すると片倉湖畔（湖柳町）に、豪勢な唐破風屋根の玄関や格天井の宴会場をもつ「鷺の湯」や、木造三階建ての長大な建物の屋上に、朱色の屋根の展望室を乗せた「吉田屋別館」、洋館建築の「布半」といった旅館が続々と建てられ、昭和モダンの温泉リゾートが形成されました。これらの魅力的な旅館群は、残念ながら戦後、ホテル風の建物に建て替えられてしまいましたが、それら戦前の湖畔の建築物群からイメージして戦後書かれたのが横溝正史の小説『犬神家の一族』の「犬神屋敷」です。正史は病気療養のため昭和九年七月から十四年末まで、上諏訪町の湖柳町や大手町で暮らし、湖柳町時代には毎日のように片倉館周辺を散歩していたということです。正史一家が住んだ湖柳町の家は、倒産した山十組が手放した宅地に建てられた貸家でした。

片倉館隣の諏訪市美術館はもと片倉懐古館です。三代兼太郎（脩一）が昭和十八年に、旧富岡製糸場関係の資料などを収蔵するため建てた帝冠様式の建物で、戦後、諏訪市へ寄贈され、県下はじめての公立美術館となりました。

＊片倉館建設当時、財団法人の営業申請は施設建設後とする規定だったため、一般住民に開放されたのは四年九月。それまでは専ら工女たちが入浴を楽しんだ。当初は自前の温泉源をもち、この辺（あた）りにしか湧出しない薄茶色の湯にも特色があったが、戦後の温泉統合で市営温泉の供給をうけ透明な湯になった。現在も㈶片倉館が運営。

物見遊山ではなかった二代片倉兼太郎の外遊

片倉製糸の総帥・二代片倉兼太郎社長（佐一）の外遊は、物見遊山ではありませんでした。ビジネス第一、頻繁に片倉本社と電報のやりとりをし、糸況予測と財務、傍系会社への投資などについて細かく指示しています。その「電信往来」が松村敏氏によって掘りおこされ、二代兼太郎社長がどのような指揮をしていたかを見ることができます（『戦間期日本蚕糸業史研究』）。

一例を挙げます。当時片倉は経営多角化の一つとしてソリデチット（高級特殊混合セメント）製造に乗り出すか否かの意思決定を迫られていました。今井五介副社長がソリデチット製造に意欲的で、特許権を買い取っており、兼太郎社長が欧米の需要予測と製造工場を調査して、採否を判断することになっていたのです。

兼太郎社長は大正十二年三月十三日、ブリュッセルから片倉本社へ「モンス工場見タ　二四時間産額六百トン内ソリデチート百分ノ五ヨリ需要ナイ　コノ工場建設七百万円カカル　断然ヤメタイ　特許権オシイト思フナラ残金払ヒ技師解雇シテ時期ヲ待タレタイ」と打電し、さらに二日後、常務の武雄（甥）と専務の脩一（子）に「昨電ノ通リ新設ニ多額ノ資金ヲ要スルユエ十、二十万円ハドーデモヨイガ今後数百万円ノ支出ハ会社ト同族ノ信用保ツ不得策ユエ兄上（今井五介）ニ是非見合ハセルヨウ余ニ代リテオ諫メ申セ」と打電しています。

この兼太郎社長の判断で片倉は、三菱商事との共同出資による日本ソリデチット㈱設立に持ちこみ、片倉の投資は二〇万円に抑えられました。二代兼太郎の炯眼（けいがん）がなければ、片倉は危ない出費を負うところでした。

二代兼太郎社長は毎日のように本社と電報のやりとりをし、三月二十八日にはロンドンから本社へ、紡績部門の分離（日東紡設立）について、詳しく指示する電報を打っています。そればかりか、欧州から米国へまわる際、ブラジルに四万町歩の土地買収をすることを決定しています。将来を見こして海外進出の構想をもっていたことが推察されます。

このように、二代兼太郎社長の欧米視察は、きびしい経営判断を重ねる毎日。その間をぬっての温泉施設視察だったわけです。二代兼太郎が亡くなったとき（昭和九年）の個人資産は一〇万五〇〇〇円だったそうです。社会貢献に八七万円を投じた片倉館の建設は、片倉同族会には重い負担だったことがわかります。八七万円といえば大製糸工場をいくつか建てられる大金でした。

諏訪大社秋宮の外苑「山王台」を復活させた「二代さん」

二代兼太郎は、関東大地震のとき、東京へ二千俵の救援米を送っています。また靖国神社に石の大鳥居と、高村光太郎作の狛犬を奉納しているほか、諏訪大社氏子会の初代会長として、大社へ多額の寄付をしています。諏訪明神のお子神の一人に「片倉辺命」があることから「二代さん」と呼ばれた佐一は、諏訪大社には特別の思いを持っていたらしく、諏訪大社が編纂した『諏訪大社復興記』は「二代片倉兼太郎は質実剛健にして、敬神崇祖の念篤く、諏訪大神の神徳の発揚、神社の興隆発展については生涯を通じ、巨額の浄財をささげられ、あるいは神域を整備拡張し、社殿を造営し、また祭具を献納するなど枚挙にいとまなく、大社今日の隆盛の礎を築かれた」と称讃しています。

その一つとして、下社秋宮山王台と、上社本宮神苑下の民有地を買収して諏訪大社の外苑として整備したことを挙げています。

本書をまとめる機会に、山王台について少しふれておきます。ここは下社大祝（おおほうり）・金刺（かなさし）氏一統が拠った「霞城址」と伝えられ、諏訪湖を一望に収める景勝の地ですが、時代が下り下社が衰えるにつれていつの間にか、民有地になっていました。これを「二代さん」が川岸村へ寄付する形で民地（二二〇八坪余）を買い上げ、秋宮の外苑として整備すると、写真師が出張しているほど、観光客でにぎわったそうです。私にも幼時、叔母とともに山王台の神橋で写真師に撮ってもらった一葉の写真があります。

二代さんが昭和九年に亡くなると、二年後に二代片倉兼太郎の銅像が山王台に、川岸村と生糸同業組合によって建てられたのですが、戦時中の金属回収で銅像は撤去され、山王台の土地は戦後、川岸村から大社へ無償譲渡されました。

諏訪湖は諏訪信仰の淵源の地のひとつです。山王台は、秋宮参拝者が、諏訪湖を遥拝する場所でもありました。

ところが戦後、町長になった人が、ここに国民宿舎を造るというふれこみで、長野県企業局ご用の観光会社の施設を誘致し、出来てみるとこれが、諏訪湖の眺望を一人占めするホテルで、歴史を知る人たちを嘆かせ、在来の旅館の経営を圧迫することになりました。このホテルの借地権が切れる年がきて、諏訪大社の平林成元前宮司が、山王台を旧地にかえすことを熱望したことから、ホテルの建物は撤去されて更地になったのですが、歴史に関心の薄い世代の人たちは新ホテルの建設を強く求めているといいます。

山王台は、一段下の高台・神殿（ごうどの）（下社大祝の居館跡）、さらに下方の犬射馬場（いぬいばば）跡と共に、神技を謳（うた）われた下社武士団の力の源泉の地。歴史遺産として重要です。

この山王台を、祭事場にして行くことで下社の参拝客を増やし、八幡坂を門前町にしようと考える世代に対し、若い世代は、ホテルの集客力に期待する、考え方の違いが出てきているのです。

下社の境内地の一郭である山王台を、秋宮の外苑として守ることができれば、御射山相撲の復活など、諏訪大社を盛り立てることができるでしょうし、発生が迫っていると国が警告する糸静線大地震の際の避難地・仮設住宅用地にも充てられるなど、大事な役割をはたすことでしょう。しかし、残念ながら山王台問題の先行きは悲観的と伝えられます。

片倉歴代社長の勉励

ここで片倉が、巨大化した製糸工場群をどう管理していたかを見ておきましょう。片倉が全国と朝鮮に展開した工場は、傍系を合わせると六二にのぼっていました。

これを統率（とうそつ）するのに片倉は、ほぼ同族のみで構成した取締役会を頂点に、独特の地方監督制を敷いていました。東北・関東・北陸・北信・諏訪濃尾・中部・高知・九州・朝鮮の九地方監督部を設け、昭和二年には専ら取締役・理事が監督を担当しましたが、やがて幹部社員も任用しています。

取締役・監査役は頻繁に全国の工場をまわり購繭・繰糸・工場管理・工女募集その他について指示しています。特定の役員が支配することなく、経営陣のほぼ全員が全工場を把握できる態勢だったといいます。勤勉な重役陣でした。

二代兼太郎はその筆頭で、昭和二年の地方行脚を見ると、一月から十月上旬まで関東の工場・蚕種製造所・大宮の研究所を頻繁に巡検し、一月十日から東海・近畿・中国・九州・中国・四国と回って諏訪に帰り、十一月には東北・新潟を巡回して諏訪で正月を迎えています。

6条取り繰糸機の工女
指導しているのは教婦（昭和初期）
（岡谷蚕糸博物館所蔵）

片倉研究の松村敏氏はこの二代兼太郎について「六十六歳という高齢をものともせず、しばしば深夜まで工場に滞在して列車に乗り、早朝次の工場に到着してただちに工場巡視を始めるといった強行スケジュールでの工場巡視を、他の同族と同様に毎年続けていた」「若干の同族を各地方に地方監督などとして常駐させ、二代兼太郎以下の残りの同族は手分けして年じゅう工場巡視に奔走し、購繭期などには同族首脳の多くは毎朝東京本社に結集して、刻々と変化する情報を分析して、各所に指令を発するというのが戦間期（大正八年―昭和十六年）の片倉の経営スタイルであった」と述べています。

初代兼太郎・今井五介・二代兼太郎の三兄弟は、風格ある長い頬髭が共通して、特別の存在感がありました。

次男光治は地味一方の人で、表に立つことなく長兄兼太郎を支えましたが、この光治の子は秀才ぞろいで長男武雄・次男三平はともに東京高蚕（現・東京農工大）卒、武雄は片倉の常務、三平は片倉系の日東紡績の社長になって活躍し、四男五郎（東大経済卒）は三代兼太郎の養子になって片倉本家を継ぎ、片倉製糸紡績㈱取締役をつとめました。

二代兼太郎の長男で東京高蚕卒の脩一（三代兼太郎）はぐっと現代的な紳士でしたが、勉励と果断な判断力は、片倉家の家風をよく継ぐ人物といわれました。日銀総裁をつとめた渋沢敬三は、親交のあった三代兼太郎を「大胆と細心、老熟と稚気、豪放と緻密、熱情と冷静、親切と冷厳、理知と情味などと相反するものが一人の人の心に渾然と同居し、折りにふれ、時にしたがい淀みなく双方が必要に応じ、矛盾することなく発現できる方、そんな風に感じておりました。（…）諏訪湖畔に懐古館を建て、蚕糸資料を保存された意図には満腔（まんこう）の敬意を払いました」と評しています（嶋崎昭典『初代片倉兼太郎』）。

＊二代片倉兼太郎は昭和八年七月、片倉製糸紡績㈱の社長を今井五介に譲り会長となって翌九年一月没。脩一が三代片倉兼太郎を襲名して昭和十六年、五介から社長を譲られて片倉工業㈱に改称。

同社顧問の今井五介は政府委員などつとめ昭和二十一年没、三代兼太郎も翌二十二年急逝。オーナー家社長はこれが最後となり、後任社長に九州鳥栖(とす)製糸所長から取締役原料部長に抜擢されていた野崎熊次郎が選任された。

岡谷聖バルナバ教会、畳敷きの教会堂

片倉館ができた昭和三年、平野村本町に建てられた岡谷聖バルナバ教会の教会堂は、「畳に座りたい」という工女たちの希望で、会衆席が一七畳の畳敷きになっている異色の建物です。本部（英国国教会系の日本聖公会）は下諏訪に教会を建てる計画でしたが、工女たちに福音を与えたいというカナダ人司祭（ホリス・ハミルトン・コーリー）が、岡谷への建設を推進したといいます。宮坂正博さんの最近の研究で、設計施工は諏訪建築㈱の棟梁宮坂健治（藤森照信の母方の祖父）と判明、同時竣工の牧師館は解体されたということです。

製糸王国、岡谷地方に二一四工場

片倉館が正式開場した昭和四年が、製糸業の全盛期を画する年となりました。米国の絹織物工業の生糸消費量が八〇〇〇万ポンドと、最高を記録した年です。世界の生糸消費総量の約九割に当たります。その約九割が日本からの輸入でした。

＊この年、丸万製糸（小松米蔵）が長工式接緒器つき繰糸機を導入。

製糸業が下り坂をたどり始めた昭和五年、岡谷地方の製糸工場数は二一四工場（三万九六一釜。

一工場平均一四五釜）生産量は九九万八四六八貫に達していました。地区別工場数など見ておきましょう。

【平野村】一〇四工場（二万一六九八釜）一工場平均二〇九釜　生糸生産量七〇万六七〇五貫（うち輸出九五％）

【川岸村】五八工場（五六三九釜）一工場平均九七釜　生産量一八万九六〇一貫（うち輸出八四％）

【湊村】三三工場（二〇八一釜）一工場平均六三釜　生産量五万六九九六貫（うち輸出七一％）

【長地村】一九工場（一五四三釜）一工場平均八一釜　生産量四万五一六六貫（うち輸出四一％）

（長野県生糸同業組合連合会「製糸工場調」から小林宇佐雄氏が算出した数値による）

下諏訪と隣り合う長地村は、国用製糸工場が多くなっていることが見てとれます。

村内に五〇〇釜以上の個人経営製糸が八社

大手製糸が法人化した一方、個人経営で五〇〇釜以上を擁して健闘していた準大手・中堅製糸家が、昭和五年、岡谷地方だけで八社ありました。それをここに挙げておきます。

・山二笠原組（笠原房吉）　村内外に四工場、計二三八〇釜
・角吉高木製糸場（高木卯之助）　村内外に五工場、計八六〇釜
・入丸一組（尾澤辰之助）　村内外に二工場、計八四〇釜

・丸正林製糸場（林秀左衛門）　村内外に四工場、計八二六釜
・丸ト笠原組（笠原喜助）　村　内に二工場、計七二八釜
・金ル組（林福松）　村内外に二工場、計七〇二釜
・山吉組（小口吉左衛門）　村内外に三工場、計六七八釜
・丸Ａ林製糸所（林清吉）　村内外に三工場、計五四六釜
＊同年、村内大手五社（山十・小口組・岡谷製糸・山一林組・片倉平野製糸所）の総釜数は村内外を合わせ二万七〇〇〇釜にのぼっていた。（『平野村誌』）

シルクの街の賑わい

世界一のシルク産業地帯になっていた岡谷地方は、「千本の煙突」と形容された高い煙突が並び立ち、のこぎり屋根の横長の繰糸場と、白壁の繭倉庫が街を埋めて、活気にあふれていました。煙突の煙で「岡谷の雀はまっ黒けのけ」とはやされるほどの工業都市になっていたのでした。

製糸業は裾野がひろく、一〇（まる）商店（中村七五郎）などの副蚕糸商や、サナギから油・飼料・肥料を生産した小口製肥合資会社などの加工業者も繁盛していました。

さらに機械メーカー・鉄工業、煮繭用の浸透剤などの薬剤をつくる化学工業・燃料商・運送業・建設業などの仕事が増えて、諸国から人が集まってきていました。今井久雄著『村の歳時記』には、糸の町に流れついた祭文（説教節）語りの芸人が、ふだんは製糸のくず物（キビソなど）を集めていた話を収めています。

糸都岡谷

林立する製糸工場の煙突と白壁の繭倉が展開する（昭和初期）

（岡谷市蚕糸博物館所蔵）

大量に出る石炭殻を煉瓦に焼く業者も創業し、その灰色の煉瓦で倉や住宅が建てられています。私が朝湯で親しくなった老人（大正十三年生）は、「わしの爺様は岐阜の田舎の生まれだが、製糸の諏訪へ行けば職にありつけるというのでやってきて、大八車で物を運ぶ仕事を始めた」と話してくれました。各地から岡谷へきて住み着いた人たちには、百人百様のドラマがあったことでしょう。

輸出用生糸につける美麗な商標を刷る印刷業も発達し、製糸関連の情報を多く載せた「中央蚕糸新聞」（明治四十二年創刊の「諏訪夕報」の後身）をはじめ「信州日日新聞」「信濃新聞」「岡谷毎日新聞」など幾つかのローカル新聞が発行されたのも、製糸の街の特色でした。

工女さんも、富山や佐渡島からもやってきました。朝鮮半島からも、大正七年の一〇人を先陣として、たくさんの娘さんが海を渡ってきてくれて、寄宿舎で、日本の娘さんたちと仲良く暮らしていました。その中には、作家・金達寿（キムダルス）のオモニ（お母さん）もいて、彼女は川岸の製糸工場で働いたといいます。

工女は、岡谷地方だけで三万四〇〇〇人を越えていました。その購買力は大きく、岡谷の中央通りや下諏訪の御田町通りは、工女さんによって発展した商店街です。

岡谷蚕糸博物館長をつとめた伊藤正和さんは次のように書いています。


就業以外は外出自由でしたから、夕方になると、中央通りは若やいだ女子工員でいっぱいになりました。ことに夏などは、浴衣に黄色や黒のモスリンの三尺を胸高く中広に締めた女子工員が、工場の門を出てくる風景によく出合ったものです。

小商いの店やマーケット風の店、呉服店、化粧品や石けん・チリ紙などを売る小間物屋などの前はにぎやかでした。特に、年末の帰郷直前になると、家族や知人、親類に贈る土産物を求めて、あれこれと友だちと品定めしている様子は、はたから見ても麗（うるわ）しい風景でした。とにかく製糸全盛時代の岡谷のまちは若い娘さんたちでにぎわい、活気に満ちあふれていました。ですから女子工員の帰ったあとの岡谷のまちは火の消えたような寂しさでした（『ふるさとの歴史　製糸業』）。

岡谷蚕糸博物館の企画展「工女さん」で、製糸工場のゴミ捨て場から発掘された、化粧水のきれいな色の小瓶が展示されていましたが、その他に、工女さんたちに人気があったという、モダンなデザインの紙箱入りのクリームや「小町紅」ブランドの白粉・口紅セットに目を引かれました。香水を買う工女さんもあったということです。それも、製糸全盛時代のひとこまなんですね。

もっとも、香水というのは、髪にしみこんだ繭の臭いを隠すためなんですね。工女さんのいじらしい姿がしのばれます。

髪饐(す)えし教へ子かなし街に逢ふ

これは下諏訪に住んだ俳人・木村蕪城(ぶじょう)の句（昭和二十九年）です。

山一組争議のデモ行進のとき、工女たちが持っていたパラソルがパッと一斉に開いて、花のようだったと新聞が報じたそうで、林嘉志郎講演録に「当時はやった『もしも月給が上がったら』という唄に『私もパラソル買いたいわ』というフレーズがあるから、工女さんたちはそんなに経済的には悪くなかったと思います」とあります。

村内に五五〇店

では平野村に商店はどのくらいあったかといいますと、昭和六年、岡谷連合商業会の加盟店は五五〇店となっています。大恐慌下の数字で、製糸全盛期にはもっと多数だったかもしれません。
地域別店数を見てみましょう（今井・間下・西堀地区は未加入）。

［岡谷商業会］　一五八
［中央通り商工会］（中央通一〜七丁目・東中央通）　一五〇
［平野商業会］（小口・小井川）　九八
［新屋敷実業会］（新屋敷表通り）　七八
［湖北商業会］（下浜・小尾口）　七二
［丸山橋通り商工会］　四七

これは大恐慌前の話ですが、中央通り（一・二km、明治四十一年開削）には洋品店・小間物店・化粧品店・履物店・書店・薬店その他さまざま店が、広くない道の両側に軒をつらね、岡谷市民新聞の表現を借りると「街がまるごとデパート」になっていて繁盛し、岡谷日日新聞の懐古企画「岡谷いまむかし」には「四丁目の角には夜店がズラリと並び、夜ともなれば工女衆で押すな押すなの大盛況が続いた」とあります。七丁目にあったタクシー会社「貸切今井自動車商会」には、五人乗り・クランク付きのT型フォードが二台かっこよく並んでいて、乗車料金はメーターなしで今の岡谷市内五〇銭、下諏訪まで八〇銭でした。粋な鳥打帽の運転手の月給は二五円。

また岡谷キネマや電気館といった映画館も大入りをつづけ、生田写真館（明治三十年九月開業）も工女さんが上得意でした。新屋敷岡本町の花柳街は、最盛期（昭和十年代なかばまで）には芸妓さん二十人余を数えたといいます。岡本町あたりには「キング」などのカフェが現れて、ネオンを点けた「バッカス」という名の店もありました。日本のカフェは洋風の酒場でこの地方では「カフエー」と呼ばれ、白いエプロンを着た「女給」が蓄音器にレコード盤をかけ、ダンスのお相手もして、岡谷では日中戦争ころまで「カフエー」の時代が続いたといわれます。

川岸村・湊村・長地村の商店も、工女さん向けの品々を店頭に並べていて、特に川岸村は活気があったそうです。

下諏訪には温泉銭湯（「菅野の湯」と「矢木温泉」）を核にした商業集合施設「共和デパート」と「エビス市場」があって、岡谷からも集客して賑わいました。

そもそも岡谷・下諏訪など湖北地方は、諏訪地方で「下筋」とよばれ一帯感がありました。「製糸王国岡谷」はこの地域の総称といえます。

夜の街へくり出した工女さんたちで賑わう中央通り商店街

（岡谷蚕糸博物館所蔵）

製糸で働いた記念に伊達金歯

工女たちの間で「伊達金歯」が流行ったのがそのころでした。口許のおしゃれとして、一本の歯に金冠をかぶせるのです。糸取りだった私の叔母の一人（明治四十四年生）がその金歯をはめていました。歯の根元に、ひかえめな上弦の月形の薄い金をはめている元工女さんもいました。お金がなくて、そんなささやかな金歯にしたのかもしれませんが、そっくり金冠を被せるより、この方がチャーミングでした。

工女さん向けの金歯で繁盛した、技工士上がりの腕のいい歯医者さんがいたという話を、私はある歯科医から聞いています。

岡谷市蚕糸博物館の『研究紀要』は、元工女からの聞き取りも収めていますが、その中にも、製糸で働いた記念に金歯を入れるのが流行ったという話が出てきます。山一林組で糸取りをした石原キヨさん（明治四十五年生、出身地不詳）はこう語っています。

みんながあんま苦労したんがな、記念にみんなで金歯入れるか指輪買うか、ウチの村から二〇人ばか行っていたがの。それでおれが部屋長だんがの、みんな金歯入れた。歯医者さんが、もったいねえ、そんないい歯をっていった。五円だった。ひと月も稼がねばならんかった。五円だったが流行（はや）った。おしゃれだった。結婚式かなんかあったとき、親戚の爺さんが「今の若いもんは金歯なんか入れて、おれは下駄の歯でも入れようか」って唄った。みんな金歯を入れていた。腕時計買ってる人もいたよ。指輪はめた人もあった。記念に。虫歯になって歯医者がやってくれるって嘘（うそ）いって、夜、外出券もろうて入れてもらった。そうしたら見番さんが「お前も嘘つき上手になる」って、「イダさん嘘つきが上手だって」。みんな入れた。

あっち見てもこっち見ても金歯がポコポコ。ウチの衆に五円だと言ったらたまげて、のし。

五円は大金です。やはり山一で働いた諏佐キクさん（明治四十二年生）は「そのころの五円だで、えらいもんだ。おれの友だちもそういうことを言っていた」と話しています。「記念に」と思い切った散財、豪勢です。これも工女たちの実像のひとつです。金歯を光らせた工女さんたち、男どもをたじたじとさせたことでしょう。

〽工女工女と気やすくいうな
　十日一両（円）や月三両の／はした男は目にかけぬ

威勢のいい糸挽き唄です。見番も、うかうかしてはいられません。

立川昭二『昭和の跫音（あしおと）』（『筑摩書房』）によると、昭和十二年ころ、東京で金歯が流行し、遊里の女性は一〇人に七人くらいが金歯をはめていた、とあります。岡谷の製糸工女の方が先を行っていたかもしれません。

元気だった工女たち

明治四十五年生まれの宮坂水穂さん（みそ醸造業・上諏訪）からは、元気な工女さんたちの話をうかがいました。旧制高等学校の学生時代（昭和四―六年）の思い出話です。夏休みに帰省して、岡谷駅近くで石炭など扱う丸三兄弟商会に勤めていた中学校の旧友を訪ねて、一緒に呑もうと、製糸工場の前の通りを歩いてゆくと、寄宿舎の窓から工女さんたちがいっせいに身をのりだして「よう、いい男！」「こっち向いてぇ」などと、きゃあきゃあの騒ぎになって、二人は赤面して逃げ出したというのです。旧制高等学校の学生服姿に「金色夜叉」の貫一を連想したのかもしれません。それは元気な娘たちだったそうです。青春の健康なエネルギーの発散なんですね。

　そして二人が、当時はやりのカフエーでビールをのんでいると、開けはなしの表戸の前へ工女さんが、入れ代わり立ち代わり現れて、中をのぞいて行ったそうです。好奇心旺盛な工女たちの姿がイメージできる話でした。

　宮坂さんは作家・新田次郎（上諏訪）、劇作家・阿木翁助（おうすけ）（下諏訪）と旧制諏訪中学校同期でした。阿木さんは、岡谷の陸川製糸の監督だった父親が早世したため、独学で世に立とうと上京し、新聞店員をしながら築地小劇場演劇研究所に学び、二十二歳で「ムーラン・ルージュ新宿座」の座付き作者になった若き才能です。座ぐりの出し釜を営んだ母親のことや、糸の町への限りない思いをつづったエッセイを書いています。

　それで大事な話があります。宮坂さん・新田さん・阿木さんが旧制中学校を卒業したのは昭和四年です。この学年は、修学旅行を取り止めたというのです。宮坂さんは「生徒の中から、修学旅行なんてつまらんものは止めにしよう、という意見が出て中止になったのだが、いい出したのは岡谷の製糸家の息子だった。製糸が不況で、修学旅行どころじゃなかったのだと思う」と話してくれました（諏訪中は生徒自治が伝統）。

新田さんの生家・藤原家（諏訪市角間新田）は、養蚕農家特有の大きな総二階の造りです。大恐慌の繭価激落で打撃を受けたのではないかと想像するのですが、新田さんの書いたものにそうした記述は見られません。藤原家は水田を小作に出す大百姓でしたから、養蚕への依存度は低かったのかもしれません。

製糸工場の多くが、暮れに帰郷する工女さんへ、反物一反を配ったりしたことはよく知られています。高遠美術館起ち上げの基になる美術品を寄贈した画商の原田政雄さん（明治四十一年生）からは「上諏訪の呉服屋の小僧だったころ、湖南村の金長金子製糸なんかへ、反物を運んだものさ」という話を聞いています。反物は工女さんのほぼ全員にくばられたので、その量は半端じゃなかった、ということでした。

銘仙の新柄の着物を着て、片倉館へ遊びに行くのが愉しみだったという、もと工女さんの話も聞いています。入館料は一〇銭くらいだったようです。

水色のバス

糸の街には諏訪自動車（大正八年設立）の水色のバスが走っていました。フォードとかダッジ・ブラザーズとかのアメリカ製もまじえたボンネット型のバスでした。丸にSのマークをつけた水色のバスは、みずうみの国諏訪に似合いでした。住民から「マルS」と呼ばれて親しまれていたのですが、戦後、会社が松本電鉄の傘下に入り、個性のないクリーム色のバスになってしまい、住民をがっかりさせたものです。考えてみれば水色のバスは、製糸王国諏訪のシンボルの一つだったのだと思い当たります。

諏訪自動車㈱は、平野村・川岸村の有志によって資本金二万円で設立され、すぐ一〇万円に増資、「乗合自動車」を川岸村橋場─茅野矢ヶ崎間に運行し、大正十三年、初めて「大型乗合車」(十二人乗り、箱型フォード)を購入、と『平野村誌』にみえます。それまでどんなクルマを使っていたかは不明。大正十四年には、県下で初めての女子車掌(四人)を採用して話題になったといいます。諏訪は、長野県の経済をリードする先進地だったのです。

岡谷駅前にあった丸S本社の社屋は、アメリカ風の二階建て洋館で、社屋につづく駅側の三角地に建てられた堅固な赤煉瓦(れんが)造りの待合室は、残っていれば文化財級の見事なものでした。戦後の都市改造で姿を消したときには大きな欠落感を味わったものです。

宝冠型の屋根など威容を誇った一山カ本社事務所や、黄土色の壁(スクラッチタイル張りか)がモダンだった洋館建ての旧川岸村役場、赤煉瓦防火壁の諏訪倉庫の大倉庫群などもなくなり、製糸王国岡谷の風景は様変わりしているのですが、それでも岡谷の街を歩くと、ゆとりのある空地や、製糸家の家らしい構えの家、つつましい住宅など、あちこちに製糸の時代の残映を感じる景物と出合うことができます。


白き倉庫の下を歩めば繭をほすにほひは今もこもるかと思ふ

これは諏訪出身の歌人宮地伸一(「アララギ」選者)の昭和四十四年の作です。

女子従業員らの生け花講習
（昭和初期『片倉製糸紡績二十年誌』より）

ローマ字で日記書く工女

話は前後しますが、フル操業する大手製糸工場は、工女を交代で休ませる制度を、昭和二年に始めています。交代制工場主組合が休日の奨励と、福利厚生・余暇の拡充をはかり、工女の補修教育に力を入れました。

補修教育では専属教師が読み書き・裁縫・作法・一般技芸などを教えています。組合が独自に作った『女子国語読本』を開いてみると、漱石の『草枕』の一節「峠の茶屋」や啄木の短歌「ふるさと」などを収め、与謝野晶子の「手紙を書くこと」につづけて手紙の文例も載せています。

工場内には図書室や書棚が設けられ新聞・雑誌も読めて、ローマ字で日記を書く工女さんもあったといいます。

私はもと工女さんの歌集二冊、自分史の本三冊の出版のお手伝いをしました。皆さん勉強家でした。歌集を編んだ一人はミハト製糸勤務時代に、会社の短歌教室で歌人岩波香代子に学び、歌の道に入ったということです。自分史をまとめた三人は吉田館、山吉組、竜上社で働いた職場を懐かしんで書いています。結婚してから出し釜で稼いだ思い出では、疲れる母をいたわって、男の子が糸枠運びをしてくれたといった話もあって感動させられます。こうした本にも糸の街の諸相が記録されているのです。

＊私が出版を手伝った元工女の著書　中村くに歌集『春の水車』、浜薫歌集『花灯り』、池上健子『ねえやん』、田端ヨシエ『わが道』、加藤久子『蛍の里に老いて』。

飛騨から来た元工女が市議に

元工女で岡谷市議になった篠原はつさんも、自分史『飛騨で生れて七十五年』を刊行しています。篠原さん（旧姓役田）は明治四十一年、岐阜県大野郡宮村の小作農の家に生まれ、小学校を終えて、十三歳のとき、野麦峠を越えて岡谷の製糸場へやってきた方です。幼時の暮らしについて「米の御飯は正月、お祭り、お盆のときぐらいで、普段は粟や稗を入れて食べ、魚は月に一度か二度、秋刀魚は一匹を三分の一くらいに分けてもらい、味わって食べていた」と書いています。風呂は五日に一度、近所隣が呼び合う貰い風呂だったそうです。

糸取りについては「椅子に体の右を斜めに出す形で座り、左の足は常に踏み上げ（ブレーキのペダル）に軽く置いて、糸枠がいつでもさっと止められるようにしていた」など、正確に書いていて参考になります。

はつさんは天性、頭脳と運動能力にすぐれた人だったようで、一年目の帰郷に七十円を持ち帰っています。家では祖母がそのお金をお盆にのせて仏壇に供え「ご先祖様、はつがこんなにお金を持ってきてくれました。ありがとうございました。失った田と畠を買い戻すお金に使います」といい、その姿を見たはつさんは「子ども心にも、この家は私が働かなければいけないんだ、来年も工場へ行って、もっともっとお金をたくさん持って帰るんだと思った」と書いています。

二年目も稼ぎがよかったようで、明けて三年目の新春にはどうしても大正琴がほしくて高山の町まで出て一円五〇銭で買い、それを背負って工場へ来ると大人気になって、はつさんの部屋にみんなが演奏を聞きに集まったということです。工場では、入荷する繭の糸目を調べる「口挽き工女」になったといいますから、最優秀工女だったわけです。その年の稼ぎはなんと二百円。「二百円工女はあまりいなかった」と本にあります。

そんな工女暮らしをしていたある日、「産婆」の看板の家から出てきた長い袴をはいた女性が、迎えの人たちから「先生」といわれ、自転車に乗って颯爽（さっそう）と出かける姿を見て、糸取りで一生終わりたくないと思うようになり、下田歌子の『社会一般教養』の講義録を買い、寮の廊下の暗い電燈の下でよむ勉強を始めたといいます。

そして、諏訪倉庫間下支店の入り口脇に産婆の看板を出していた小林よねさんを訪ねて相談すると、県が行う産婆の資格試験を受けるには、産婆か医師の許で一年以上、住み込みで勉強しなくてはいけないことが判り、大正十五年暮れ、工女をやめる決心をして帰郷せず、家へのお金は妹に託し、明けて昭和二年一月二日、三十円のお金を持って小林先生の家に住みこみ、医師会の講習会も受講するなど勉強に励み、昭和三年四月、山梨県の試験を受けて見ると「学説」で合格、実技では落ちたけれど、五月、長野県の試験では合格し、岡谷医師会長花岡一正ドクターの医院に看護婦見習いに住みこんで働きながら勉強して、看護婦試験も突破、小林先生の支援があって、晴れて産婆として独立できたのでした。

勉強ひとすじの青春でしたが、たびたび諏訪倉庫へ電話を借りに行っていたのが縁になって縁談がもちこまれ、二十四歳のとき、諏訪倉庫社員の篠原青年（南佐久北牧村出身）と結婚、産婆としても活躍。昭和四十六年、岡谷市で初の女性市会議員となって三期つとめ、保健会館の建設や図書館の充実など、主に社会福祉や教育問題に力を入れ、女性の立場から、市長の政治姿勢についての質問もしています。

バレエ踊る工女、諏訪響の前身も誕生

小口幽香さんの回想記『製糸王国の時代に生きて』には、山十組の演芸会で、上諏訪から通いの工女が、バレエの踊りを披露したとあります。ボイラー室では汽缶助手の少年が、休憩時間にバイオリンを弾いていたという話もあります。

工場の娯楽室にピアノを置いた工場もあったと、岡谷蚕糸博物館の企画展「工女さん」の展示にありました。こうしたシルク工業都市から、諏訪響の前身・諏訪ストリングスソサエティが生まれたのは大正十三年のことでした。リーダーの今井久雄さん（『村の歳時記』の今井さんとは別人）は、親譲りの製糸場を経営したあと上諏訪で楽器店を開業した人です。長男光也さんは東京オリンピックのファンファーレ作曲者です。

片倉製糸平野工場は昭和二年、ＳＳＳと工女の第二回合同演奏会を開催しています。プログラムを見ると、管弦楽合奏ワグナーの行進曲「双頭の鷲」で幕を開け、セロ独奏・独唱・ピアノ連弾・ギター独奏・工女合唱団の三部合唱「子守歌」「吉野山」などとなっています。七〇人の工女コーラスが生まれていたのでした。

工女の諏訪土産（みやげ）

多条繰糸機の職場は、工女さんによる緻密な管理が必要でした。定められた粒数の繭が常に一口に付いていなければいけないので、糸が切れれば手早く修復します。その遅れが糸条斑を作ってしまいます。ざそう機の工場では六条取りも試みられていて、それをこなすのに工女さんたちは懸命でした。一方で楽しみもありました。

うらぼんの休みの日なれや女工等は湖の舟に唄ひつつをり

アララギ派歌人今井邦子が昭和六年、下諏訪へ帰郷した折の作です。片倉が下浜にあった岡谷港から、汽船で従業員を片倉館へ運んだといいますから、その情景かもしれません。邦子は翌年、岡谷の様子をこんな歌にしています。

工場の裏少女いで来り繋ぎたる舟にくだりて物洗ひをり

窓むきに枕ならべて病む娘らを見てすぐるよりすべなし吾れは
製糸工場たちそびえたる街なみは昼ひそまりて業につくらし

帰郷する工女たちに諏訪土産として人気のあった商品に、豆菓子「諏訪湖豆」や「かりん砂糖漬け」の缶詰、諏訪湖の鮒(ふな)の雀焼きなどがあって、今も郷土名産になっています。上諏訪の精堂は工女むけの団子を作り、湖上を舟で岡谷へ運んで人気を博したといいます。

菓子といえば岡谷の精良軒は、片倉・山一・小松・小口といった製糸会社の社名入りの落雁(らくがん)を量産し、その木型を保存していて、こうした物にも製糸全盛期の面影をしのぶことができます。

東京では昭和モダンの幕が開き、断髪のモダンガール（モガ）、ロイド眼鏡のモダンボーイ（モボ）が銀座を闊歩(かっぽ)したのが、このころでした。昭和モダンといっても、戦争へ落ち込むまでの、わずかな間の、あだ花のようなものでしたが。

昭和モダンといえば、岡谷の製糸場の中には撞球(どうきゅう)（ビリヤード）室を設けた会社もあったそうです。緑色の撞球台はちょっと豪華です。

スポーツでは、中谷原頭に造られた陸上競技場で開催された製糸合同運動会は、たいへんな盛り上がりだったといい、大観衆を集めた写真を蚕糸博物館で見ることができます。

煙突女学校

私の母八重子（明治四十一年生）は、若いころ山二笠原組と入一組で糸取りをし、老年になっても糸取り仲間とのつきあいをつづけ「重ちゃ」「八重ちゃ」「久ちゃ」などと呼び交わして、お茶をのんでいたものです。名に「ちゃ」をつけて呼び合うのが工女たちの習わしだったようです。そんな母の友だちの中には、息子を歯科医にした方もいました。大正から昭和にかけて、女学校へゆく子以外は、大百姓の家の娘でも製糸で働くのが当たり前だったそうで、岡谷では、製糸で働けない娘は一人前とみられなかったといわれます。

〽えび茶はかまに靴はいて／粋(いき)な女学生なによかろ
　たすき綾(あや)とる赤十字／煙突高女国のため

海老茶(えび)の袴(はかま)をはいて、高等女学校へ通学する女学生をわき目に働く工女たちの糸挽き唄です。諏訪では製糸工場をたわむれに「煙突女学校」といいます。

母は、製糸家の悪口をいったことがなかったですね。それで私は山本茂実『あゝ野麦峠　ある製糸工女哀史』を読んで疑問に思い、岡谷の「ふるさとの製糸を考える会」に入らせていただき、製糸のことを学ぶことになったのでした。

ただ母は私の問いに「今とくらべたら（仕事の）時間がずいぶん長かったね」と、おだやかな笑(え)みを浮かべて答えたものです。でも、はなしはそれきりでした。いたって口数が少なく、愚痴を口にしたことのない母でした。苦労なことだったろうと想像したのですが、苦労を苦労ともせずにやり抜いた日々を思い返しての微笑(ほほえ)みと受けとめました。

さきほど申し上げた高野房太郎が心酔した経済学者ジョージ・ガントンは、著書『富と進歩』で、労働時間の短縮こそが内需拡大の鍵であり、これはすべての階級にプラスすると主張（二木一夫氏の要約）しているそうです。これが一八九〇年代アメリカで盛んだった、労働時間短縮運動を基礎づける経済理論だったのだそうです。平成の世の終わりになっても、日本にはまだブラック企業があって、長時間労働・過密労働が解消されていません。

母は自らのことも「語らぬ女」でした。もと工女で、ローカル紙に製糸の思い出を投稿していたYさんから「あんたのお母さんは、入一で優等工女だったんだよ」といわれて驚き、そのことを母に話しますと「食堂に名前を貼り出されて、指さす人がいて嫌（いや）だった」と答えたものです。そんなことは迷惑だったようでした。寮で親しくした甲州の工女に、村祭りに連れていってもらったことがあり、村の若者たちが集まって来て、たいそう賑やかだったという話はしてくれました。とくべつの思い出のようでした。春挽きを終え休業中のことと思われます。

これはどういう事情からか聞き落としたのですが、川岸村の金二製糸（と母はいった）でお手伝いをしたことがあったといい、その工場に朝鮮の少女たちがいて、休日に街で出合うと「お姉さん」といってとびついてきて可愛いかった、と話してくれたことがあります。当時私はたいへん忙しい仕事をしていて、母からの聞き書きをつくることができなかったことが悔やまれます。

劇団民芸が「あゝ野麦峠」を舞台化するとき、脚色の大橋喜一氏が私の家へ取材に見えて、母と会っています。母は「飛騨から来た人たちはまとまりがよくて、手先が器用でした。夜、寮の部屋でよく髪を結い合っていました。髪型は銀杏返（いちょうがえ）しが多く、丸髷（まるまげ）の人もいました。入一では、休日の度に御田劇場で芝居を観せてくれて楽しみでした」と話し、大橋氏は「髪結いの話は台本にとり入れたい」と語ったと湖国新聞の記事（昭和四十四年八月十七日）にあります。

母は、入一組の工場で親しくした「友だち」の一人の方の娘さんがバイオリンを弾き、諏訪響団員の若者と結婚したという話もしてくれて、その「友だち」もインテリさんだった、と母はいっていました。母がインテリさんというのは、学歴などなくても智恵のある人という意味のようでした。近所に住んでいた「ツギさん」という、越後高田生まれで、入一組の見番と一緒になったという老女も、しょっちゅう家へ来てくれましたが、たいへん賢い方でした。

口の重い母が、関東大震災の翌日かその翌日、避難者を乗せた列車が岡谷駅へ着くのを、丸山橋あたりから眺めた話をしたのを思い出します。着く列車、着く列車、どれも避難者がこぼれるほど乗っていたといい、強烈な記憶になっているようでした。

関東大震災といえば、片倉などの製糸会社は社員・工女から救援金を募って東京府へ寄付しています。

「南京錠で工女を監禁！」

細井和喜蔵の『女工哀史』（大正十四年）がヒットしてから、製糸の「哀史」さがしの際物（きわもの）小説が現れるなどして、ゆがめられた話が書かれました。そのひとつが「製糸場は寮に南京錠を掛けて工女を監禁した！」です。山本茂実『あゝ野麦峠』は、廊下の戸に掛けた南京錠の写真を載せていて、恐ろしい監獄を連想させます。

しかし「監禁」はまったく逆の話で、多数の年若い女の子を預かる製糸家は、彼女たちを守ることを親元に約束していて、そのための内側施錠でした。火事などのときは工女とともに寮にいる舎監や部屋長が、錠を開けて逃げ出せました。女子寮のセキュリティーに神経を使うのは常識でしょう。

休日以外の工女の外出を許可制にしたのも、工女保護が主な目的だったといいます。それでも工女の妊娠がかなりあって、諏訪湖へ入水するといった悲劇が生まれました。

工場の外には精力旺盛の若者たちが、目を光らせて群れていたのです。雑誌「季刊信濃路」第三五号（昭和四十五年九月）が載せた現役の老工女小口はつさんの語りには、若いころ、製糸工場から仲間と外出すると、天龍川の橋のたもとに若者たちがたむろしていて「姐(ねえ)さん」と声をかけてきたので「逃げた、逃げた」とあります。しばらくして外へゆくと「あっ！　このあいだの姐さん！」といって追いかけてくる。そうこうしているうちに口をきくようになって、二つ年下の漁師の青年と所帯を持ったのだそうです。シルク岡谷の青春です。岡谷・諏訪地方には、甲州や越後などから製糸場へ働きにきて当地の青年と結婚し、住み着いた方がたくさんいらっしゃいます。

はつさんの語りで興味ぶかいのは、買い物に外出するときは、許可をもらって二、三人ずつ固まって出たが「ほかの工場の者に引っぱられねえようにと小僧(製糸場の少年工)まで付けて出た」、とあることです。工女の引き抜きが過熱していたことをうかがわせます。

また、はつさんは「飛騨高山在で百姓してたわね。正月に近所の娘っこがみんな、べっぴんになって帰ってくるのがうらやましくて、うらやましくてね。きれいに桃割れに結って、紅い鹿の子の手絡（てがら）なんか頭に乗せちまって、本当にうらやましかったねえ。わたしゃ一人っ子だったもんで、家では、外へなんか出さねえっていってたんだけんど、そりゃあ若い娘っ子のこんだもんで、我慢できなかったんだよ。見番さんに来ねえかって紹介されて、おばさんと一緒にきただよ」といっています。

はつさんのご主人は四十六歳で脳溢血で亡くなり、はつさんは糸取りをして子供を育てたという「手に仕事を持ってたから、人様の世話にならなんでこれた」ともいっています。

「十六で岡谷に来て六十年になる」というはつさんが、手拭を髪にのせて糸取りに励む写真には、八十歳ちかい老女の、仕事に集中する迫力があります。そのはつさんの語りはこう結ばれています。

わたしゃ体がきくうちは糸を繰っているつもりだよ。わしの仕事のやり方は、今も昔も、枡（ます）はそんなにたんと（たくさん）取らねけど、まてい（ていねい）に取る。たんとこなしもしねえかわりにバツ（×）も出さねえ。野麦峠を越えてきてから、長い糸とのつきあいだったが、わしゃあしあわせだと思ってるさね。

太鼓判！……片倉の門番のことば

下諏訪町役場の水道部主任をした森杉安太郎さんの、昭和二年から十年代にかけての回想記『製糸の町の水道物語』に、片倉製糸丸六工場の門衛が、夜間の人の出入りを厳しくチェックした話が出てきます。終業時に大門を閉めると、小さなくぐり戸からの出入りになって、門番が目を皿のようにして男が入るのを監視して、詳しく帳面へ書きつけたというのです。夜間の水道凍結予防の巡視に行くと、顔見知りでも門番が細かく書きつけ、かならず工場の担当者が最後までつき添うという徹底した警戒だったそうです。

門番は「工場としても、大切な娘さんを預かって働いてもらっているから、会社に責任があるからね。男野郎に太鼓判でも押されたら、大変なことになるからね」といったとあります。「太鼓判」とはリアルですね。門番が規則を厳守していたというのは、いかにも片倉らしい話です。

糸ねじり職工で歌人の笠原博人がこんな歌を残しています。

工場の露路の板塀かなしけれ今宵も女口説かれてをり

二十歳(はたち)前後の女性が三万四〇〇〇人も集まってきていた工業地帯ですから、いろんな問題が生まれていたことが想像されます。工女が即興で歌ったという「エーヨー節」の唄に「〽開けておくれよ門番様よ／今宵逢わねばこがれ死に」「〽雪はチラチラ主さは門に／糸や車も手につかぬ」というのがあります。

「〽宿舎流れて工場は焼けて／門番コレラで死ねばよい」となると、八百屋お七を思わせます。「〽かごの鳥より監獄よりも／寄宿舎住まいはなお辛い」「〽工場づとめは監獄づとめ／金のくさりがないばかり」は、工女哀史説に引用される糸挽き唄ですが、恋に身を焼く工女の唄だとする説があります。「かごの鳥」が、囲われ女の恋をうたった流行歌「〽逢いたさ見たさに恐さを忘れ／人目忍んで逢いに来る」の「籠の鳥」からの引用だというのです。「〽あなたの呼ぶ声忘れはせぬが／山十製糸のかごの鳥」の糸挽き唄はまさに「籠の鳥」の替え唄。糸挽き唄の解釈も人によりさまざまです。純情な恋唄もあります。

〽糸目三三で光沢「下」でも／主さに変わりがなけりゃよい

佐倉琢二著『製糸女工虐待史』は、製糸場の寮の風紀が乱れていたとして、見番が工女を弄んだ話を載せています。規律のゆるんだ会社もあったのだろうか。工女募集では、激烈な争奪から、性的関係を持って工女をしばる例もあった、とあります。

しかし佐倉本は、何でも「虐待」へもって行こうとして、記述に矛盾が見られます。監督の工女凌辱の話も出てきますが、監督は、担当繰糸棟全員の成績に責任を負っていて、神経をすり減らす毎日です（武居長次さんの回想後述）。それを思うと、工場の風紀のことは、別の面からも考察する必要がありそうです。何しろ三万人とか四万人とかいわれる娘さんたちが集まっていた工業地帯です。そこには様々な青春事情が生まれていたと思われ、多面的に考察する想像力が要ると思います。その点では、ちゃんとした文芸作品に深味があります。

そもそも製糸家には、工女虐待など考えてもみない事柄だったのではないでしょうか。工女の奪い合いで、暮れの帰郷時に、反物など持たせてやって、もうこれ以上のことは出来ないと嘆き合ったという製糸家の話（二四九頁）は前に書きました。製糸業界は、紡績業とは違う企業社会だったのです。そこへ細井和喜蔵の『女工哀史』を持ちこんで、製糸の女工哀史をつくろうとしたことに無理があったと思われます。

先進資本主義国の欧米列強とくらべて、日本ははるかに貧しい後進国でした。そこに生きる共産主義者にとって、製糸家は撲滅すべき階級でした。一途にそう信じて思想宣伝の本をつくろうとしたのが佐倉青年だったように思えます。

一方で、世界史的に見るならば、日本の労働者は、先進諸国の労働者とくらべて、劣等な労働環境にあったことを知らなければいけないと思います。欧米列強と共産国ソ連の軍事的、経済的圧力に曝（さら）されて、軍国主義の道へつき進んでいた貧しい日本の労働者の悲哀でした。日本国民は、軍事費が毎年、国の予算の五割を越える、苦しい暮らしに堪えていたのでした。

佐倉本には工場の時計を三十分も遅らせて、長時間労働をさせた悪質な工場主がいたともあります。このことについて「ふるさとの製糸を考える会」の例会で信大繊維出の技術者だった方に尋ねてみると「本当の話かわからん。皆が見ている時計をどう細工するのか。もしあったとしても、そんな工場は信用を失くして行き詰まる。従業員の酷使は、能率と糸の品質低下につながり、経営にはね返る」という答えでした。

寮の午後九時消灯も、工女の健康管理からの規定といいます。休日の外出が午後四時までと制限されるなど、工女さんには窮屈な寮生活だったと思いますが、岡谷市博の『紀要』に収められている工女さんたちの座談会記録には「同じような齢（とし）の人が大勢だったから仲良くして、いろいろのことあっても、楽しい思い出の方が多いね」などとあります。

外出制限についても、工女があるていど肯定していた談話が見られます。『紀要』に出てくる石原キヨさん（生年不明）の次の語り。

（工場がどうしてそんなに厳しかったかというと）だって（そうしなければ）他人の子を預っておけないわ。みんな勝手なことさせられないこったア。そうしりゃ腹が大きゅうなった人もあるし、子供おろして死んだ人もあるし、病院でさ。だからきびしゅうするんだわ。やっぱし（外へ）出れば男衆いるんだもの。自由外出は休みの日の午前九時から四時まで。あとは絶対自由外出はならねえ。

私は元工女のおばあ様から「夜は寮の部屋で、家から送られてくる豆炒り、米炒りなんか出し合って食べておしゃべりをし、にぎやかだった」という話を聞いています。「釜洞という八百屋で買った一銭の焼き芋がおいしかった。その店は工女に人気で繁盛した」という話もありました。

製糸工場の食事

女工哀史の類の文章に必ず引かれる糸挽き唄に「〽ギスじゃあるまい瓜ばかくれて／なんで糸目が出るものか」があります。はたらく者にとっていちばん大事なのは食事です。この糸挽き唄、明治の製糸場の労働環境のきびしさを想像させます。

〽細く細くは旦那のおおせ／糸は細らで身は細る

これも古い糸挽き唄です。

大正十年に平野村の中規模製糸へ就職し、旧制中学校出ということですぐ工場管理者になったという古村敏章氏の回想録に、寮の食事改善が必要と考えて、それまで工場主のおばあ様がやっていた調理を、若い係員に任せてもらったところ、工女によろこばれ能率が向上したという記述があります。製糸場の食事は一般的に、大正を境に改善されたのではないかと思われます。

それでも工女哀史の例として、製糸工場の食事が劣悪だという話が『製糸女工虐待史』などに書かれてきました。岩波新書『製糸労働者の歴史』もその一例として、平野村小松組製糸場金万工場の献立（大正十五年三月）を載せています。それによると朝・夕食は一汁一菜（漬物）、昼食のお菜は塩鮭・ふな煮つけ・いわし開き・馬肉、ごぼう大根の煮つけなど一品となっています。これが製糸工場の一般的な食事だったようです。ご飯とみそ汁はお代わり自由でしたが、現代から見ると粗末な内容に見えます。

一方、古川隆久『昭和史』（ちくま新書）を見ると、昭和初年の「人びとの暮らし」に「庶民の大部分は、一汁一菜のほぼ同じ簡素なメニューを毎日食べていた。肉や魚は月に何回か、卵などめったに食べられない。カロリーはそこそこあっても栄養バランスがあまり良いとはいえない食事が普通だった」とあります。これからすると、製糸場の食事がとくべつ劣悪とはいえないということになります。

岡谷市博の『紀要』にある元工女からの聞き書きを読むと、工場の食事は一般に好評で、悪評は見られません。「一汁一菜」にしても、みそ汁は具だくさんの工場があったようで、岡谷生まれの小口りよさん（明治三十一年生）は「ご飯はねえ、お櫃で出て、ええ、ご飯だけはいっぱいいただいて……。おつよ（みそ汁）と漬物とね、それはもう入れ物いっぱいで。岡谷へ行けばねえ、白いご飯をお腹いっぱい食べられるっていう、それを楽しみに来たっていう方もいらっしゃったようです」と話しています。

山本茂実『あゝ野麦峠』には「女工哀史とは粗悪な食事、長時間労働、低賃金が定説となっているが、実際に調べてみると、飛騨の工女の中で食事が悪かったと答えたものはついに一人もいなかった。低賃金も同じで、長時間労働も、苦しかったと答えたものはたった三％だけで、大部分は『それでも家の仕事よりも楽だった』と答えている」とあり、「ワシは体が弱かったので、信州へ行けば米の飯で養生ができると聞いて糸ひきに出ましたが、信州では話のとおり米の飯で、ワシは太って帰りました」という明治二十三年生まれの元工女の話も載せています。

その本の副題に「ある製糸工女哀史」とつけ、映画化（昭和五十四年封切）によって、哀史伝説が戦後社会に広がったのは、岡谷市民には隠忍の日々の始まりとなる哀しき出来ごとでした。

〽飛騨を出る時ゃ涙で出たが／今じゃ飛騨の風もいや

の糸挽き唄が残っていて、甲州の工女たちは「〽甲州出る時ゃ…」と唄ったと『エーヨー節』の本に出てきます。甲州の一部は粉食地帯で、そうした地方からきた工女は、岡谷へきて、白いご飯を自分で盛って食べ放題という工場の食事に目をみはったといいます。

吉田館製糸の奥方の話の聞き取り（嶋崎昭典氏）によれば、隣の工場の様子を聞いては、こちらは少しでも良いお菜にしなくてはと苦心した、とあって、精いっぱいの待遇を心がけたという気持ちが伝わってきます。尾澤組の食材記録には「コンビーフ」の記載があって、工夫がうかがわれます。

＊昭和五年十月、平野村内六五製糸場について行われた労働統計実地調査における実物給与一人当たり平均賄費（食費）一日二一銭五厘、被服費月五四銭二厘、光熱費月一六銭九厘、寄宿舎費月三七銭六厘、その他三二銭六厘。

従業員九〇〇人近い山十組山八工場（下諏訪）では、岡谷の川村商店から旬（しゅん）の生きのいい魚を取り寄せて、新鮮な秋刀魚・鮭・鱒などを大勢の炊事員が朝から大騒ぎで調理し、工場長は三食とも食堂で従業員と一緒に摂っていた――と、工場長の長女に生まれた小口幽香さんの回想記『製糸王国の時代に生きて』にあります。小口さんは「食事は白米の上等を腹いっぱい、いくらでもお代わりでき、味噌汁は自家製の麹たっぷり入りの美味しい味噌を使い」「漬物は自家製の野沢菜や沢庵漬が大丼にいっぱい」などと誇らしげに書いています。

工場の「大運動会」は、青空に万国旗ひるがえり、五段飾りの賞品棚には箱入りのメリヤスシャツ（女子はピンク）蛇の目傘、履物から石鹼、小裂れ、ノート、鉛筆、チャイナ・マーブル（替わり玉）

大箱の森永ミルクキャラメルなどが棚いっぱいに並べられ、近隣の人たちも招かれて、マラソンや仮装行列もあった、とあります。昭和初期の製糸全盛時代の風景です。この工場は工女用の浴場に温泉を引きこみ、自家用の水力発電所も持つ進んだ製糸場でしたが、大恐慌の嵐の中で倒産してしまいます。

「工女哀史」のこと

製糸といえば工女哀史、という負のイメージで語られることが多く、それが現在も再生産されています。一つの社会通念のようなものができあがると、その払拭（ふっしょく）は容易でないということでしょう。それでも最近は、ようやく製糸業への理解がひろがってきたと感じられます。

山本茂実著『あゝ野麦峠　ある製糸工女哀史』も、後半では製糸の実像にふれています。著者が飛騨の元工女たち三八〇人に取材した集計を載せていて、それによると、【食事】は「うまい」が九〇%、「普通」一〇%。【労働】は「普通」が七五%、「楽」が二二%、「苦しい」三%。【賃金】は「高い」が七〇%、「普通」が三〇%。【検査】は「泣いた」が九〇%、「普通」が一〇%。【病気】は「普通」が五〇%、「冷遇」が四〇%、「厚遇」一〇%。【総括】で「行ってよかった」が九〇%、「普通」一〇%とあります。

九割の人が「製糸へ行ってよかった」と答えている一方で、九割の人が「検査に泣いた」といっているところに製糸業の特色が現れていますね。

工業に品質管理は必須条件ですが、品質がばらばらの農産品の繭から、工業規格に納まる生糸を生産しなくてはいけない工女の仕事は、他の産業にないきびしさがありました。

見番が検査結果を「一四ノ四〇」とか「二八ノ上」などと読み上げるのを、皆さん一喜一憂しながら聞いたそうです。個人名でなく番号で発表されるのですが、自分がどんな成績か固唾をのむ思いだったことでしょう。

見番は製糸場の憎まれ役ですが、担当チームの成績を上げなければいけない末端管理者として苦労があったと思われます。見番は小学校を終えて入社、サナギ寄せなどの雑役で修業してから登用されるのですが、未熟な若者もいて、自分の成績にかかわることから、不器用な工女にいら立ち、手を上げてしまうといったことがあったようです。『ふるさと岡谷の製糸業』には、見番に体罰を加えられた工女が自殺し、その見番は解雇されたという話がでてきます。「工女をいじめるような見番の職場では、良い糸は生産できない。工女に恨まれるような見番はやって行けなくなり放逐される」というのは製糸会社の社員だった人たちの一致する話です。

殴られたりしたら、その工女は翌年きてくれません。見番・監督の資質は会社の経営に響き、工場の評判は、工女の募集成績にかかわります。片倉兼太郎は、製糸場の経営の良否は、工女の勤続年数の多寡をみれば知れるといっています。

生糸のデニール・品位と繰目・糸目が問題の製糸工場で、監督・見番の管理責任は大でした。先にご紹介した武居長次さんの文章にも、監督の指揮能力の差が、その工場全員の賃金を左右するとありました。中間管理職の監督も、神経をすり減らす日々だったろうと想像します。それは現代も変わりない立場でしょうね。

年を追うごとに生産性を高度化して行った製糸工場で、工女さんたちは懸命の繰糸だったろうと思います。「〽早く早くと気はせくけれど／お手がにぶいか糸むらが」という糸挽き唄があります。競争意識でがんばる工女さんもあったようです。

能率と品質を競う職場で、糸切れなど故障を多く出す工女は、身の縮む思いをしたことでしょう。規格外れの糸ばかり取ると仲間から「赤点工女」と呼ばれたともいいます。糸取りに適性のない工女にはつらい職場でした。それは「哀史」ですね。

一方、暴れ馬に喩えられた糸相場の乱高下をにらんで、経営トップも安閑と過ごせる日はなく、全財産をかけた経営を守るのに必死だったろうと思われます。数多（あまた）の破産者の出た製糸業です。

これは「製糸を考える会」の例会で耳にした話ですが、大赤字で暮れを迎えた工場主が、工女の賃金だけは払わなくてはと八方工面し、やっと責任を果たしたものの、わが家は歳とり魚も買えなかったというような話はいくらでもあった、ということでした。工女確保の打算というより、人の道を外すまいとしたのだろうと思える話でした。

古村敏章回想記に、ニューヨーク生糸市場の先物相場の、先安見込みの買い埋めが、清算市場（横浜生糸取引所）の現物の安値となり、危地に立った製糸家は「高い繭と、気むずかしい工女をかかえて、途方に暮れながら売り崩して行く」とあります。「気むずかしい工女」――製糸家が思わずもらした嘆きで、こうなると工女の方が優位に見えてきます。

古村氏は「製糸業は糸目が一分出るか、繰目が一匁進むか否かで優劣がきまる。それを成しとげるには優秀な機械と、訓練された技術と、細心な労務管理以外にない」とも書いています。製糸業は、経営から労働まで総体を見なければ、その実像は把握できないですね。
国家社会主義の道をつき進んでいる現代中国は、資本家が活躍して驚異の経済発展を見せています。社会主義体制でも、資本家の舵とりが尊重されている様子。中国では経済発展の過程で、労働者が企業主に「もっと残業させて、稼がせてほしい」と要求したという報道がありました。現代中国の労働事情を知りたく思います。

「百年統計でも大きな赤字企業」

『平野村誌』は、明治元年から昭和五年に至る六十三年間の、各年の「損益大要」をまとめていて一覧できます。山本茂実氏はそのうち六十年についての要約を、『あゝ野麦峠』に載せています。村誌の「大要」の解釈は人により異なると思いますが、山本氏の解釈は次のとおりです。

「巨利」五回、「利益」一一回、「損益無」二二回、「欠損」一〇回、「破産的欠損」一二回。

この数字から山本氏は、製糸業を「百年統計でも大きな赤字企業ということになる」としていますが、国際競争下にあった製糸経営と、品質管理のことに切りこんでいないため、工女たちの労働を「哀史」と書くだけに終わっています。工女の仕事の核心が書けていなくて、一面的だと感じます。林嘉志郎さんは「哀史は工女ばかりではありません。製糸家、つまり企業者にも哀史だったんです」といっていて、製糸業という総体が苦界であった、ともいえそうです。その苦界に堪(た)え、日本の近代化を下支えしたのが製糸業に生きた人々でした。製糸家も工女も、大功労者として讃えられるべきではないでしょうか。

山本茂実は松本に生まれ、青年運動から起って物書きになり、戦後、はたらく若者の投稿雑誌『葦』を創刊した人です。『葦』は「人生雑誌」と呼ばれた雑誌のひとつで、ひところ多くの読者を持ちました。その山本氏が「ある工女哀史」のサブタイトルをつけた本にしてベストセラーになった『あゝ野麦峠』を、林嘉志郎さんは「感傷的」と評しています。

「哀史」への反論

岡谷工業高校の教頭をつとめた北野進さん（産業考古学会幹事）は、郷土誌「オール諏訪」へ寄せたエッセイの中で「岡谷市はかつて製糸業を中心に日本の産業経済を支えた地域であった。岡谷市に深いかかわりをもつ私は、山本茂実著『あゝ野麦峠』について、裏面史とはいいながら何か歪(ゆが)んだ歴史の虚像を見せられ、実像は別のものだと思っている。今日の諏訪湖周辺の産業を、国際的水準へ押し上げたエネルギーとその基盤は、『あゝ野麦峠』とは全然違う経営者の努力と従業員の創造力があったからである」と述べています。

また元教員の清水袈裟春さんは著書『たぐる糸の系譜』で、山本茂実『あゝ野麦峠』を「何でもかでも『哀れ』という一面に結びつけていく無理仕立ての哀史」と批判し「野麦峠というと暗い面ばかり連想させるが、そんなものではない。明るいはじける年頃の娘たちに、どうして暗いばかりの哀史なのか」と問い、明治末から大正の初めころまで工女として働いた、飛騨出身の老女の言葉を次のように記しています。

峠越えも、仕事の時も、苦労でいやだと思ったことは一度もない。三度三度ご飯がいただけて。私どもの頃は、なかなか働く所が無くてネ。お子守りに雇われたり、女中奉公で一年働いても、せいぜい下駄一足くらいのお駄賃だった。三度の食事を食べさせてもらうだけで、御の字の時代だった。製糸工場だと大勢の仲間がいて友だちもできたし、一生懸命糸を挽けば、それなりきの賃金をもらえた。苦労かどうか、人はどう思っていたかしらないが、私は不平も不満も悲しみもなかった。

こう話した老女について清水さんは「工女さんたち誰しもが苦労も悲しみもあったことは勿論(もちろん)と思うが、彼女等はその思いの更なる内奥に、自分にふさわしい価値観と確たる人生観を蔵していた、と私は思う。このお婆さんの考え方、心の持ち方の中に、明治という時代に形成された『……よりマシ』の人生哲学が基底にあると思う。ものの見方、考え方ひとつで、心の中に暖かい風が吹いてくる、そういう心根である」と書いています。↓マシは方言。「良い」というほどの意。

岡谷市博の館長をつとめた伊藤正和さんは、「哀史」ついて次のように述べています。

製糸女子工員の生活が「女工哀史」の代表であるかのようにいわれますが、その時代は社会全般にわたって貧しいものでした。特に農村は小作に苦しみ、食生活も一汁一菜で、衣服にしても継ぎはぎだらけ、洗濯もなかなかできない、まして毎日入浴など思いもかけない時代でした。家にいてはお米はたべられないが、製糸へゆくと毎日白いお米をたべられるといって喜んだ女子工員がほとんどでした。鉄道が開通する前はみんな歩いて、たとえば野麦峠を越えてやってきました。

家族から離れての共同生活は、つらかったり悲しかったり、我慢を強いられることも多かったと思われます。ことに年齢の低い工員には、長い就業時間はたいへんでした。病気になった時など心細かったこともあるでしょう。けれども、姉さんが来て、妹も来た。そして去年も来て、今年も来たというところをみますと、あながち製糸女子工員が女工哀史のヒロインではなかったことを証明しています。しかし、哀史という言葉を生んだ紡績工場の工員をみても、近代化以前の日本の社会ではみんなが苦労していたことを考えさせます。

幼い少女が一家の生活を支えていかなければならなかった時代に、特に農村の貧困を救ったのは、岡谷の製糸業であったといわれていますが、そのことはやがて正しく理解されることでしょう。（『ふるさとの歴史　製糸業』）

山本茂実は、飛騨地方が多くの工女を送り出した背景に、農村の底しれぬ貧困があったと新聞に書いています。飛騨地方の農村は六五％が小作農で、それも零細農民が多く、小作農の取り分は四分しかなく、貧農にとって娘を工女に送るのは口べらしでもあったというのです（朝日新聞、昭和五十四年六月九日）。工女が持ち帰る現金は、一家の救いになったのでした。

飛驒の高根村と信州の南安曇郡奈川村境にある野麦峠は、善光寺道とも呼ばれていたそうです。この峠を越えて岡谷へ糸挽きに来た工女たちは、嫁入りが決まり、工場勤めを終えた年に、善光寺参りをするのが習わしだったといい、善光寺が見える長野市花岡平の歌ヶ丘に平成四年「野麦峠工女碑」が建てられました。碑には「野麦峠はだてには越さぬ一つぁ身のため親のため」の糸挽き唄が刻まれているということです。

私は五歳のとき母に連れられて善光寺参りをしました。糸取りだった叔母も一緒で、ちゃんとした旅館にとまった覚えがあります。母は松本市北深志鍛冶町千参百五番地の棟梁金リの家の次女です。東筑摩の工女たちにも、善光寺参りの習わしがあったかもしれません。

私はローカル紙「湖国新聞」の編集長をしていたとき、『あゝ野麦峠』刊行前の山本氏と顔を合わせたことがあります。故山岡清さんのお宅（下諏訪湖畔町）でした。昭和四十三年一月二十日のことです。山岡さんは丸九渡辺製糸の元従業員。山一林組争議で応援演説をした古参の闘士です。戦前から戦中にかけて右翼の「革新」運動で華々しく活躍して戦後、社会党を名乗って町長になった人物を、容赦なく糾弾（きゅうだん）する投書を連続して送ってきて、あまりに激しい文言なので、手直しを求めたこともあります。戦前の話を聞きにお訪ねしていて、その日は下諏訪南小学校の校長と会った後、近くの山岡さん宅へ立ち寄ったところ、そこに山本氏の姿があったのでした。山岡さんの紹介で、名刺を交換しただけで私は引き返し、後になって『あゝ野麦峠』の取材だったと知ったのでした。山本氏は面長、髭面（ひげづら）の中年男でした。くすんだ茶系のジャケットを着て、身なりをかまわない人とお見受けしました。山岡さんと対座した座卓の上に、箱型の大きなテープレコーダーらしきものを据えていて、そんな重い機材を担いで取材に見えていたわけです。改めて山本氏の名刺を眺めると肩書きは「社会評論家」となっていて「近代史研究会所属」とあり、住所は松戸市本郷となっています。

野麦峠の映画

映画「あゝ野麦峠」（山本薩夫監督、大竹しのぶ主演。新日本映画製作、東宝配給）は、工女を工場の床へ殴(なぐ)り倒す残酷なシーンがあって、世間に、製糸場がまるでタコ部屋のようなイメージを植えつけられてしまったのは、岡谷にとって切ないことだった、という声を多く聞きます。

＊蛸部屋　炭鉱などで労働者を監禁同様の状態で強制的に働かせた飯場（講談社版日本語大辞典）

「岡谷が工女いじめの街のように思われてしまった」と嘆く人もいます。映画というのは、監督とシナリオライターによって創られる独自の作品です。映画『あゝ野麦峠』のヒロインは、胸を病んで飛騨へ帰され峠で亡くなる「政井みね」ですが、原作に出てくる「政井みね」の病(やまい)は腹膜炎です。このように監督が意図する映画づくりのシナリオが創作されるのですね。興業成績をあげるためにどぎつい映像をつくるということもあるでしょう。

下諏訪で育ち製糸場へつとめて長野市へ嫁いだ霜村花さん（明治四十二年生）の随想集『諏訪湖讃歌』に「短歌の雑誌アララギに、野麦峠の本の工場は違うという歌があった。『あゝ野麦峠』の映画を見にいった近所の人は『あまりに違っていたので、いくらなんでもあんなにいじめれば、工場なんかへ来っこねえ。わしらも行ったが、あんなことはなかった』と話した」とあります。

岡谷市博の「紀要」にも、「あゝ野麦峠」に違和感をもった元工女の感想が収められています。伊那出身の小口登志子さん（大正二年生）はこういっています。

「あゝ野麦峠」はテレビで観たが本は読まない。そんなもの。そんな苦しみをして糸とらなかったぜ。あんなの特別じゃぁない、ほんまかなぁ、どうか知らねえけど。だって伊那は伊那、甲州は甲州、みんな責任者が一人いて、工女を連れてったもんで、そんな衆が、工女が死ぬまですっぽかしておくわけがねえ。あんなの作りごとじゃあねえかと思った。（…）こっちへ来りゃあ、まんま食って仕事して給料もらえたもんで、布団もただだし、お風呂もただだったもんで。自分の家にいりゃあ風呂へも入れねえ、ご飯も……ご飯なんてねえだもんで。あの話、ほんとかどうか信じられねえけどさあ。そいぅ生活したことぁねえ。そんな、いじめられて仕事したことなかったもんでね。糸取りってそんなへぼい（下等な）もんじゃあなかった。

『ふるさと岡谷の製糸業』の中で武居長次さんは「本を出そう、映画をつくろうとすれば、そういうメガネで見てしまうから偏（かたよ）る。岡谷の製糸家に対する見方が、極端に落とされちゃったっていうのが悲しいですね」と語っています。

蚕霊供養塔（昭和九年建立）のある岡谷一の大寺・照光寺の宮坂宥洪（ゆうこう）住職は、共産主義者の監督が、プロパガンダの類の映画にしてしまったことを悲しむ文章を寺院だよりに書いておられて、それは、多くの岡谷市民の声を代表する意見と思われます。

＊「あゝ野麦峠」はＴＢＳも昭和五十五年テレビドラマ化。

自分で稼いでいる工女の誇り

芥川賞作家で佐久総合病院の医師でもある南木佳士のエッセイ「麦草峠」に、九十歳近いもと工女さんの話が出てきます。外来で通ってくる患者で「いまは歳をとっちまってなんにもできないけれど、わたしだってむかしは諏訪で製糸工場に勤めていたものですよ」というので、南木ドクターが「諏訪に行くのに、麦草峠を越えて行かれたのですか」と期待をこめて問うと、「いいえ。そんなとこでなくて、ちゃんと篠ノ井線から汽車に乗って行ったんですよ」と、老女はプライドを傷つけられたらしく、きつい口調になった。そこでドクターが「申しわけありません。失礼のことを申し上げてしまって。じつは、わたしの親戚にも諏訪の製糸工場で働いていたらしい人がいて、そのおばさんが、麦草峠から八ヶ岳の茶臼山に登った話をしてくれましてね。その麦草峠の道を越えたのかなと思いまして。ほんとに、失礼しました」と説明すると、その老女はこういったとあります。

「あのころ、女が金を稼げる仕事なんてほとんどなかったんですよ。だから、工女には自分で稼いでいるんだぞっていう誇りがありましたよ。野麦峠みたいな、悲惨な話ばっかりじゃないんですよ」（要約）

「あゝ野麦峠」の映画は、肺を病んで飛騨へ帰ってゆく百円工女みねの話が山場になっていました。当時は抗生物質の薬もなく、社会保障の制度もない貧しい時代でした。

『製糸女工虐待史』のこと

佐倉琢二『製糸女工虐待史』への批判も『ふるさと岡谷の製糸業』に見られます。岡谷十五社西で一共小林製糸所を営んだ小林正知さんの談話（『ふるさと岡谷の製糸業』）です。

　工女の寄宿舎は豚小屋のようだとか、食事にしても冷酷な事業主は工女を犬扱いしたとかあって、製糸関係者として憤慨した。実際はこんなものではないのです。一部によくない工場もあったかもしれませんが、全体としては工女哀史っちゅうことは決してなかったです（要約）。

『製糸女工虐待史』は序文に「私は生活の必要から製糸工場で全くの下級職人として、ただ上役の命ずるままに奴隷同様に働いた」「この記録は、私が沼津のある工場からろくな賃銀ももらわずに追い出され、それから仕方なく、岡谷のある工場（山十組）へ住み込み、そこも結局追い出されてしまった苦境の間に（…）わずかな時間を偸（ぬす）んで綴ったものだ」とあり、二十三、四歳ころの著作です。

　若者らしい功名心から、女工哀史の製糸版を書こうとしたのでしょうが、佐倉青年の製糸労働経験は一年ほど。綿紡績工場で二十年働いた細井和喜蔵とくらべて、書いてあることが皮相的と感じます。そればかりか、とんでもない話が出てきます。「ごく最近、ある工場の見番が、女工の眉間を金槌で打擲して即死せしめた事があったが、実に恐ろしい」とあるのですが、製糸場で殺人があったなどという話は聞いたことがありません。死亡診断書を書く医師が、警察への通報義務を怠ることは考えられず、職場の人も黙っていないはず。製糸資本に批判的な新聞もあった中で、そんな重大事が闇に葬られることはありえず、他の記述にも「？」がついてしまいます。

佐倉青年は、製糸業が清国・イタリアとの国際競争下にあったことなど視野になく、業界の首脳が、製糸業の前途に非常な危機意識を抱いて経営に当たっていることなども想像できず（これらのことは山本茂実氏にもいえる）、工女の賃金査定の基にある生糸格付検査の詳細も知らず、一途に社会主義を信奉する青年の目には、なにもかも「資本家の搾取」と見えたのでしょう。

製糸会社が工女募集に大金をかけ、勤続表彰に三年で三円、五年で五円、一〇年で五〇円を贈る（佐倉本による）とか、優遇を競ったことと「虐待」は矛盾します。「虐待」は事業主の意思に関わります。工女を虐げて働かせようと企む製糸家がいただろうか。工女は単純労働者でなく、生糸生産の「主役」の技能者です。会社の存亡が彼女たちの腕にかかっていたのです。

明治の製糸場が、きつい労働だったことは確かです。それでもそれは、製糸家と工女が丸かって（諏訪の方言、一体となって）の苦闘ではなかったか。糸挽き唄に

〽旦那お帰り両手をついて／糸の景気はいかがさま

というのがあって、工女と事業主の一体感が感じられます。諏訪の製糸場に、安普請の工場と粗末な宿舎があったことは、古村氏の回想記からもうかがわれます。そんな工場でも、事業主は、工女のために、精いっぱいの待遇を心がけたのではなかったか。工女にいい仕事をしてもらわなくては、やってゆけないのが製糸業です。

むずかしい繰糸ときびしい品質管理という重荷を背負い、劣悪な労働環境に耐えた工女たちの姿は、本当に尊いと思います。人並みの糸取りができなくて、切ない思いをした工女もいたことでしょう。でもそれは「虐待」とは違う事柄のはず。工女たち皆が、虐げられて働いていた哀れな存在と印象づけようとするのは、製糸工場で働いた女性たちの尊厳を傷つけ、侮辱することになることも考えてほしかった、というのは糸取りの母を持つ私の感想です。それでは工女たちが、奴隷並みの労働者ということになってしまいます。

製糸労働者を「無学幼稚」とか「無知」と書いているのは工女蔑視です。そして佐倉青年は「実に製糸工場主は労働者を泣かす悪鬼で、徹底せる冷血な蒐金追求者である。最後は労働者の血涙まで吸い尽くそうとする吸血鬼である」とまで書いています。そういう青年が資本主義を呪詛して書いた陰画といえそうな本ですが、記録の少ない工男の様子を記している部分は取り柄と思います。製糸場で雑役夫の工男は技能者の工女の前では影の薄い存在でした。まして二十歳すぎて製糸場へ入りこんだ雑役夫は、得体のしれぬ流れ者とみられて、粗略な扱いを受けたかもしれません。『女工哀史』の亜流本でなく、日給で働いた工男の労働を客観的に書いたら、価値あるルポルタージュになったことでしょう。

明治の初めから、厳密な品質管理のもとで、懸命に「いい糸」を紡ぎ、外貨を稼いだ数しれない工女たちの仕事の真価と功績は、賞讃されるべきです。

製糸に生きた人たちの苦闘は、先進国から大きく遅れて出発したこの国の、苦難にみちた近代、その時代をくぐりぬけて今日があることを考えさせます。

その製糸工場の労働と、工女の暮らしを書いた小説に、早船ちよの『ちさ・女の歴史』がありますす。六巻に及ぶ自伝的長篇で、製糸時代のことはその一部ですが、すぐれた表現の文芸作品だと思います。

これは明治三十年代の話ですが、農商務省の役人が、イタリアの製糸事情を視察に行ったところ、工女たちは粗末な宿舎でワラ布団に寝起きし、一日十七時間から十八時間も働いていて、日本はうかうかしてはいられない、という趣旨の報告書を上げています。そういう国際競争裡にあった製糸業を思ってみると、製糸家と工女たちの苦闘は、別の光線を当てることで、より鮮やかな像を浮かびあがらせるのではないでしょうか。

これまでの、製糸業の労働問題についての議論を見ると、人間と「労働」ということについて考えさせます。産業がさらに国際化と高度化へ向かう社会で、労働はどうなって行くのでしょうか。

「『女工哀史』言説についてのもう一つの視点」

細井和喜蔵の『女工哀史』が売れてから、製糸工女についても「虐待史」の本まで出て、「哀れでみじめな工女」のイメージが、おもに共産主義者によってひろげられ、それが社会通念になっていました。

こうした偏見に対し、工女たちの生活の実態が見落とされ、哀史イメージが再生産され続けているのではないか、という視点から書かれた論文があります。フランスの女性学者シャール・サンドラさんの『女工哀史』言説についてのもう一つの視点：戦前日本における女性製糸業労働者の生活世界」です。サンドラさんはこの論文で京都大学から博士（文学）の学位を取得（平成十八年）して、ストラスブール大学教授をしていらっしゃいます。

サンドラさんは岡谷と長野の老人施設で生活していた元工女四〇人と面接して話を聞き取り、岡谷市蚕糸博物館が記録している三〇人の元工女、元工男のライフヒストリーを調べ、さらに工女によって歌われた糸挽き唄四五点と併せて分析し、工女哀史的視点を実証的に乗り越え、工女たち自身の声に拠って立つ歴史像の再構築を試みた（京大の審査書）研究をうちたてた方です。

論文の要旨は京大学術情報リポジトリで見ることができます。サンドラさんは、「工女哀史」言説を全否定しているわけではありませんが、「工女哀史」説がどのようにして形成されたかについて、次のような認識を示しています（私の解釈）。

・製糸工場における工女の実態の過酷さを否定することはできない。しかし、これらの資料を書いた人々の大半は、工女たちが置かれていた状況について、工場の内部にのみ注意を向け、急激な工業化に伴って生まれた問題に焦点をあてることに終始したため、工女たちの労働の背景にあった農村の社会経済的な現実という側面を無視した。その結果として、彼らは工女たちの生活史について脱落のあるイメージを伝えてしまうことになったのではないかという疑問を呈することができる。

・そうした資料に基づいて、工女が資本家によって一方的に搾取されているという資本主義批判が起こり、工女に対する画一的な表象、工女の哀れなイメージを強調する工女哀史言説が、とりわけ一九三〇年代のマルクス主義者たちによって広められ、定着していった。このドグマ（独断的な説）は後に、何世代にもわたる社会科学者たちに採用され、資本主義発展の犠牲となった彼女たちの生活史は、哀れで悲惨なものであったという社会認識を再生産していった。こうして「工女哀史」的見方は確立された。

サンドラ教授の研究で浮かびあがってくるのは「哀れで悲惨な」という単一のネガティブな工女像に納まらない、多様性に富んだ工女たちの生活世界です。そのポジティブな工女像は、糸都のイメージ再興をめざす岡谷市の希望の灯になることでしょう。

工女たちの語り口の面白さ

サンドラさんが京大の院生時代に書かれた「『女工哀史』の言説を超えて」には、工女さんたちの生活世界がいきいきと書かれています。サンドラ教授の研究は歴史社会学という分野のようです。語られた生活史（オーラルヒストリー）によって、歴史を再現していらっしゃいます。「再現」の表現が不適当なら、歴史の実像に迫る仕事といったらいいでしょうか。

歴史の「事実」と、個人の体験の記憶とは分けて見なくてはいけません。しかし、歴史の「事実」を経験した人が語る記憶（認識）には、歴史のある真実が宿っていると考えられます。そうした語りによって、複雑多様な歴史の実相が浮かびあがってくるので「語られた個人史」は正史を補完するものとして、大事な意味をもつと思います。

サンドラ教授によると、口述の生活史を社会理論として定立したポール・トンプソンは、オーラルヒストリーという手法が既存の歴史に与えた影響は「史料を新しい方向から見ることを可能にする点にある。（…）これによって、疑いなく、より現実に近い過去の再構成が可能になる。現実というものは、複雑で多面的なものである。そして、オーラルヒストリーの最大の利点は、ほかの史料を使うのに比べて、本来的に複雑な視点を再構成できることにある」と言っているそうです。サンドラ教授はこの方法で、工女の生活世界の「現実に近い過去の再構成」を試みておられるのです。

むずかしい話は別として、サンドラさんが書かれた文章には、工女さんらの語り口の面白さがあって、記録文学になっています。そのほんの一部を引用させていただき、ご紹介します（いずれも要約）。

・語り手のほとんどは、製糸工場の仕事は「難しい」または「辛い」と話した。その原因として糸の検査、労働時間の長さと休憩の少なさ、単調な仕事を挙げた。それでも、糸取りの仕事が面白いと語る人もいる。高木美枝子さん「女の働く所ってなかったですから。でもね、繭からたくさん糸にしていくってね、仕事としては面白い仕事でした。そして、やっただけお給料をもらえるってことは。今も夢に見ます。ああ懐（なつ）かしいなぁって」。

・語り手のうち給料が安かったという人は四人いたが、工場暮らしには代償もあったと話す人もいる。大峡きよ志さん「私なんかさ、安いんだもの。もらったって困るくらいのものだったよ。だから家へ帰って渡すお金もわずかなものだったよ、アハハハ。でも、三食腹いっぱい食べられるしね。お風呂へも入ったり、みんなで好きなことできるから、お給料のこと、そんなに気にしていなかったね」。

・製糸へきて稼げたと語る富山県八尾町出身の高田寅二郎さん「大正六年二月に来たとき齢（とし）は十六だけど、五三円だぞ。イノシシ（十円札。猪の透かしが入っていた）五枚さ。お前よく働いてくれたって（家で）いってくれた。百姓やってたじゃ五三円なんてゼニ、手に入らねえ、よかったなぁと思ったわけ」。

・聞き取り調査の語り手一六人のうち一人は、少なくとも一回は「百円工女」になっていて、家族と村人から讃嘆された。宮坂セツさん「私は『百円』になった！　一年に百円もらった！　有名になれたよ。『百円工女』というのは夢だったよ。妹も来ていて、二人が百円ずつもらったから、親はほんと喜んだよ。ほんと喜んだ」。

・大部分の工女は、稼いだ金を親に渡したので、わずかな小遣いしかなかったと語っている。多くの語り手が、工場の仕事はきつかったと話したが、労働そのものを悪役として語ることはなかった。語りの中に工場生活での生の喜びの感覚がある。

・ほとんどすべての語り手が、製糸工場の生活で良い点として、工場で出された食事を挙げた。中には、家では食べられない「珍しい」または「変わった」料理を工場で味わうことができたと話す者もいた。
・語り手の多くは、工場生活のいい点として、食事のほかに風呂に毎晩入れたことを挙げている。気賀澤百合子さん「ええ、お風呂に毎晩入りました。大きいお風呂ですよ。蒸気のお湯がぶううう、ががががぁって沸いてきます。ウチでは銭湯へ行ってました」。
・寮暮らしのもう一つ良い点として、同年齢の仲間が大勢いたことを挙げた人が多い。宮坂セツさん「友だちがたくさんいたから面白かっただね。踊ったり、歌ったりね。昼間の仕事がよけりゃ夜は楽しいね」

一方、通いの工女増沢志めさんは、家にいると、家族の世話をしなくてはいけなくて自由な時間がなく、寄宿舎で「ゆっくりしている」仲間がうらやましかったと話した。

工女と映画

大正の末ころから工女たちに一番人気があったのは映画館へ行くことでした。製糸各社は集団鑑賞を競ったそうです。

見番をつとめた吉川八造さん（大正十一年生）はシャール・サンドラさんに「成績の悪い子を一〇人ぐらいずつに分けて『愛染かつら』なんか見せた。そして、次の日、成績がうんと良くなった」と話していて、娯楽は能率向上に直結することがわかります。

「愛染かつら」といえば私は、生糸商を自営した斉藤英一さん（大正十三年生）から「五味生糸店の小僧だったころ『愛染かつら』を観に行ったら満員スシづめの盛況で、ラブシーンに昂奮した工女に手をにぎられた」という話を聞いています。↓「愛染かつら」は青年医師と未亡人の看護婦とのメロドラマ（川口松太郎作。原作は昭和十二―十三年『婦人倶楽部』に連載）。昭和十三年映画化され大ヒットした。

歪められたイメージ「哀史」

歪められた「工女哀史」言説が急に広まったのは、労働者の階級意識が生まれた大正になってからのことと思います。明治の製糸家と工女は、清国・イタリアとの国際競争に生き残ろうと必死に働いた時代といえそうです。

結果として、生糸で稼いだ外貨が日本近代化の原資になりました。日本の命運をかけた日露戦に勝てたのも、生糸のお金で新鋭戦艦や大砲を買えたからでしたね。そればかりか政府は、鉄道建設資金などまで生糸に頼っていたのでした。

一方、国民の生活水準は、先進列強諸国から大きくたち遅れていました。そんな日本に階級意識が強まったのは、やはりロシア革命（大正六年）からと思われます。共産主義国ソ連邦が誕生すると、日本にも一気に革命思想が浸透してきます。資本家を追放し、生産手段を国有化する政策に、若者たちは、理想の国家像を見てあこがれたのですね。

日本政府は「革命」の悪夢におびえ、治安維持法を制定したりして思想統制を強め、軍国主義化して行きます。

製糸家たちも革命思想に恐怖し、結束を強めて行きました。

そうした状況下で世論を味方につけるには、労働者への同情を集めることが鍵（かぎ）になります。資本家から搾取（さくしゅ）され、虐げられて働いているという意識を植えつけることが勝利につながります。そこへ登場したのが党員作家細井和喜蔵のベストセラー小説『女工哀史』（大正十四年刊）でした。紡績工場の苛酷な労働事情を書いた本ですが、これが製糸工業地へ強引にもちこまれて、一蓮托生の「哀史」イメージになってしまったのでした。そして太平洋戦争後『あゝ野麦峠　ある工女哀史』刊行となってイメージが定着し、それが今も再生産されています。

私は母から製糸場の寮暮らしの話を聞いたとき、それが『女工哀史』『あゝ野麦峠』に書かれているのとは別世界だったことを知って驚いた記憶をもっています。母は、お世話になった輸出製糸入一組のオーナーを「今井栄人さん」あるいは「栄人さ」、その弟かお子さんを「博人さん」と呼んでいました。母の糸取り仲間も同じで、茶のみ話の中で、当たり前のように「栄人さ」などといっていたものです。

工女と製糸家が一体になって稼いでいたというのが製糸の世界の一面だったといえると思えます。

細井和喜蔵はすぐれた労働者作家です。二十年も働いた紡績工場の内情を、力強い筆致で記録したのが『女工哀史』ですが、冷徹な共産主義者の顔を隠そうとはしていません。十年、二十年と勤続して表彰された「女工」を、資本家への奉仕者としか見ていないのを読むと違和を覚えます。小学校をおえたばかりの養成工たちの親代わりになって面倒を見てやり、独り立ちの工員にしてやった模範工さえも、資本家側の人間として冷たい目を向けているのを読むと、寒々とした気持ちになります。

そのような、日本がまだ貧しく未熟だった時代の共産主義者によって、戦略的な意図をもとに「哀史」言説が広められたという一側面があるとする見方があります。

哀史言説によって、日本の製糸業がおとしめられ続けているのは悲しいことです。

かつて製糸業は、国にとって、今の自動車産業より大きな存在でした。巨人初代片倉兼太郎ばかりでなく、多くの製糸家たち、そして工女たちの功労が、正当に評価されていないことに憤りを覚えます。日本一の糸都岡谷は名誉を傷つけられ「工女いじめの街」にされてしまったままです。

製糸機械のトップメーカー新増澤工業の家に生まれ、大学で哲学を教えた宮坂いち子さんは、出身地を問われると「岡谷」と答えられずについ「諏訪です」と答えてしまうといっています。ふるさと「岡谷」を引け目に思ってしまっているというのです。

私は、新聞にのる元女工さんの訃報記事を切りぬいては「製糸業を支えた人々」の表紙をつけた綴りを作っているのですが、製糸で働いたとあるのは、実際の二割ぐらいしかないように感じます。岡谷地方では、今の八十歳代の女性の大半が製糸で働いたといわれるのとくらべると、あまりに少数です。このように、製糸工女だったことを隠す風潮があるのも「哀史」言説によるものと思えます。

現代の労働事情は、製糸の時代とくらべて隔世の感がありますが、現代の労働者には新たな困難がふりかかってきています。ＩＴ技術とロボットによって職を奪われる時代の到来です。おびえている若者もいることでしょう。人間と労働というものについて考えさせられます。

片倉コンツェルン

世界一の製糸企業に発展した片倉は、多角経営への布石を次々に打ち、片倉コンツェルン（諸企業の統一体）を形成し三井・三菱・住友・安田などにつぐ「財閥」の一つに数えられるようになっていて、その総合力で大恐慌を乗り切りました。

経営多角化は、二代兼太郎ら首脳の、製糸業の先行きへの危機感から推進されました。片倉同族会と、片倉合名会社（設立明治三十九年）を持株組織として、次のような展開をしました（松村敏氏の研究による。会社名は一部のみ。カッコ内は公称資本金）。

大正九年　片倉組の製糸経営を引き継ぎ片倉製糸紡績㈱を設立。（五〇〇〇万円）
大正十年　片倉組の朝鮮における土地経営を引き継ぎ、片倉殖産㈱を設立。（一五〇万円）
大正十一年　片倉生命保険㈱を新設。（五〇万円）
大正十二年　片倉製糸岩代紡績所を分離させ、福島紡織との合併により、日東紡績㈱を設立。（五〇〇万円）
大正十三年　日支肥料㈱と丸角合資が合併し、片倉米穀肥料㈱を設立。（八〇万円）
大正十五年　富国火災海上保険㈱の経営引受け。（二一〇〇万円）

昭和八年　東邦石油㈱を新設。（一〇〇万円）
昭和十年　片倉硅砂営業所の事業を引き継ぎ、東亜産業㈱を設立。（二〇〇万円）
昭和十二年　片倉殖産㈱の龍登炭鉱を引き継ぎ、大東鉱業㈱を設立。（五〇〇万円）

これらの会社は、いずれも好収益をあげて、片倉の経営を強化しましたが、保険会社を持つことによる信用力向上でも利益を享受しています。片倉製糸は毎年、購繭資金などに最大二八八〇万円もの巨額の借入れをしていますが、金利を他製糸より低利で借りられ、年間五〇万円もの利子節約になったといいます。

＊昭和五年二月、製糸資金(手形貸付)の日歩　市中銀行一・八〜二・三銭。地方銀行は二・七銭が最多。片倉の日歩一・四〜一・六銭（松村敏）

火災保険料も、自社傘下の保険会社利用で節約できましたが、それよりも大きかったのは、保険会社の有力企業への融資による副次効果でした。例えば、昭和肥料（現・昭和電工）への融資によって、片倉米肥（後の片倉チッカリン）は、昭和肥料から硫安を有利に購入でき、大きな収益につながったといいます。

日東紡績（社長・二代兼太郎）は初め、製糸工場から出るキビソなど副蚕糸を利用した絹糸紡績業から、絹の織布（金沢工場）へ発展させ、英仏への輸出に成功しています。米国だけに頼る製糸業の行きづまり打開の一歩でした。

二代兼太郎は、人造繊維の進出に非常な警戒感を示し、大正九年ころから人造繊維製造に打って出たとされます。その一つがスフ（ステープル・ファイバー）製造でした。スフは木材などを原料とする人造繊維で、日東紡は昭和八年ころから生産を開始して、国内のトップメーカーとなって大いに稼ぎ、昭和十七年には片倉製糸の純利益の二割が、日東紡からの配当金だったといいます。片倉の純益には化繊産業の利潤が含まれていたわけです。

二代兼太郎の逝去（昭和九年）で専務片倉三平（光治次男、東京高蚕卒）が日東紡社長を継ぎロックウールやグラスファイバーの生産から、華北での鉄工業経営まで、日東紡自身が多角経営を展開しています。

片倉コンツェルンは、最終的には機械・ステンレスなどから中国での煙草・塩製造まで含め五二企業を擁する財閥になり、その総合力で製糸業が守られました。

二代兼太郎は昭和三年、武井方介（光治三男）に東南アジア視察を命じ、スマトラ島の農場借地権五万五〇〇〇坪を買収させています。これも蚕糸業進出の布石でした。ブラジルの他にも海外への事業展開を構想していたわけです。

＊三代兼太郎（脩一）は戦前、電気・化学の重工業へ漸次転換する考えを側近に漏らしていたとされるが、戦後の混乱期に急逝（六十三歳）。三代兼太郎は諏訪電気㈱社長もつとめた。

世界大恐慌

昭和四年七月、改正労働法が施行されて、女性と年少者の深夜業が禁止となります。

八月、アメリカの絹織物工業の生産量は史上最高を記録し、翌月から減産に転じます。過剰生産になっていたのです。他産業も同様でした。そして十月二十四日「暗黒の木曜日」ですね、ニューヨーク株式取引所を史上空前の暴落が襲いました。世界大恐慌の始まりです。四年余にわたって世界中が凍りつく、古今未曾有の不景気でした。米国では四年後の失業者が九〇〇〇万人乃至一四〇〇万人にのぼったといい、ニューディール政策が打ち出されました。失業と飢餓の時代です。

高級靴下の売れ行きが急減し、アメリカに頼っていた日本の製糸業界は窮地に追いこまれることになります。

その昭和四年、片倉松本製糸所の片倉真平取締役は、自動繰糸機の研究室を立ち上げています。多条機で索緒は機械化されましたが、なお作業員の補助が必要で、その作業員の能力によって品質のばらつきが大きく、完全自動化が次の課題になったのでした。

＊昭和四年十月調べ、岡谷地方製糸の株式会社　①片倉製糸紡績（代表者片倉兼太郎）三三工場一万五九〇四釜　②山十製糸（小口村吉）三一工場一万五六八五釜　③岡谷製糸（小口宗雄）一〇工場四〇二一釜　④林組（林利喜平）八工場三八七二釜　⑤丸万製糸（小松米蔵）五工場一六五四釜　⑥金山製糸（小口圭吉）二工場一二四〇釜。

糸価大暴落

昭和五年二月、製糸業界は運転釜数の二割を封印し、生産調整をはかったのですが、三月三日、糸価が大暴落し、一俵六五二円（平均）と前年のほぼ半値、明治二十九年以来の安値になってしまいました。

政府は糸価安定融資補償法の発動を決定しますが、弱小製糸家の破産が続出し、下諏訪町の製糸工場は七月十一日から一斉休業に入り、信濃銀行が破綻します。

製糸業界は、八月から操短のため、法定の一一時間（正味十時間）就業を実施し、十二月には全国の製糸工場が全休する事態になりました。輸出の急減で、横浜の滞貨生糸は十一万俵に上りました。

生糸は明治初めからずっと、輸出額第一位を独走してきたのですが、とうとうこの年、綿布に王座をゆずります。

製糸の街には失業者があふれていました。前にお話しした阿木翁助が昭和五年八月、プロレタリア作家になろうとして上京するとき、下諏訪から上諏訪にかけての湖岸に、釣り人がすき間なく並んでいるのが汽車の窓から見え、中には赤ん坊を背にした男もいたが、それは失業者の群れだったと、回想記にあります。

この年の国勢調査で、平野村は人口五万三八七五人と、日本一の大村になっていました。

工女の出身地

さて工女の出身地ですが、『平野村誌』によれば、明治十四、五年ころから伊那の工女が急増して松本平に及び、飛騨からも多数雇い入れ、やや遅れて甲州からも来るようになり、明治二六、七年ころから募集運動が盛んになるにつれて、募集範囲が拡大され、鉄道網がつながってから全国、朝鮮に及んだ、としています。

平野村「製糸工女出身地別調査」の昭和五年を見ると、工女総数は二万四〇四五人。うち県内

上位は①諏訪二五三一人②東筑摩二〇一二人③上下伊那一七六六人④南北安曇一四四五人⑤上下水内一三七二人⑥更級・埴科一三一〇人。

県外は①山梨五二一四人②新潟四〇一二人③岐阜六八一人④富山四一六人⑤群馬一三九人⑥石川六二人⑦朝鮮五二人。

その他では福島・埼玉各八人、秋田六人、神奈川四人、鹿児島・佐賀・大分・山口・茨城各二人、山形・福岡・宮崎各一人となっています。

朝鮮の女性が諏訪地方で就業したのは大正七年、川岸村の藤沢組金六工場が最初で、平野村に入ったのは大正十三年ころからといいます。

そして同年の工女勤続状況は次のとおりです。
▽満二年未満六〇四七人▽満二年四六〇六人▽満三年三五四五人▽満四年二六四〇人▽満五年二二二一人▽満六年以上三八五四人▽満十年以上一〇一八人▽満十五年以上八一一人▽満二十年以上三三人。

＊昭和五年、平野村の工女の年齢構成［十五歳以下］二五・七八％［十六歳～二十五歳］六九・四一％［二十六歳～三十五歳］三・五一％［三十六歳～四十五歳］〇・九一％［四十六歳～五十五歳］〇・三六％［五十六歳以上］〇・〇二％（最年少十二歳未満、最高齢五十九歳）

工女の賃金

ここで工女の賃金の変遷を見ておきます。

明治十四年、清水久左衛門製糸所の「一日賃銭」は最高二五銭、最低一一銭、平均一五・九八銭で、年額の最高は二九円四二銭五厘となっています。一日最高賃銭の中に五銭の「賞与」を含んでいることが注目され、『平野村誌』は「後に同業者の協定以外に、各人の技量とその年の商況によって賞与を与えることを常にしているが、それは十四年ころから一般に始まったと推測される」としています。

「中山社則条例」によると明治十四年の日標準賃金は甲一等二〇銭、乙一等一八銭、甲二等一五銭、乙二等一一銭、甲三等七銭、乙三等四銭五厘ですが、年々増額され、数年ならずして二倍以上となったと『村誌』にあります。明治七年、道路修繕人の日当一二銭五厘〜一五銭とくらべ非常な高収入で、工女になる者が増えたそうです。

開明社の一日賃銭平均は明治十三年一〇銭五厘、十八年一一銭、十六年九銭五厘ですが、これには賞与は含まれていないということです。

明治二十二年、矢島社所属金中上原製糸場の勘定帳によると、就業一〇〇日以上の工女の年賃金は最高三五円五九銭（うち賞与二円八二銭）最低一一円四五銭（うち賞与三七銭）平均二一円八五銭（うち賞与一円二銭九厘）となっていて、多額の賞与が支給されたことがわかります。

明治二十年代の工女賃金は大きな上昇はみられませんが、三十年代になって急激な賃金高騰となりました。製糸工場の規模拡大による、工女争奪戦が激化したことの反映と思われます。

明治三十年、諏訪郡役所調べによる下筋（岡谷・下諏訪）の主要製糸所九工場（平野村六、川岸村二、下諏訪町一）の日当は最高三〇銭、最低三銭、平均一四銭。年額は平均二九円三五銭でしたが、三十二年には上等工女に賃金賞与合計一〇〇円以上、普通工女にも四〇〜五〇円を支給したという記録があります。

明治三十六年、平野村内七三工場（川岸村所在の開明社・信英社所属の一部を含む）の一日賃金調べでは、総平均で工男二三銭、工女二二銭となっていて、三十年調査時の一・五倍に上昇しています。

そして大正になると工賃はさらに高騰します。

大正六年調べの大手某社A工場（工女九四五人）の年間賃金別人員は、六〇円〜九〇円未満が最多で三六〇人、九〇円〜一〇〇円未満が一〇〇人、一〇〇円以上がなんと一九三人いて、このうち最高ランクの一六〇円〜一八〇円が二一人です。中級以下では四〇円〜六〇円未満が二〇五人。四〇円未満は八七人で、うち最低ランクの一〇円〜二〇円未満が三五人となっています。

＊監督B氏が勤めた製糸会社（第三工場、工女一〇四七人）の大正七年の賃金　四〇円三三四人　七〇円四六九人　一〇〇円二二六人　一五〇円一四人　一七〇円六人　二〇〇円七人。平均七〇円。

明治時代とくらべると隔世の感がありますが、製糸業絶頂の大正八年、大手某社B工場（工女一六八五人）の年間賃金はさらに高額となっています（監督B氏の日記から）。

一〇〇円〜二二五円未満が最多で八四〇人、二二五円〜二五〇円未満が八九人、二五〇円〜二七五円未満が五五人、二七五円〜三〇〇円未満が三四人、三〇〇円〜三五〇円未満が一五人となっていて、見番級の工男も含む賃金と思われます。

下位でも五〇円〜一〇〇円未満が二八五人、以下四〇円〜五〇円未満七〇人、三〇円〜四〇円

未満八七人、一〇円～二〇円未満九八人で、一〇円未満（養成工か）が一一二人います。

大正十五年と昭和五年の、平野村内製糸場の工女の日給平均額（賞与、食費を含む）調べを見ると、大恐慌が巻き起こった昭和五年の大手製糸の賃金下降が歴然とします。大手（五〇〇釜以上）中規模（一〇〇釜以上五〇〇釜以下）小規模（一〇〇釜以下）別の数値です。単位は銭。

〔大正十五年〕

▽最高　大手二一〇円、中一五五円、小一五〇円

▽普通　大手一〇五円、中一〇二円、小九五円

▽最低　大手七〇円、中七〇円、小六〇円

〔昭和五年〕

最高　大手一一五円、中一二二円、小一二九円

普通　大手七四円、中七二円、小八四円

最低　大手五七円、中五五円、小五四円

昭和五年の賃金では、中・小規模製糸が一部で大手を上回っているのが奇妙ですが、大恐慌で輸出製糸が窮地に追い込まれたことを示すものと思われます（この項の数値は『平野村誌』による）。

工女賃金の査定法

この地方の工女賃金の算定法の基礎となったのは、中山社が明治十一年に定めた社則でした。日給払いと出来高払いを併用し、生糸検査の成績を加味して賃金を算出する行き方です。その後、

開明社が細密な検査法を確立し、そのデータによる工女賞罰規則を定め、これが規範となって各社がそれぞれに規定を設けることになりました。セリプレーン検査になっても、基本的な組み立ては変わりません。

＊明治時代の賃金査定法についての解説　一人毎ニ一日ノ繰糸成績ヲ調査シ、ソノ成績ニ従ヒテ予メ定メタル点数ヲ付シ、総点数ニ一定ノ賃金率ヲ乗ジテ当日ノ賃金トシテ支給スル（加藤知正著『蚕業経済論』）

繰目は、一日毎に全工場の平均値を出し、各工女の成績を示すことで、能率増進を図っています。糸目も同様です。原料の繭が高価のうえ、生糸の品質による売値の差が大であるため、緻密な賃金査定法が導き出されたのでした。製糸業という特殊な産業の姿がここからも見えてきます。

工女一日の基本賃金は、平均的技術を持ち、得・失点ゼロとして算出されました。最低賃金の定めはなかったため、失点オーバーの場合は、計算上、賃金ゼロ、あるいはマイナスになることもありうるわけですが、実際には、失点超過でも最低賃金は支給されたといいます。

そして大正十五年六月、工場法施行令の改正から、長野県は細則を設けて事業主に就業規則の制定を義務づけ、内規として最低賃金を一日三〇銭（養成初年工は一五銭）とし、標準賃金を春挽き五〇銭、夏挽き六〇銭と定めました。最低賃金が保障されたことは、従業員には福音となりました。一方、官による賃金統制は、劣等工女の人員整理につながる問題を含んでいたといわれます。

高格糸生産に移行していた岡谷製糸は、大正八年ころから、さらなる生産コスト低減を迫られます。工女さんの作業密度は濃くなり、事業主の舵とりも難しさを増しました。

諏訪湖「黄濁」生糸に悪影響

昭和初期、諏訪湖は六―九月には「黄濁色」を呈するようになり、生糸の色沢を損じ、セリプレーン検査上ニートレスが多く、製糸用水として不適当と指摘されて、重大な問題として注意されるようになりました。

これを受けて諏訪蚕糸学校製糸科の生徒たちが昭和五年、水質調査を行い、次のとおり報告しています。

・丸山タンクの水は検鏡により珪藻(けいそう)類・藍藻(らんそう)類・緑藻類・鞭藻(べんそう)類・原藻類および多くのワムシ類その他の浮遊動物を見た。中でも最も多きは珪藻類・藍藻類の二種で、黄濁色を呈する主な原因もこれによるものと思われる。藍藻類の最盛期は六月および九月、珪藻類のそれは七月および十月。

・過マンガン酸化里消費量（一〇〇〇cc中）湖水一三・一七mg、小井川水道水六・六四mg。浮遊物　湖水二・四mg。湖水のアンモニア含有は微少。

・繰糸実験結果　湖水による生糸は色沢黒色にして手触り軟滑。小井川水道水による生糸は色沢・手触りとも佳良。ニートレスは前者九〇%、後者八五%。

・生糸の色沢を損なうのは含有する有機物の多きと、浮遊物質の付着によるものと考えられ、湖水を製糸用として使用する場合は濾過(ろか)が必要。（『平野村誌』）

このデータから、諏訪湖は昭和初期から汚染が進んでいたことがうかがわれます。
なお、上水道が出来て以後の製糸用水について、森杉安太郎さんが、製糸家から聞いた話として、こんなことを記録しています。

上水道の水と、河川の水や井戸の水を混水すると糸目も光沢も良くなる。水道水だけだと光沢は良いが糸目が出ない。河川水を入れると光沢が良い。（『製糸の町の水道物語』）

賃金査定の「罰金制」廃止

製糸場の賃金査定の基になる製品検査でのバツ採点（失点）を佐倉琢二『製糸工女虐待史』が「罰金制」と書いたことから、新聞が「罰金制」批判をくりひろげ、工女に罰金を課していると攻撃されることになりました。生糸検査でデニール外れや糸むらなど、輸出基準に合わない糸に×（バツ）がつき、これが賃金査定のマイナス点になり、工女が「バツがついた」といったのを、佐倉青年が「罰金制」と書いたことから起きた問題でした。

昭和五年春から、県工場課の指導で、いわゆる罰金制を廃し、得点のみによる採点法に移行しました。

古村敏章氏は新聞の批判に対し「六〇銭と六一銭との賃金差がなぜ出るかという厳密な説明のできるのは製糸業者くらいである。正確な査定をするための採点方法に過ぎない」と反論しています。

では製糸工場の賃金査定の実際はどうだったのでしょう。前に引用した監督B氏の日記（大正十四年）によると、一ヵ月の工女各人の賃金査定の算式は次のようになっています。

10匁の賃率×繰糸量＋得点－失点＝賃金額
1匁の賃率の計算は
総人数×工女1人の基賃金＋総得点－総失点÷総繰糸量

得・失点の査定項目は「繰目・糸目・デニール・切断・粗製・基礎」で、繰目とデニールが査定の重要な柱になっていて、「繰目」査定による得点・失点は、平均繰目一三〇匁（全工女の生産量を工女総数で除した数値）に対し「一〇匁増減するごとに八点を加除する」とあります。

工女が賃金を増やす道は①繰糸量を増やすこと②得点を増やし、失点を減らすことにあるわけです。

このように工女の賃金は能率と、糸の品質検査による採点できまる成果給制だったため、優等工女と劣等工女では賃金格差がありました。検査で輸出品不適格の×（バツ）がつくと失点となるのは「懲罰」とは違うのですが、製糸結社の時代に、製品検査で×（バツ）がつくと、工場主から一定のバツ金を負担させたのを「罰金」と表記したことから「罰金」の二字が一人歩きして、工女の賃金問題で世間の誤解を招くことになったのでした。不用意な表記でした。製糸業界がパブリックリレイションズ（社会の理解を求める広報活動）の認識に欠けたこともわざわいしたようです。

Ｂ氏の日記に「バツ点」の記述はなく、製糸会社では「失点」としていたことがわかります。製品検査の×（バツ）は、赤点（失点）であって懲罰とは意味合いが異なります。「罰金制」と悪意をもって書かれ、世間からもそのように受けとめられたのは、製糸会社にはたいへん不幸なことでした。

紡績業界で温情的経営をうたわれた鐘紡は、製糸部の賃金査定でも得点だけにしていましたが、それも検査成績が悪ければプラス点にならないので、実質的には諏訪製糸の成果給と大差なかったといわれます。

片倉は昭和四年春から丸六工場で無失点制を試行し、翌年県内全工場で「無失点採点賃金制」を実施、これを全国の工場へひろげました。内容は、賃金査定における繰目点・品位点・糸目点に分ける割合を、四五％・四五％・一〇％とするというものでした。能率と糸の品位に重点を置く算定は変わりません。他社もこれにならったということです。

＊Ｂ氏が勤めた製糸工場の大正七年の賃金額　四〇円三三四人　七〇円四六九人　一〇〇円二二六人　一五〇円一四人　一七〇円六人　二〇〇円七人。平均七〇円（Ｂ氏日記による）

新賃金算出法

新しい賃金算出法を片倉製糸紡績㈱尾澤工場の規定で見てみましょう（繰糸業手＝工女の新呼

称＝の部要約)。
一、工場就業のべ人員へ春挽きは五〇銭以上、夏挽きは六〇銭以上を乗じたものの六五％を生糸生産高で除し、対一〇匁の賃率を求め、同じく三五％を品位総点数にて除し、品位賃率を算出するものとする。
一、前項の一〇匁賃率を、各自の総生産高に乗じ、および、品位点数に一点の賃率を乗じ、合計したものを各自一期間（半月）の賃金とする。
一、各自の糸目は、一杯糸目を工場平均に対し増すごとに、一匁につき八銭の割合で賃金を増加する。
一、各自一日繰糸量が工場平均以上の者は一匁増すごとに一厘〜五厘の増率を乗ずる。
（糸目・繰目および品位賃率は、糸格と原料および糸況を考慮して一五％を変更するものとする）
一、最低賃金は就業日数に応じ一日三〇銭以上とする。
［品位採点］
デニール（十四中の場合）▽十一　五点▽十二　八点▽十三　一五点▽十四　二五点▽十五
一二点▽十六　八点▽十七　五点
糸条斑　▽セリプレーン検査による標準点七五　五点▽同八〇　一〇点▽同八五　二〇点▽同
九〇以上　二五点。
類節　右に同じ。
一、品位・粗製検査により、返札一本につき下記の欠点ない者に一〇点の賞点。

切断（十四中の場合）十以上、縞糸、双子、ツナギ、撚付け、綛不同、ビリ、綴れ、ズル、光沢、大節三ケ以上、デニール十四中のとき上下四デニール以上の細太、糸条斑・類節とも七〇以下。

これをみると、糸の品質を最重視し、緻密でいっそう丁寧な繰糸が求められたことがわかります。この複雑な賃金算出を、工女一人ひとりについて行うのですから、帳場の事務方の仕事もたいへんだったろうと思います。

大恐慌で賃金二割カット

世界恐慌で危機に瀕した信州の製糸業界は昭和六年、標準賃金の二割削減を行いました。長野県賃金協定工場の平均賃金（一日）は、昭和六年四二銭一厘になり、翌年には三六銭九厘に続落、さらに翌年には三六銭三厘になってしまいます。

これに対し片倉は四七銭二厘↓四六銭五厘↓四三銭七厘と差をつけています。県平均額は、昭和十年には三八銭七厘とすこし回復しますが、片倉は四八銭九厘となっていて、片倉の賃金の優位性が目だって行きました。

その片倉も関西では、郡是と賃金で抜きつ抜かれつの競争関係にありました。賃金の差から熟練工一三人を郡是に「奪取」され、平均単価を引き上げて「奪還」したという報告が残っているということです。高格糸の生産をめぐる優等工女の引きぬき合戦です。

製糸危機――新タイプの丸興製糸㈱設立めぐるドラマ

昭和五年十月、糸価が六〇〇円を割り込む絶望的な市況になって、年を越した昭和六年一月、岡谷の製糸業界は、購繭資金の手当て（銀行融資）が見込めず、春挽きができなければ倒産に追いやられる危機に直面していました。特に中小製糸は深刻で、業界再編の気運が生まれ、第十九銀行の主導で新しいタイプの製糸会社・丸興製糸㈱が設立されます。会社が繭購入と製品販売を行い、加盟製糸場は良品生産に専念するというものです。この会社創立に至る緊迫した経過が、古村敏章氏の回想記で明らかにされたので見てみます。

一月二十日、第十九銀行の株主総会で、諏訪製糸への融資を危ぶむ意見が続出し、飯島頭取は窮地に立ちます。製糸金融に大きく依存する銀行として当然の成りゆきでした。総会後、飯島頭取・黒沢専務・中沢岡谷支店支配人は、同行取締役の二代片倉兼太郎（片倉製糸紡績社長）に、片倉の肩入れを要請したのですが、これは難問です。

二十四日、飯島頭取・黒沢専務・中沢支配人は片倉別館（上諏訪）に二代片倉兼太郎を訪ね、重ねて協力を懇請します。これを受けて佐一翁（二代兼太郎）は東京本社へ電話を入れて専務片倉脩一（佐一長男、後の三代兼太郎。東京高蚕卒）を呼び寄せます。二十五日午前三時半に到着した脩一は、ただちに橋爪忠三郎（岡谷製糸）片倉知恵造（大和組）林雄平（金ル組）を電話で呼び集め、午前五時から鳩首会談となりました。

かねてから投機的経営の製糸家のいることを危惧していた脩一専務は、この席で製糸の商・工分離案を持ち出しますが、前例のない構想で、一同考えこんでしまったといいます。そこで脩一専務は、中村製糸の古村敏章を電話で呼び出します。脩一（後の通称三代さん）は古村の仲人を引き受けるなど、古村に目をかけ、早くから製糸場の商・工分離案を話していたようです。古村が午前八時に駆けつけ、米国で見てきた経営の例を話し「企業合併による経営強化という手もあるが、今回は赤字の集積となるので意味がない」「岡谷地方製糸の商業偏重・技術軽視を改めなくてはいけない」として、商・工分離の新会社設立が望ましいとのべると、黙って聞いていた佐一翁は「そうすればよいかエ、何だか脩一もお前さんのいうようなことをいっていた。うまい考えじゃないか。それでやってご覧な」と、すっと結論を出したそうです。この言葉、佐一翁の風貌をよく伝えていると思います。

鶴の一声です。財界巨頭らしい言葉ですね。これで新会社設立の方向が出たのですが、片倉本社の片倉武雄常務（光治長男・東京高蚕卒）は「米国の靴下用高級糸は、品質向上の要求が高まるばかりだが、諏訪の各工場は設備と技術が劣っていて、米国の要求に応えられない。諏訪製糸救済の意義はわかるが、失敗すれば銀行その他に迷惑がかかる」と慎重でした。

そこで古村と小口修一（小口組）は第十九銀行と協議して①資本金は八〇万円とし、片倉・銀行・加盟業者が各三分の一出資する②中心的指導工場として片倉から一工場の加盟を願う③社長に諏訪倉庫支配人の黒沢剛氏（黒沢頭取の女婿）をお願いする、との案をまとめて片倉へ持ちこみ、三月六日、片倉東京本社での重役会となりました。

第十九銀行の黒沢常務らも上京して片倉に協力を懇請、それを聞き取った佐一翁は、黙考してから静かに口を開き「どうだエ、黒沢剛さんが社長になるならやってもいいじゃないか」といったそうです。一同しばし沈黙が続いて、まず片倉武雄常務が賛意を表し、続いて片倉脩一専務が賛成した。すると佐一翁が古村に「お前さん、剛さんは出るかエ」と問いかけ、古村が「出ていただけると思います」と答えると、佐一翁は「そうかエ、出てくれるかエ、それなら決まった。それでやってご覧な」と結論を出したそうです。ドラマティックな展開ですね。

こうして丸興製糸㈱は昭和六年三月、次の九社一六工場、四九〇八釜の加盟で設立され、銀行の融資を得て危機は回避されました。

片倉製糸角六工場（片倉兼太郎）
小口組金三・山三工場（小口勝太郎）
山共岡谷製糸㈱東部・西部・北部・角共工場（小口宗雄）
入丸一組第一・第二工場（尾澤二郎）
小松組金万・山万工場（小松勝左衛門）
金キ組金キ・金一丸工場（陸川薫）
丸A林製糸所（林寛一）
丸キ中村製糸所（中村百太郎）
金イ今井製糸所（今井信男）

期待を背負っての船出でしたが、うち続く不況で会社は赤字の連続。昭和十一年には経営危機に陥りましたが、常務・専務を務める古村に、八十二銀行の頭取になっていた「三代さん」の一貫した支援があって持ちこたえ、昭和十五年、初配当にこぎつけました。この間、昭和八年には、古村が育てた丸キ中村工場と入丸一工場が、普通機では不可能といわれた十四中3Aを出して狂喜したといいます。古村はのちに丸興の第四代社長になります。

＊その後の丸興製糸　昭和十五年、三代兼太郎の配慮で御法川多条繰糸機を擁する片倉尾澤工場を使えるようになり、十七年には角吉高木製糸所も合併して多条機四〇〇釜の大工場に発展。太平洋戦争のため昭和十八年十一月操業停止。

佐一翁の小野ことばと母ひろ子

ここで注目しておきたいのは、古村氏が記録した佐一翁の「かエ」「ご覧な」のことば遣いです。これは上伊那郡小野村生まれの母ひろ子さんが使っていた、ぬくもりのある小野の里のことばと思える、ということです。私は昔、小野の人が「下さい」または「くれ」というのを「おくんな」と言ったことを覚えています。「まるい言葉だな」と思ったものです。

片倉市助夫人ひろ子は小野の旧家宇治左衛門光里の子（文政十年生）です。嶋崎昭典『初代片倉兼太郎』によると光里は家訓に、

一、子供の養育に決して嘘（うそ）、偽りを言ってはいけない。

一、雇人へは慈悲、憐みの心を忘れないこと

一、質素、倹約に勤めること

など一三条を定めていて、そうした教えの許で育ったひろ子は質素で賢く、周囲に温かさを与える人だったといいます。今井五介の思い出話には、一日休みなく働きながら、背中でむずかる

子に、百人一首の歌や昔噺を聞かせてなだめる母親だった、とあります。優しい人で、正月など、乞食が遠くを通ると手をあげて呼びこんで餅などを施し、自分はいつも玄米を搗く時にできる屑米の餅を食べていたということです。

その母親ゆずりの小野ことばが身についていた佐一翁は、母親の気質を受け継いだ人と思えます。前に挙げた佐一翁の、親孝行と修養を説いたことば（六二ページ）はその表れと感じられるのです。またこのことは、片倉四兄弟に共通していえるように思えます。

ひろがる社会不安……小口組解散

昭和六年、不況は深刻化するばかりでした。糸価続落で繭値も低迷します。一貫目七〜八円していた繭値が最低一円四九銭にまで落ちこみ、繭代でやっと息をしていた農村が疲弊して、農村恐慌に波及してしまいました。

政府は養蚕農家の救済のため「蚕糸業組合法」を制定して、三割の生産調整を訓令し、販売カルテルの推進を図りました。

＊昭和六年三月、輸出生糸検査法改正公布。

この年、製糸業界第三位の巨大製糸・小口組が解散（負債七四四万円）に追い込まれ、商社の日本生糸・神栄生糸の経営となって、地元に衝撃が走りました。

つづいて山共岡谷製糸が行きづまります。同社は岡谷に五工場、埼玉県大宮・深谷、茨城県荒川沖・真鶴、三重県加佐登に分工場を持つ四〇〇〇釜の大手ですが、大宮工場長の政治道楽（大宮町長）による放漫経営から傷口がひろがったのでした。第十九銀行が主体となって善後策が講じられ、大宮工場をきり離して別会社の株式会社（小口宗雄社長）を設立し、地元工場は維持できたのですが、中小製糸の破綻が続出しました。

長野県生糸同業組合連合会（小口善重会長）は十一月二十日、県へ応急資金三五〇万円の融通を陳情しています。その陳情書を現代文に直しますと「業界は未曾有の窮境に陥り倒産続出する状態で、かろうじて操業を継続できた者も、今や全く立つあたわざる実情にあります。年末に際し職工の賃金はもちろん、来春春挽きの資金調達の方策たたず、このまま自滅する者続出する惨状に立ちいたっています」という悲壮なものです。

国直轄の失業救済事業

国じゅうに社会不安が広がり、危機感が社会を覆います。満州支配によって産業を興し、米露に対抗する軍備を固めようと焦る関東軍が暴走を始めて、政府の頭ごしに満州国建国へ突き進みます。九月十八日、満州事変が起き、関東軍の連戦連勝を新聞が「勝った」「勝った」とあおりたてて、国民も熱狂しました。そうしてポピュリズム（大衆迎合）の政治へ傾いてゆきます。大不況に苦しむ大衆は、満州進出に希望の灯を見いだしていたのかもしれません。不幸なことでした。

内務省は、諏訪でも直轄の失業救済事業を実施します。和田峠トンネルの開削工事（昭和六年七月―八年十月）がそれです。製糸場で働いていた工男がツルハシをふるい、職を失った工女が炊事婦に雇われました。

昭和六年末、長野県の失業者・半失業者は六万四〇〇〇人を超えました。

＊小口組の解散　生糸商社の日本生糸が小口組工場を主体に日東製糸を設立。商社神栄の生糸部は小口組石岡工場を直営とした。小口組の経営内容は未解明の点が多い。

他の大手製糸も、賃金の二割カットをするなど、生き残りをかけて必死でした。大恐慌下で皮肉にもこの昭和六年、日本の生糸生産量は七一万〇三一四俵と、史上最高を記録しています。

片倉はこの年、米国最大手のジェルリ商会とミノリカワ・ロウ・シルク二万五〇〇〇俵の先約定を結び、以後数年間、同商会に特約で大量の高格糸を売ることができて、大恐慌を乗り切ります。日本の輸出高格糸は片倉・郡是が圧倒的シェアを誇り、中でも最上格では昭和五年ころから片倉・郡是が八〜九割を占めて、独占状態になっていました。

強制検査で等級格付け

昭和七年元旦、大恐慌下で改正輸出検査法が施行となり、正量だけでなく、品位も公立の生糸検査所の検査が義務づけられました。

検査は一荷口を単位に第一主要検査（①糸条斑②類節）第二補助検査（①再繰②繊度偏差③強度・伸度④抱合⑤平均繊度）第三肉眼検査について行い、その成績によって等級をきめるというものです。データによる第三者格付けです。

格の等級はAAA・AA・A・B・C・D・E・F・Gの九種で、AAAの上に、総合点九〇点以上の生糸を「特別（special）AAA」と認定する、というものでした（出荷単位一俵一六貫＝

六〇キログラム）。
米国絹業界が要求する、糸条斑最少の生糸生産のための規制強化でした。製糸工場の現場では、これに対応できる生産態勢を固めるために必死の努力が積み重ねられました。↓生糸格付表は巻末資料篇に。

ついに山十組倒産　銀行も日銀へ特別融通願い出

この昭和七年は、製糸業界に最悪の年となります。六月、糸価が四一五円の最安値を記録し、業界二位の巨大製糸山十組が倒産してしまいます。山十組は昭和五年に埼玉の本庄・小山の両工場で賃金不払いを起こすなどして経営危機が伝えられていましたが、負債が三八〇〇万円の巨額に膨らんで、主力銀行の安田も支えきれなくなったのでした。

山十組は、争議で痛手を負っていたほかに、資本の蓄積が充分でなく、機械化への移行で遅れをとっていたようです。そうなると、ざそう機主体で高格糸をそろえるのはむずかしく、苦心の経営だったことがうかがえます。

それはひとり山十組ばかりでなく、片倉を除いては、大半の製糸所が、購繭期に多額の借金を繰り返す自転車操業だった、というのが実態であったと思われます。

それでも政府は、戦費（外貨）ばかりか、鉄道建設資金などまで生糸の稼ぎに頼ろうとした産業政策による金融容認を続けました。製糸業界は、その政策によって支えられていたといってよいと考えられます。

それが大恐慌の突発によって、一気に諸矛盾が噴き出てしまったのでした。民衆の生活レベルでも大きく立ちおくれていながら、列強諸国に対抗しようとした軍部主導の後進資本主義国日本の悲劇でした。

＊山十組の工場（全国二〇）は昭栄製糸と問屋神栄製糸部の分割経営となる。

大恐慌の深刻化から、第十九銀行と第六十三銀行は、上位銀行の三菱銀行と興業銀行から合併勧奨を受けて、昭和六年六月合併して八十二銀行となっていたのですが、明けて昭和七年、春繭資金融資に不安をかかえる情勢となり、六月六日、日銀に対し、製糸業者振出手形を担保とする一〇〇万円の特別融通を願い出ています。事態がいかに深刻だったかがわかります。

＊八十二銀行の日銀あて「願書」要旨　一昨年来ノ財界ノ変動ニヨリ預金支払多額ニ上リ、本年度ニ於ケル春繭資金貸出ノ資源乏シク、殊ニ最近空前ノ不況ニテ当業者ハ極度ニ窮迫シ、目先春繭出回リノ季節ニ相成リ候ヘ共、当業者モマタ弊行モ未ダ計画立テ兼ネ居候（…）此際融通ヲ為スハ信用保持上緊急ナルモノト考ヘラレ候

北信濃須坂の製糸王・越寿三郎の山丸組の破綻も伝えられ、製糸王国信州を暗雲が覆いました。政府は、全滞貨生糸十一万俵の一括買い上げを断行し、連鎖倒産を防ぐため、糸価安定損失処理法などを制定します。

失業対策事業で釜口水門できる

長野県はこの年から、失業対策事業として、諏訪湖の氾濫を防ぐための、天龍川の河床掘り下

げ工事などを行いました。釜口水門が三四万一〇八五円をかけて造られたのもその一環でした（昭和七年着工、十一年竣工）。

失業対策の総事業費は一五〇万円にのぼりました。労務者の賃金は五〇銭（一説に三五銭）でしたが、就労希望者が殺到し、順番待ちに夜明かしする失業者もあって、用意したスコップを奪い合う騒ぎになったといいます。

旧釜口水門

（平成元年　著者撮影）

小学校へ弁当を持って行けない児童がいて、自分の弁当の半分を与えた教師もありました。林嘉志郎さんも、弁当を持ってこられなかった同級生のことを語っています。弁当なしでも勉強しようと学校へ行った子がいたのです。

このころ、工女の繰目は平均二〇〇匁以上と、深山田時代の約一〇倍に躍進していました。新繰糸法を身に着けた工女さんたちのがんばりと、繭品質の向上、繭乾燥・煮繭の技術進歩の成果でした。

恐慌下で多条機へ転換

不況下で片倉は、全国の工場で多条繰糸機への入れ替えを進め、業界二位になっていた郡是も、昭和七年から多条機への転換を開始し、他の大手製糸がこれを追い、生き残りをかけて必死でした。

この地方では、片倉につづいて辰野の武井製糸（武井覚太郎）が昭和四年に織田式一〇条機、小井川の金山製糸（小口圭吾）が昭和六年に半田式二〇条機九八台を導入したのが先駆けでした。

＊織田式は諏訪式繰糸機と多条機の機能を併せもつ半沈・高温・高速繰糸機能に、糸の切断防止装置をつけた異色機。

多条機は丸安のＭＹ式・郡是式・岩井式・鐘紡式など多様な機械が開発されて、業界は高格糸の量産に活路を求めようとしていたのでした。資本力のない製糸家は脱落していきます。

＊昭和七年、製糸業法が制定され、業者は免許制（新期開業は一五〇釜以上）となった。政府による製糸統制である。この年米国の輸入生糸の九三％を日本が占めている。

昭和八年三月、政府は、関東軍を制御できずに満州国建国を追認し、米英との対立を決定的なものにしてしまいます。

しかし、農村の疲弊を見ている青年将校たちは焦燥し、政治革新をとなえて五・一五事件（昭和七年）で犬飼首相を殺害し、皇道派による永田鉄山暗殺（昭和十年）に続く二・二六事件（昭和十一年）を起こして政党政治をぶっ潰してしまいます。軍部主導の政治になって、戦争へと落ち込んでゆくのですね。大恐慌が日本を壊したといえると思います。

＊昭和七年四月、全国で賃金不払いの製糸工場七三六、従業員数九万五二一八人、不払い賃金一九九万四六二六円（岩波新書『製糸労働者の歴史』）。

落日

昭和八年一月、株式・商品市場が一斉暴落します。糸価は平均六九六円と低迷がつづきました。全国の工女の平均賃金は、昭和二年の半分以下になったといわれます。休・閉業した製糸工場のなかには、工女に賃金を払えないものもあって、群馬などでは争いが起き、平野村ではカフエーの女給や料理屋の女中になる工女がいたといわれます。

このころ米国の繊維産業の原料は、化学繊維が過半を制して、シルクと地位が逆転していました。シルクの用途は高級靴下に限られ、より高格糸が要求されるようになって、製糸業界をとり巻く環境はきびしさを増す一方で、機械化に乗り遅れた製糸場の廃業が目立つようになりました。製糸業の衰退は明らかでした。

日本は昭和八年三月、満州国問題で国際連盟から脱退し、国際的に孤立してしまいます。

この年は室戸台風が大暴れして、平野村の山二笠原組入二工場の鉄製の大煙突を倒し、東北冷害・西日本干害・関西風水害を起こして大凶作となり、不況の追いうちとなりました。

もと工女さんの自分史の本から

昭和八年四月、平野村の山吉組製糸（小口吉左衛門）に就職した加藤久子さん（大正七年生）が、七十三歳になって刊行した自分史の本（『蛍の里に老いて』）に、当時の製糸工場暮らしを回想した文章があるので、その一部を引用（要約）します。加藤さんは上伊那郡中箕輪（なかみのわ）村で育ち、高等小学校を終え、中箕輪実業補習学校二年を修了して山吉に就職した方です。製糸業は大恐慌の危機を脱したものの、斜陽の道をたどり始めていたのですが、従業員にはその実感はなかったようです。

運動員（工女募集）の松沢さんが来て、私達を工場へつれていって下さいました。母は行李（こうり）に豆イリ（炒り豆）、凍り餅（こおりもち）、着替え等、いろいろとこまかい物をぎっしりと詰めて、父がしっかりと荷造りをして下さいました。

岡谷駅は工女達の行李で山のようでした。

山吉の再繰部に入り、デニールをはかったり、糸をねじったりの仕事でした。御飯場はお膳が一人ずつ決まっていて、朝起きると着物をきて帯をしめ、エプロンをかけて仕事場へいきます。

寮は広い階段を上った所の部屋をあてがわれ、同室は一〇人くらいで、みな伊那方面の人達です。部屋長と副の方がおりました。初めの仕事は生糸をねじる事で、上司は名取さんという方でした。

私の他に二人の男の子が一緒に教わり、女の子がもう一人おりました。監督さんはとても穏やかなおじいさんでした。毎日毎日一生懸命に練習しました。とてもお腹がすいて、食事の時間が待ちどおしい位でした。

練習はきびしく、仕事の始まる前から、夕食を食べてからも習いました。時には午前三時、四時くらいに起きて習ったこともあります。

夕食後はみな編み物をしたり、本を読んだりしましたが、行李の豆イリがなくなると口がさむしくて、町の菓子屋のカリントウ（百匁七銭）が買いたくても一日四十五銭のお給料ではなかなか買えなくて、天麩羅屋の前を横目で見て通りました。

豆イリも独りでこそこそと布団の中で食べるわけにはいきません。共同生活はみんなの前に出して、みんなで食べるのです。二年くらいしたころはいくらか余裕が出来て、今夜はみんなで電気館へ映画（愛染かつら）を観にいこうということになり、五時に仕事が終わると早々にお風呂に入り、えり白粉をつけ、帯を高々としめて出かけました。

私は前々から詩や短歌が好きで、思いついたことを書きつけていました。そのうち詩歌の好きなりょうちゃんと百瀬君と三人で本にすることになり、手書きで和とじの本にし、三人で記念の写真を撮りに行きました。百瀬君の知人が同人になっている詩誌に投稿したこともあります。

秋には工場の庭で運動会が盛大に行われ、甘酒等が出て楽しみました。演芸会も行われ、各部屋で演し物を考えて、踊ったり劇をしたりして楽しみました。一年の終わりの閉業には勤続の人達に反物等が渡され、お膳には鯉のうま煮とおこわ（赤飯）の御馳走が出ました。

正月を家ですごすと、また岡谷へ働きにいきました。当時、日本経済の源であった生糸の輸出によって、林立する煙突の煙が象徴するように、岡谷の町は活気づいておりました。開業・閉業の時期になると、岡谷の駅前広場は、工女さん達の行李の山で一杯でした。労働条件も大幅に改善され、私達も気持ち良く働き、楽しみもありました。

仲間の二、三人で遠州流のお花を習いに通いました。五時に仕事が終わり、お風呂に入ってお化粧をし、帯をしめてカラコロと下駄の音を立てて町を歩いていきました。先生のお家は新屋敷にあって、よその工場からも五、六人の生徒さんが来ていて、教室は一杯でした。天・地・人・動と生花の基本を習いました。先生はきれいな方で優しく、左の中指にきれいな指輪をしておられて、お花を見るより先生の指ばかり見ていたものです。教室で活けたお花をもち帰り、お部屋の床の間に活け直して勉強しました。

特3A格生糸は片倉・郡是の独占状態に

昭和九年になっても糸価は回復しません。景気の低迷は、軍需景気の昭和十三年まで続きました。そんな情勢の中でがんばっていたのが片倉でした。そのころ米国の絹のストッキングは超薄地の高級品になっていて、五一ゲージ以上というような靴下にはスペシャル3A格の糸が必要でした。「ミノリカワ・ロウ・シルク」はそれに適合する「特別優等生糸」の標示で輸出され、片倉と郡是の二社が最高級糸の一手供給者になっていたのでした。

＊片倉の工場群の中で特3A格の生産主力は旧薩摩製糸の三工場。

昭和十年、改良を重ねた御法川式二〇条繰糸機は、完成の域に達します。同機の繰糸成績は平均糸格2A～1A（普通機は平均C3）、収益は普通機の三倍といわれます。

この年、大型の特許増沢式陶器鍋を装着した増沢式多条機が登場し、全国の中規模製糸の七割に普及したということです。増沢工業は超大型の陶製鍋（長さ二㍍、重さ一〇〇㌔）を造るために、滋賀県信楽（しがらき）に製陶所を設けています。

組合立岡谷生糸検査所できる

昭和十年二月、塚間倉庫内に、製糸・生糸問屋二七八口の出資による組合立岡谷生糸検査所が開所しました。

輸出生糸検査法の改正により、出張検査が廃止された不便を解消するため、丸興の古村監査役らが動き、黒沢利重諏訪倉庫社長の協力があって実現されたものです。検査機械は横浜の原商会から譲り受け、主事に増沢静明前村長、主任技師に上田蚕専卒の小沢正一を迎え、職員一〇人での発足でした。

これが十一年六月には長野県繭検定所岡谷支所となって郷田に新築移転。検査件数は初年の六一九三件（一万五〇二三梱）から年々増え、十六年には九〇〇七件（四万六八七六梱）に達しました。

↓昭和五十二年三月閉所。農林省蚕糸試験場岡谷製糸試験場となる。

＊生糸検査所発足時の役員　理事長黒沢剛（丸興社長）、理事小口知広（問屋）、林雄平、古田左文治（輸出製糸）、片倉栄一、小林公明（国用製糸）、監事中村七五郎（副蚕糸）、山田保雄（国用）

平野村が岡谷市に――糸都に危機感

昭和十一年、大恐慌から人口が四万一三三三人に減っていた平野村が、一足とびに市制を敷いて「岡谷市」になりました。初代市長・今井梧楼、市会議長・林七六。器械製糸を始めて六十三年、無名に近い一農村が、世界一のシルク工業都市に発展するという奇跡を産んだ地、それが岡谷市です。

旧岡谷市役所庁舎

（平成 30 年 6 月　著者撮影）

その岡谷で製糸廃業が相次いでいて、産業構造の転換の必要性が痛感され、人心一新を図っての市制施行でした。新市発足の記念式典では、製糸依存からの脱却が説かれ、多角的工業都市建設へ歩み出すことになります。

この年、世の中は不況でも糸価は最高二二一〇円、最低一五二〇円、平均一九〇四円と、新市発足を祝うかのように好況でした。

岡谷市の誕生を祝って、片倉製糸紡績㈱常務取締役の尾澤福太郎翁が、私費（一二万円余）で市役所庁舎を建てて寄付しました。市制移行には庁舎が整備されていることが要件とされていたため、今井梧楼村長が尾澤氏に寄付を要請、今井氏は「ひと晩考えさせて下さい」と答えて翌日、これを快諾したといいます。庁舎は鉄筋コンクリート造り二階建ての風格ある建物で、水洗式トイレの設備でも話題になりました。諏訪地方に水洗トイレが普及したのは戦後も昭和四十年代のことです。この旧庁舎は、新庁舎が建設されてからも保存され、登録文化財・近代化産業遺産に指定されています。片倉館と並んで製糸王国の時代を象徴する建物です。

堂々とした帝冠様式に近いデザイン、高遠丸千窯で焼かれた黄土色のスクラッチタイルの外壁も魅力的です。屋根の下に、三階かと思わせる窓の並ぶ低い壁面のある外観は、帝冠式建築の代表とされる東京九段会館と似ていますが、屋根が違います。九段会館が洋館の上にいかめしい和風の瓦屋根を載せているのに対し、旧岡谷市庁舎の屋根は寄棟の洋瓦葺。こちらの方がすっきりしています。昭和モダンの雰囲気を伝える名建築といえると思います。

設計者は長く不詳とされてきましたが、最近、宮坂正博さんの研究で、長野県営繕技手・三苫繁実と判明、三苫技師は沖縄戦に要塞建設の中尉として参戦し、散華されているらしいことも判りました。尾澤翁の特命で施工を請負った丸大岡谷組（野口誦一組長）は、厳寒期のコンクリートの強度保持に必死で取り組んだと伝えられます。

富岡製糸場が世界遺産になってからシルク観光の流れが生まれていて、旧岡谷市役所庁舎も、片倉館とともにこれから人気スポットの一つになることでしょう。庁舎の横にある立派な御影石の覆い屋に、福太郎翁（昭和十二年没）の銅像が立っています。作者は平野村西堀出身の武井直也（東京美術学校卒）です。

福太郎翁は万延元年の生まれ。尾澤家は岡谷村で江戸時代から座ぐり製糸をしていて、明治十一年に器械製糸を始めた父・金左衛門の跡取りとして同二十七年から尾澤製糸所を経営し、熊谷・大宮・盛岡・土浦・熊本に工場を進出させ、大正十二年、株式会社尾澤組に改組、片倉製紡績㈱と合併して片倉の重役になりました。その間、清国繭の買付け、米国絹業界の視察団に加わるなど活躍し、平野工場内に工女養成所を設けて私立尾澤組実科女学院を併置するなど、製糸業の発展に尽くしたと銅像裏の「頌徳記」にあります。弟・琢郎は片倉の姻族となって活躍しています。

岡谷市が発足した翌昭和十二年には、盧溝橋事件から日中戦争となり、これが太平洋戦争への導火線となったのでした。

ナイロン出現、大戦への道

糸価は昭和十年から上昇に転じ、製糸業界は息を吹き返していました。翌十一年もどうやら順調に推移し、十二年には年初、糸価が二〇〇〇円台に戻して業界は歓喜したのですが、これが製糸業の最後の光芒一閃（こうぼういっせん）となりました。五～六月にかけて一三〇〇円台に崩落、政府は糸価安定施設法を発動させて、生糸買い上げを実施しますが、製糸業は衰退への道をたどって行きます。

昭和十三年、米国デュポン社が化学繊維ナイロンの生産を開始し、製糸業界に衝撃が走りました。シルク没落を予感させる重大事です。ナイロンはのちに、絹に替わって、ストッキングの原料を独占することになります。

大手製糸は、機械化でこの苦境を乗り切ろうとし、全国の多条機は五万台を超えていました。

それでも機械化率は二五％。まだ普通機が主力で、工女さんたちは五条・六条・七条の取り口で懸命にがんばり、さらに人力では限界の八条取りが試されていました。

日米関係は険悪化の一途をたどり、日本は五月に国家総動員法を施行、ひき返せない道へつき進んでいきます。製糸業界の憂色は深まるばかりでした。

昭和十四年七月、とうとう米国は日本に日米通商航海条約の廃棄を通告、九月には独軍のポーランド侵入から、第二次世界大戦開戦となってしまいます。

この年、片倉は富岡製糸場を買いとり、多条機を配置して、経営黒字化を目ざします。片倉は、揚げ返し法の第二次改良を確立し、全国の工場でこれを実施しています。

同年、サンフランシスコで開催されたゴールデンゲート万国博覧会に、片倉は富士見町出身の三井静子さんを送り、会場で繰糸実演を行なうなど日米親善に努めたのですが、政治の奔流を押しとどめることはできず、とうとう昭和十五年一月、生糸の対米輸出が途絶。製糸業界は八月、運転釜数の一割五分操短に追いこまれます。お先まっ暗、途方にくれるばかりでした。

八月、米国は日本に対し石油・くず鉄輸出禁止の経済制裁をかけてきて、日米関係は抜き差しならないところに行き着いてしまいます。蚕糸業統制令ができて、業界は日本蚕糸統制会社に集約されることになります。

＊万博に派遣されシルクガールと呼ばれた三井さんは、滞米中に出合った日系二世伊奈周さんと結婚。

太平洋戦争開戦　自動繰糸機の開発中断

昭和十五年、片倉製糸は、工女を学ばせた尾澤女子青年学校生徒五四五人の修学旅行を、十両編成の特別列車で行っています。時節柄、特別列車の許可を取るのに「紀元二千六百年記念・聖地参拝旅行」の名目にして、伊勢神宮・春日大社・京都御所などをめぐったそうです。生徒たちは、会社が支給した紺サージの夏服に白い帽子というお揃いの服装でした（岡谷日日新聞、昭和四十六年十一月九日「岡谷いま昔」）。これが製糸の時代の最後の輝きとなりました。尾澤工場は翌年三月、企業整備のため閉所。

片倉製糸は早くから、全工場の従業員に制服を支給していたことで知られます。

その片倉は、辻村式三〇条自動繰糸機一台の試験を大宮工場で進めていました。辻村秀次郎が発明した「デニーラー繊度感知器」を装着した画期的な機械でした。そして昭和十六年、辻村式を改良して自動繰糸機「K１型」を開発し七月、一六台による大量試験を開始したのですが、十二月八日、太平洋戦争開戦となって、大量試験は中断されました。

戦時体制、製糸工場が軍需工業に

国では戦争に備えて、地理的に防備条件に優る信州への軍需産業移設を構想し、長野県も工場誘致計画をたて、工業先進地の岡谷・諏訪へは主力の航空・光学・通信関係工場を配置する方針でした。遊休工場の多い岡谷市には、延べ一万坪近い転用可能工場が見こまれていました。製糸で技術を磨いた労働力もありました。

こうした流れの中で昭和十五年暮れ、岡谷市今井に帝国ピストンリング岡谷工場が操業を開始、大型企業の岡谷進出第一号でした。

太平洋戦争開戦とともに、生糸生産は割り当て制になって大半の工場は休業し、残った会社も昭和十八年四月に設立された国策会社・日本蚕糸製造㈱（社長・三代片倉兼太郎）と日本蚕糸統制㈱（社長・今井五介）に統合されてしまいます。

こうして岡谷・諏訪地方へ軍需産業が続々と入ってきます。帝ピスの隣へ、航空機の発動機を造る東京発動機、小井川の金山社工場へ浅野航空、川岸へ東芝、下浜の山十組工場へは、航空機の胴体をつくる大和軽金属、岡谷の金ル組へは北辰電機、長地の丸九渡辺製糸へは軍用の測距器など造る高千穂光学（後のオリンパス）が入り、小井川の山上宮坂には日本通信工業が疎開。入二笠原は清水発条、丸ト笠原は沖電線の協力工場に転換しました。増沢工業は航空機の燃料用補助タンクを造り、丸千造機は海軍、東洋バルヴ・北沢工業は陸軍の監督下で兵器などを生産。

片倉の丸一工場と隣の丸ト組・大和組・金二組は合体して航空計器を生産しましたが、片倉は諏訪地区の六工場をもって「諏訪航空」を立ち上げ、木製飛行機などを生産、社名を片倉工業㈱と改称し、製糸からの脱皮を印象づけました。

丸興製糸は日本蚕糸製造㈱の代行としてパラシュート用生糸の生産も行いましたが、昭和十八年十一月をもって製糸生産を停止。若宮工場は陸軍被服工廠の縫製工場になり、岡谷工場の転用に、服部系の東京光学と共同出資の岡谷光学機械㈱を設立し、機関銃照準器を生産しました。

戦後あきらかになったことですが、工業都市岡谷は、米戦略空軍Ｂ29の爆撃目標地に入っていたということです。

敗戦――滞荷生糸が飢餓の国民救う

昭和二十年八月十五日、太平洋戦争終結。東京・大阪・名古屋など大都市や工業地帯が焦土と化した敗戦国日本は、海外からの大量の引き揚げ者もあって、国民が飢餓状態に陥りました。四〇〇~五〇〇〇万人の餓死者が出るといわれ、暴動が起きかねない情勢になって占領軍は、米国からトウモロコシ・小麦・グリーンピースなどを緊急輸送して日本国民を救い、アメリカの食糧援助だといわれましたが、実はこれは、横浜の国策倉庫などに保管されていた生糸二〇万三〇〇〇俵を見返りにしての食糧供給でした。その事実が明らかにされたのは後のことです。このとき、諏訪倉庫に保管されていた国策会社・日本蚕糸統制㈱所有の一万三〇〇〇俵も横浜へ運ばれました。生糸が救った国難でした。

製糸復興と変容

敗戦の痛手、戦後の荒廃の中から、日本の製糸業はぼつぼつと息を吹きかえし、昭和二十一年には九万四一九二俵を生産しています。食料や諸物資を輸入するお金を稼ぐため、産業の再建が急務でした。GHQ(連合国軍総司令部)は、製糸業の復活を指令したのですが、繰糸機の大半を整理してしまっていたことや物資不足から、製糸復興には困難がありました。

そんな中で昭和二十一年、岡谷地区では次の一五工場が生産を再開しています。数字は釜数、カッコ内は代表者。

丸興製糸㈱尾澤工場　五二〇（渡辺元得）
　同　新屋敷工場　二二〇（同）
ミハト製糸㈱　二九四（小島助治）
増沢工業㈱製糸部　二六〇（増沢亀之助）
山吉組製糸㈱　二六〇（小口吉左衛門）
合資吉田館　二三四（吉田澄蔵）
岡谷共栄製糸㈱　一九七（林　将英）
丸中製糸㈱　一八〇（中島　正）
味沢製糸所　一五〇（味沢定義）
開明絹織㈱　一三五（増沢亀之助）
進工社製糸場　一〇四（宮坂泰平）
オモダカ糸製造所　七八（増沢清富）
山大製糸㈲　四〇（大槻庸資）
㈲金二製糸所　四〇（小松小一郎）
山三平林製糸所　二八（平林弘美）

しかし戦前、日本シルクの大消費国だった米国は、戦時中に技術を発展させたナイロンが、靴下の原料に使われるようになっていて、日本の製糸業はかつての勢いをとりもどすことはできませんでした。

御法川式多条繰糸機四〇〇台を運転し、優良糸を生産した丸興尾澤工場には、昭和二十二年十月、新潟・長野両県をご巡幸の天皇皇后両陛下が行幸されたのですが、その丸興の優良糸は、丹後など国内の機業地へ出荷されていました。同社の新屋敷工場は普通機二二〇台の運転でした。

その後生糸生産の集中傾向が強まり、昭和二十四年には片倉、郡是、鐘紡、昭栄の四社の支配状態になっていました。同年、片倉は全国生産の一八・一％、郡是は九・六％を占め、ことに片倉資本の優越性は他資本を圧倒的に凌駕（川岸村史）していました。

対米輸出は、昭和二十五年の九万四六二俵をピークに、三十八年から急減します。中国・韓国糸に圧倒された結果で、四十七年以降の対米輸出は一〇〇〇俵にも届きません。

日本経済は高度成長したが……

一方、日本経済の奇跡的な復興から、生糸の国内需要が盛り上がり、生糸生産は昭和二十年代に二〇万俵台へ乗せてから増え続け、特に三十年代からの高度経済成長で三〇万俵台に伸びたのですが、昭和四十四年の三五万八〇九〇俵をピークに、五十年代には三〇万俵台前後と下降してしまいます。三十七年ころから始まった中国・韓国糸の輸入が年ごとに急増し、四十八年には輸入量が一四万俵余に達し、競争力に劣る日本製糸は採算に合わなくなってしまったのでした。昭和六年、日本の生糸生産量が七一万俵に達していたのと比べると、隔世の感があります。

岡谷の製糸工場は、三十年を戦後の頂点として減り始め、さらに四十八年の石油危機に始まる経済不況から、低成長の時代になって、日本の製糸業は衰退の道をたどることになります。養蚕農家も減る一方でした。

＊昭和二十一年の全国の養蚕農家数八七万六四七五戸、これが四十六年にはほぼ半減したが、繭の産額は技術進歩で年々増え、昭和四十三年に約一二万トンに達したあと減少に転じた。

業者の熱意で蚕糸試験場誘致

戦後の混乱期に、岡谷の製糸業者の熱意で、郷田に農林省蚕糸試験場の誘致を実現させています。

誘致運動を起こしたのは古村敏章・吉田良三・小林公明・手塚政吾らでした。農林省蚕糸局へ働きかけるとともに、長野県・岡谷市へ運動して推進を図ったのですが、財政難の政府は予算化できません。そこで古村らは、蚕糸業界から寄付金四三〇万円を集め、長野県蚕糸団体・諏訪製糸研究会から三〇万円の負担をとりつけて長野県・岡谷市を動かし、支出金を得て計六三〇万円をもって、農林省の承認のもとに建設へ持ち込んだのでした。物資不足の中でたいへんな苦労があって、昭和二十三年四月開所となりました。

寄付金で蚕糸博物館

ここでふれておきますが、市立岡谷蚕糸博物館の前身「岡谷蚕糸記念館」の建設を推進したのも古村敏章でした。古村の奔走によって宮坂健次郎岡谷市長を会長、林将英諏訪製糸研究会長と川村保岡谷商工会議所会頭を副会長とする岡谷蚕糸記念会館建設発起人会の設立となったのでした。

驚くべきことは、資金全額を業界で集めて建設し、市へ寄付するという古村の申し出でした。古村氏はこれを実行し一七二二万九〇〇〇円を集めて市有地（本町）に、市立蚕糸博物館として建設を実現し、昭和三十九年四月二十八日落成式を迎え、古村氏は初代館長に推されました。

＊博物館建設寄附者　会員　丸興工業（古村敏章）二二一万円、丸中中村正一〇〇万円、吉田館六〇万円、岡谷共栄・味沢製糸各三〇万円、龍上社二〇万円、入大信栄・金二小松各一五万円、山大大槻三万円、山三平林一万円。諏訪製糸研究会負担金五七四万円。一般から日本製糸協会関係で片倉工業一〇〇万円など三二社三九三万円、長野県蚕種業協会三六社一八七万円。篤志者八十二銀行一〇〇万円、諏訪倉庫七〇万円など四八〇万円。

この施設が基になって平成二十六年、蚕糸試験場跡に「シルクファクト岡谷」市立岡谷蚕糸博物館の誕生となります。

信州味噌の本場に

岡谷では、新屋敷小松組の山万味噌など、味噌醸造への転換が目立ちました。工場の食堂用に味噌を自家生産した技術と、製糸工場の遊休施設を生かした事業でした。戦前に転業していた松亀味噌（山十組）宮坂味噌（丸ス宮坂製糸）もふくめ、昭和二十五年には二七社にのぼっています。

昭和四十年前後には、諏訪味噌の生産量が長野県全体の四二%をしめ、その約四割を生産する岡谷は、信州味噌の本場になっていました。個性ある味の伝統は生きています。

自動繰糸機に到達

戦後の製糸業で特筆されるのは自動繰糸機の開発です。片倉は昭和二十一年十一月、自動繰糸機「K1型」一六台の大量試験を再開しています。片倉は占領軍の財閥解体命令の対象にされて、損保会社などを失っていました。財閥解体というのは、日本が再び軍事国家として起ち上がれないようにするための政策といわれます。片倉は製糸業の原点にもどって、自動繰糸機の開発に傾注したのでした。

そして片倉は昭和二十六年、世界初の定繊式の自動繰糸機「K8A型」を完成させました。二〇〇条機を背中合わせに一セットとする大型機械で、まず石原製糸所で稼働、翌年には富岡製糸所など六工場に配置されました。世界遺産・富岡製糸場の繰糸棟（国宝）に置かれているのがこの機械です。片倉は同機を全国の工場へ昭和二十八年までに四六セット設置しています。

つづいて恵南協同蚕機社が「RM式恵南型自動繰糸機」、立川飛行機㈱から転換したたま電気自動車社が「たま10型自動繰糸機」、片倉が「K8B型」、郡是が定粒式自動繰糸機をあいついで開発し、自動繰糸の時代へと進展するのですが、昭和二十年代末ころから、大手製糸の撤退が相次ぐ時代になっていました。

昭和三十年、農林省蚕糸試験場岡谷製糸試験所の大木定雄技官が、蚕糸式繊度感知器を発明し

ます。繊度を感知し自動的に接緒でき、究極の自動繰糸機への道をひらく画期的な発明でした。この特許権をえたプリンス自動車（後の日産）の「たま10型自動繰糸機RM型」が昭和三十二年に登場します。機械による接緒能力が格段に向上し、繭の品質にもあまり左右されず、糸条斑の発生も減り、品質の均一性を保てる優秀機でした。

これをさらに進めて自動索緒・自動抄緒つきの「プリンス自動繰糸機デラックスHR型」が昭和四十六年に完成して、製糸業界は自動繰糸機主体の時代となります。

瀬木秀保とHR—3型機

そして究極の製糸マシーンといわれる「ニッサン自動繰糸機HR—3型機」が昭和五十一年に完成します。集緒器に生糸の節がつまると、微小な張力変動を感知して、自動的に小枠が停止するなどの先端技術を搭載し、これが業界を席巻し、世界へ輸出されることになり、現在も使用されているのがこの機種です。

このマシーン開発のリーダーが岡谷市川岸出身の瀬木秀保さんでした。瀬木さんはこの功績で大日本蚕糸学会から蚕糸功労賞を贈られました。東大の農学博士の学位を収得し、八王子にお住まいでしたが、平成二十七年十二月、他界されました。八十二歳でした。

その年の二月、私は瀬木さんと一度だけ電話で話したことがあります。失礼を顧みず同人誌『窓』をお送りし、自動繰糸機の開発余話をお書きいただけないかと手紙を差し上げたところ、意外にも瀬木さんが突然電話をくださり、製糸の街のことを書いた私の短篇小説「水色のバス」

ニッサン自動繰糸機 HR－3 型機が稼働する工場
（昭和 56 年　丸山新太郎著『激動の蚕糸業史』より）

について好意的な感想を述べてくださったのですが、エッセイについては「学会の論文執筆にかかりきっていて、余裕がない」とのお答えでした。お元気なお声でしたのに、暮れになって哲子夫人からご逝去のことをお聞きし衝撃を受けました。朗らかに語られた瀬木さんのお声が耳に残っています。

瀬木家は、上伊那郡辰野町川島から川岸村へ出て、製糸業を営み、秀保さんは、清陵高校から東京農工大へ進学したということです。製糸王・片倉兼太郎を生んだ川岸から、究極の自動繰糸機の開発者が育ったことに、深い縁が思われます。

川岸からは「蚕のウイルス病の感染病理に関する研究」で日本農学賞を受賞した鮎沢啓夫博士（九大教授）も出ています。鮎沢さんは小学生のころ、原因不明の蚕病で蚕が全滅し、一家心中した養蚕農家の悲劇を知り、東大へ進んで昆虫病理学を専攻したといいます。

＊自動繰糸機のための煮繭が研究され、信大の嶋崎昭典教授が昭和五十一年、「硬め若煮え」の繭を供給する圧力煮繭法を考案し「中浸透加圧V型煮繭機」が開発された。

蚕糸薬剤と「生糸の神秘」「謎の光沢」

自動繰糸機はすべての面で自動化され、生産量が飛躍的に増えたのですが、糸歩減のほか針金糸・扁平糸の発生や生糸の風合悪化、光沢不良などの欠点をともなっていて、その解決策にクローズアップされたのが蚕糸薬剤でした。専門メーカー「交益商会」（現・㈱コーエキ）によって多種多様の薬剤が開発されて、自動機の性能が補完されました。煮繭用だけで一四種類、再繰用は二三種もの薬剤があるといいます。

出荷用に束装された生糸が発する「謎の光沢」

（丸山新太郎著『激動の蚕糸業史』より）

製糸業は工場立地の風土の違いから、すべて条件が異なり、一工場のための製糸薬剤をつくるのに、一五〇個ものビーカーを使うこともあるというくらい試作をくり返すといいます。㈱コーエキの梅垣良男会長は「一つの製品が認められるためには、少なくとも一年にわたる観察が必要で、再検討を要することもままあって、生糸の奥深さをしみじみ実感させられました」といっています。

この会社は、蚕糸試験場の小林宇佐雄技官が発明した「繰り枠から直接生糸を合糸・撚糸する方法」の開発に協力し、オイルリング装置と薬剤もつくり出しています。

製糸に早くから薬剤

交益商会の創業は昭和六年といいますから、大恐慌のまっただ中です。工場閉鎖に追いこまれた小口組金一工場の工務・経理をしていた梅垣正行が始めた事業でした。金一の現業員たちが、煮繭の改善に薬剤の試験をしていたのを引き継いで起業したのでした。当時、製糸に薬品を使うのは邪道だといわれたそうですが、水質の違いなどの克服に薬剤が有効であることがわかって、当時すでに蚕糸用薬剤の販売者が、下浜の有命堂薬局など数人いたと梅垣会長からお聞きしています。

交益商会の起ち上げは、生糸の固着防止の薬剤が中心で、その他に解舒剤や煮繭浸透剤があり、製糸場をまわって様子を聞き、その工場に合った薬剤を工夫して、信用を獲得していったといいます。一連の蚕糸薬剤の開発で梅垣会長と常務の梅垣二郎さんは、そろって大日本蚕糸会の功労賞を受賞しています。

梅垣会長は、「製糸業界は、繰糸工程に重きをおく傾向がありますが、生糸は手触り、光沢が生命で、揚げ返し工程が集大成だと信じています」といっています。薬剤師でもある梅垣会長は「コーエキ80年のあゆみ」に「吸湿・保湿・静電気防止剤の研究を長期にわたって行って感じたことは、生糸の神秘性でした」と書いています。生糸に水分をあたえるだけでは、時間の経過で水分不足になるが、再繰の短い距離と時間での温度・湿度管理と薬剤の選択によって、一定の水分率を保つことができるのだそうで、梅垣会長は「生糸はまさに『生きている糸』であることを身をもって体験した」とも述べています。「生糸の神秘性」「生糸はまさに『生きている糸』」とは、化学者の言葉だけに新鮮です。

蚕種製造にたずさわった蚕業技師で『激動の蚕糸業史』を遺した故丸山新太郎さん（信濃蚕業㈱常務）は、生糸の美に魅せられた人でした。アマチュア写真家でもあった丸山さんは、出荷用にそろえた生糸を撮影した作品「優雅な生糸」に「あやしいまでに美しい謎の光沢」とキャプションをつけています。「謎の光沢」とはシルクの神秘をとらえた表現だと思います。

工業の中で難易度最高クラスの製糸

これまで見てきたように製糸は、農産品である繭の乾燥・煮方から始まって繰糸・揚げ返し・仕上げまで、実に複雑・微妙な工程を経ます。その上、さまざまな変動要素がからみ、まことに厄介です。あらゆる工業の中で、最も難易度の高い工業の代表といえるのではないでしょうか。加えて、製品の値段が相場できまるというのですから、たまりません。綱渡りのような経営であったことがわかります。

繭の良否が生糸の品質・糸歩・能率を左右するので製糸は「原始的な原料依存型産業」ともいわれます。繭を煮るにも「適煮条件」の言葉があって、煮えにくい繭は時間をかけてゆっくり煮熟し、煮えやすい繭は低温で早めに作業を切り上げるというように、条件を整えつつ繰糸したのでした。

一般に工業は、原料を定められた方法で加工すればいいのですが、製糸の工程管理は正反対で、原料の性質に合うよう、生産条件を絶えず変えて、工業原料の規格品である生糸を生産しなくてはいけないのです。

戦後の産業高度化の中で、産業界に統計的品質管理法が導入され、その管理図法は、製糸工場にもとり入れられましたが、繭の特性に支配される製糸場では思うような効果はあげられませんでした。

これに対し信大の嶋崎昭典教授は、統計学的な解析から、繭の流れ・糸故障の発生・その修理過程に対応する理論を確立して、管理体系をつくりあげました。これによって製糸にも管理図法を適用できるようになって、昭和五十年ころから多くの工場で活用されたといいます（坪井恒論文による）。

究極の自動繰糸機に到達して、製糸業界の念願だったオートメーション化が実現したのですが、昭和六十二年、片倉工業㈱富岡製糸場が操業を停止し、日本の製糸業は一つの時代を閉じることになりました。

しかし蚕糸産業は将来、新たな分野に展開する可能性を持っています。

平成まで残った最後のざそう機専用製糸所

大手製糸が消えても、国用製糸は残り、がんばっていたのですが、これも中国や韓国糸に押されて減って行き、普通機（ざそう繰）だけで操業する国用製糸所として、諏訪地方にただ一社残っ

最後のざそう機専用の国用製糸所で糸を取る老工女たち

（平成元年１月12日　昭和興業製糸所　著者撮影）

た下諏訪町の昭和興業製糸所（小口洋太郎社長）も、平成六年六月三十日をもって閉業し、ざそう機のみの製糸所は無くなりました。

この製糸所の登録釜数は三五釜ですが、最後は六釜となっていて、七十～八十歳代の老工女さんたちが、生きがいのようにして糸を取り、社長さんも赤字覚悟で工場を守っていました。汽缶場主任と工場長も八十歳代のおじい様で、ボイラーの燃料にする木材のくずを、近くの製材会社からリヤカーで運んでいる姿も牧歌的でした。

私が「写真考現学」と銘うち、一日一枚の写真で構成して出版した『すわ湖の町の平成元年』でこの製糸所を紹介すると、中央紙の記者たちが「こんな工場が残っているのか」と驚いて取材、テレビでも紹介されて話題になったものです。そしてこの工場の設備一式は、松本市の司法博物館（当時）に動態保存されました。

工場の設備をそっくり寄附した小口洋太郎さんは、博物館の記念式の会場で出合った山本茂実氏に「岡谷市民は、野麦峠の本は嘘（うそ）だといっていますよ」と声をかけると山本氏は「あれは小説ですから……」と答えたということです。これは小口さんから直に聞いた話です。山本氏は複雑な思いを抱いていたのではないかと推察します。

キビソを原料にするペニー製造工場

（平成元年　㈱マルシメ　著者撮影）

ペニー製造工場も

この平成元年には、製糸場から出るキビソとビスを原料に絹紡績用の短繊維ペニーを生産する工場も操業していました。明治四十三年に松本で絹糸紡績業を起業した加藤秀次郎が、昭和二年、下諏訪駅裏でキビソの精練をはじめた丸しめ諏訪精練所の後身㈱マルシメがその一つです。洋服縫製も始めて生き残っていたのですが、平成三年ころ閉業となりました。

同じ下諏訪にはビスペニーを生産する㈱高林ペニー（高林一紀社長）が平成六年まで操業していました。製品は日東紡績と鐘紡へ送ったといいます。同社の前身は副蚕糸と大型金庫を扱う高林商店で、金庫販売は岡谷の製糸家や生糸問屋を顧客にして繁盛したといいます。創業者の高林一重は製糸家へ「金はできたときに払えばいい」と金庫を納めたので、代金を貰いそこねたこともあったそうです。

苦闘の歴史

日本で洋式製糸が始まった明治三年から、片倉富岡工場閉業（昭和六十二年）までの百十七年間を眺めわたして見えてくるのは、血のにじむような苦闘の歴史です。

原料代が八割という重荷を背負い、激しく変動する生糸相場に翻弄された製糸業界でした。一方で、米国絹業界から絶えず糸質の向上を要求され、際限ない技術改善にとり組む日々でした。

この間、大正時代の大好況もありましたが、通してみれば、晴れ間の少ない、灰色の歳月だったと感じられます。製糸業から成長して生き残っている大手は、倫理的経営の双璧といわれた片倉とグンゼだけです。数多の製糸家が落伍し、消えてゆきました。

この製糸業に取りついて、必死に働いた経営者たちの辛苦、その製糸業を底辺で支えて、懸命に糸を取った工女さんたちの姿を思ってみると、深い感慨を覚えます。身を粉にして働いた工男たち、技術革新に心血を注いだ技術者たちの群像もありました。輸送業など周辺業界で苦闘した、たくさんの人たちがありました。智恵と忍耐と汗で築いた製糸王国でした。

今井五介は、黒沢鷹次郎の孫で大学生の黒沢三郎（後の八十二銀行頭取）から、岡谷製糸の成功のもとを問われて「貧しかったからだよ。食えなかったからだよ」とひとことで答えたそうです（宮坂勝彦『片倉兼太郎』）。

旧川岸村三沢は高尾山麓の小扇状地です。天龍川沿いのわずかな田と、傾斜地に拓いた耕地に、ひと筋の伊那道が通じているだけの、寒村といっていいような集落でした。そこから起って製糸業を興し、智恵をしぼり、必死に働いた結果だというのです。今井五介は「質素、勤勉、忍耐、克己、進取活動」ということもいっています。それは、諏訪の製糸家を代表する言葉だと思われます。

あらゆる学者が、日本経済発達史の基礎となる書と絶讃する『平野村誌』を著した小口珍彦は、器械製糸草創期に活躍した古老三〇人に、岡谷地方製糸業大発達の主原因について所見を求め、二代片倉兼太郎・橋爪忠三郎・小口圭吉・林要吉、笠原福太郎・増沢亀之助・今井梅蔵、高木林次郎・林市十・尾澤福太郎・橋爪為左衛門・林清吉・吉田和蔵・高橋徳太郎・小口善重・浜八郎の十六人から寄せられた回答を集約して次のように述べています。

地域狭く、生活難であったこと、それによって祖先以来養われ来った堅忍不抜（けんにんふばつ）（つらいことに負けず、しんぼう強く、我慢すること）、質素倹約、勤勉努力の気魄が最大最要の原動力であるという点において、ほとんど回答者全部の所見の一致をみている。

小口珍彦は上伊那郡箕輪町出身の小学校教師です。篤学の人で、平野小学校在職中に、同村今井出身の今井登志喜博士（東大教授　英社会史）を顧問とする村誌の編纂主任に推され、地理を諏訪中学校の三沢勝衛、明治以前の歴史を郷土史家今井真樹に依頼した他は自身が引き受け、大仕事の「岡谷地方製糸業発達の沿革」を綿密な調査を基に書き上げた功労者です。その間小口先生は小井川小学校へ移り、昭和六年から二十一年までの長きにわたり在職（『小井川小学校百年史』し、教え子に気象庁長官になった増澤譲太郎博士などがいます。辰野町の蛍保護にも功労がありました。

＊『平野村誌』の編纂開始は大正十五年。時の村長清水惣助。

製糸から精密工業へ

戦後、製糸工場の多くが精密工業に変わりました。ヤシカカメラや三協精機のことは先ほど申し上げましたが、その全盛期を知る人も少なくなっています。日本電産サンキョーは、一〇階建ての新社屋を建てたばかりですが、そこにかつて在った山十組の大製糸場を見たことのある人はもういません。製糸王国の時代は遠くなりました。しかし、先進工業地帯・諏訪の企業風土のかがやきは失われていません。

ベルトコンベアの有力メーカー・マルヤス機械㈱（林広一郎社長）は、もとは片倉系の製糸機械製作会社でしたが、戦後の高度成長期に、山口の不二輸送機と提携してベルトコンベア製造に乗り出して大をなしました。大型煮繭機や乾繭機の自動給繭装置の技術が土台になっていると思われます。オーナーの林家は、片倉財閥の中核・片倉五家の一つという関係から、中央印刷㈱とともに、東京京橋の片倉工業㈱本社ビルに営業所を持っています。

製糸業から異業種へ転換して発展した会社に、光学レンズの日東光学㈱があります。前身は旧湖南村の東英社です。大正ロマンを思わせる洋館の事務所を保存していて、製糸王国の名残をそこにも見ることができます。

その他にも製糸から精密機械工業に転じて成功した企業は数多ありますが、そのすべてを把握するのはむずかしいです。製糸工場や跡地を生かして新産業を興した企業も多数にのぼります。

セイコーエプソンの前身・諏訪精工舎起ち上げの中核となった大和製作所（山崎久夫社長）が、深山田製糸場を造った土橋半三郎の、丸中醤油の味噌蔵を借りて創業したことはあまり知られていません。今や世界企業のエプソンが、根っこのところで深山田製糸場とつながっているわけです。

エプソンをはじめとする諏訪の精密・電子工業は、製糸業が築いた技術と進取の気質、勤労精神の企業風土に立って形成されたものでした。岡谷蚕糸博物館の高林千幸館長は、製糸業を「ミクロン単位の繭糸を繰りつづけた精密加工工業」と位置づけ、その技術あっての戦後の精密加工工業の発展であるといっています。

糸都に光　シルクに新たな可能性

現在、国内の製糸場は四社だけ。うち二社が諏訪にあります。岡谷市の㈱丸中宮坂製糸所（宮坂照彦社長　創業昭和三年）と、下諏訪町の山正松沢製糸所（松沢清典社長　創業大正元年）です。両社で稼働している自動繰糸機は、瀬木秀保さんが開発を主導した「ニッサンＨＲ―３型機」です。

市立岡谷蚕糸博物館内の一郭にある宮坂製糸所では、諏訪式繰糸機と上州式座繰器も使って、多様な糸を取る作業を見学することができます。

面白いのは、信大繊維出の宮坂社長が、三〇〇粒もの繭から一千デニールという、世界一の極太糸をつくる「銀河シルク繰糸機」や、世界一細く高品質の糸をつくる「マルチ繰糸機」、コンピュータプログラムによって節糸などをつくる「攪拌繰糸機」などを開発して、さまざまな絹製品を産める生糸をつくり出していることです。

平成二十九年暮れからは、LEDの光を当てると緑や赤、オレンジ色などの蛍光色を発するシルクの生産も始まりました。農業生物資源研究所(国立研究開発法人)が、クラゲやサンゴが持つ蛍光タンパク質を作る遺伝子を組み込んだ蚕を開発、群馬の農家によって量産されたこの繭を低温・緩速の自動繰糸機でシルクにする仕事を委託されたことで、この糸を西陣織物の業者がカーテンなどに商品化する計画といいます。

信大の中垣雅雄教授は、クモの遺伝子を蚕に組み入れることによって、従来の一・五倍の強度を持つ生糸を開発していて、これまでよりより薄い生地のドレスが登場してくることでしょう。

通年で蚕を飼育できる人工飼料も開発され、新潟の企業家が、無菌室で一〇万匹の蚕を飼う試みを始めたということです。

シルクはこれから、思わぬ展開を見せる可能性があります。

一方、山正松沢製糸所は、井戸水と古材の薪を燃料にするボイラーを使

銀河シルク繰糸機（左）攪拌繰糸機（中央）マルチ繰糸機（右）

う「エコ製糸」に徹していて、松沢社長は、茅野市で養蚕をしている牛山金一さんの繭による純国産生糸にこだわりたいといっています。

世界一の「シルクファクトおかや」市立蚕糸博物館

最先端シルク生産の現場も見ることのできる「シルクファクトおかや」市立岡谷蚕糸博物館は、世界一のシルクミュージアムです。高林館長の魅力ある運営で入館者が年々増え、岡谷の街に活気が出てきました。世界遺産・富岡製糸場の人気も追い風になっていると感じられます。

また岡谷市内には、製糸関連の企業が健在です。㈲ハラダ（原田昌幸社長　創業昭和四十二年）が、ニッサンＨＲ３型機を製造し、ＪＩＣＡを通じてブラジルなど海外へも輸出し、ＦＡ分野にも参入。会長の原田尹文さんは、名門・新増澤工業で活躍した技術者で、宮坂製糸所と提携してマルチ自動繰糸機などを開発しています。

新増澤工業㈱（星野伸男社長）は、製糸機械のほか、省力機器の部品製造分野にも進出し、伝統の技術力を発揮しています。

蚕糸薬剤メーカーの㈱コーエキ（梅垣和彦社長）は、各種蚕糸薬剤を国内製糸工場やブラジルのブラタク製糸㈱などへ提供しているほか、環境分析とテクノリサーチ分野へ進出し、環境測定機関の認定を受けて、放射能測定・水道水分析などで行政のサポートもしています。製糸機械を扱う商社・㈱草間商会（草間健一社長　創業大正十年）の存在もあります。

また工女さんたちに親しまれ、繁盛した岡谷の中央通り商店街は平成二十九年、「いとまち商店街」と名を変え、新たな発展を目ざして歩み出しました。

岡谷市の中心部に残るレトロな洋風建築・旧山一林組製糸事務所（大正十年建築・近代化産業遺産指定）では、「岡谷絹工房」の人たちが、二四台の機織り機でネクタイやストールなど、五〇種類を超える商品を作り展示即売。斬新な商品を工夫し、販路は富岡製糸場などにもひろがっているそうです。この絹工房の誕生を指導したテキスタイルデザイナーの故宮坂博文さんは、日本でただ一人の国際インテリアデザイン賞受賞者でした。「諏訪の絹」ブランドで着物を売り出す呉服店主、キビソ絹を用いた椅子をつくる家具工房も現れています。

一方、製糸工場の跡地に育った精密・電子工業界では、超精密加工など、新分野開拓への挑戦が続き、地元の日本酒の蔵元と菓子店では魅力ある商品が産み出されていて、新時代への胎動が感じられます。

工女虐待のシーンを売り物にした映画で、岡谷のイメージは大きく傷つけられましたが、ようやく製糸業への理解がすすみ、かつての製糸王国岡谷への注目度が高まってきています。製糸業にかかわった全ての人たちが、糸都の再興を願っていることでしょう。
＊現在操業している県外の製糸会社　碓氷製糸㈱（群馬県）㈱松岡共同製糸（山形県）

糸都岡谷を再訪する高齢の元工女たち

蚕糸博物館の職員の話をうかがっていて胸を打たれるのは、各地からの来館者の中に、高齢の元工女の姿が目立つということです。皆さんは一様に、製糸場で働いたことが懐かしく、もう一度岡谷の街と糸取りの工場を見たくて、家族に連れてきてもらったと話すといいます。

最近、こんな話が地方紙各紙に載りました。平成二十九年三月のことです。「百歳になったらもう一度、岡谷で糸を取りたい」という一心で、入所している福祉施設の職員の付き添いでやって来た山梨県南アルプス市の大塩ふじ江さん（百歳）の話です。

川岸の片倉丸一工場で働いたという大塩さんは、すでに数回、同博物館を訪れていて、館内にある宮坂製糸所で上手に糸を取って見せたそうです。顔なじみになった職員から「住み込みで働きませんか」と讃えられたのがうれしくて「百歳になったらもう一度……」と願い、施設でも応援態勢を整えて岡谷再訪を実現させたのだといいます。

工場へ入って繭のにおいをかいだ大塩さんは「懐かしい」と目を細め、足踏み座そう器で糸取りをして念願を果たし「糸の無駄を最小限に抑える取り方」と学芸員を感心させたと記事にありました。

これに似た話が平成四年七月、「長野日報」のコラム「駅前派出所24時」にありました。岡谷駅前交番の話です。東京から来たという娘さんから、金ル組製糸の所在地を訊ねられたというのです。娘さんは「八十四歳になる母が、十三歳のときから十一年間過ごした岡谷へどうしても行きたいというのでやって来ましたが、母の記憶を頼りに探しまわったものの、岡谷の街がすっかり変わっていてたどりつけない」ということだったそうです。そこで巡査が、老婆の話をもとに地図を調べ、金ル組工場跡をみつけて教えてあげることができたというのです。

その後追い取材で、カネル取締役の林裕彦さんの話が披露されました。

林さんが、会社の倉庫前にたたずんでいる老女に気づいて声をかけると、老女は、少女のころ金ル組で糸取りをしたと話し、倉庫の前に置いてある古い名入れの茶碗、通称「でぶちゃん茶碗」を、記念にもらってもいいかというので、喜んで差し上げた。すると老女は「私は優秀な糸取りではなかったけれど、みんなと仲良く仕事ができて楽しかった」「会社の運動会や花見の思い出もある」などと話し、諏訪郡歌と金ルの社歌を完璧に歌ってみせて、林さんを驚かせたそうです。そして老女は「製糸が悪く言われているが、私のように本当のことを知っている人はまだ居る。岡谷の人は誇りをもってがんばって」といったといい、林さんが市内の宿を紹介し、母娘は温泉を楽しんで帰っていった、と記事は結ばれていました。

おわりに

富岡製糸場がユネスコの世界遺産に登録されてから、日本の近代化の礎（いしずえ）となった製糸業が、ようやく、まっとうに評価される時代になったと感じられます。重荷を負った製糸業を支えてひたすら働き、埋もれて行った数しれない人たちの労苦に光があてられる日がやってきました。

中部高地の小盆地の寒村に、世界一の製糸工業地帯をつくりあげた先人たちの努力を語り継ぐ一助にと、このささやかな本をまとめました。

執筆に当たり、特に嶋崎昭典、松村敏、矢木明夫、二木一夫、今井久雄、小林茂樹、林嘉志郎、古村敏章の諸先生の著作と、小口珍彦著『平野村誌』に多く依拠し、御恩を深く感じています。製糸の諸相を多面的に描きたいと思い、巻末に挙げた書物、論文のほか新聞各紙、郷土誌から情報をお借りしたほか、宮坂正博、武居明、宮坂いち子、林義祐各氏ら多くの方々からご教示をいただきました。そのお名前をすべて記すことはできませんが、こころからなる感謝をささげます。

市立岡谷蚕糸博物館、宮島通江様、丸山紀子様から写真を提供していただくことができました。御礼申し上げます。

題字は、ＮＨＫテレビで『シルクロード』などのタイトルを手がけた渡部清氏がひき受けてくれました。戦時の少年期を共に過ごした渡部さんの書を得て刊行できるのはこの上ないよろこびです。渡部さんありがとう。

出稿して翌日入院というあわただしいことになって、宮坂正博、鮎澤宏威氏ら多くの友人たちのお世話になり、本にすることができました。旧友井出幸男氏には遠方から助言をいただき、心の支えになりました。

初版本は昨秋自費出版し、ローカルの本に過ぎませんでしたが、朝日新聞の依光隆明記者が〈岡谷の製糸」日本一の道のり／「岡谷製糸王国記」刊行〉と題して全国版六段通しの紙面で紹介して下さったことで「全国版の本」となる僥倖（ぎょうこう）を得て完売、なお購読申し込みがあって苦慮しましたが、幸い鳥影社が出版を引き継いで下さいました。学術・文芸書出版の鳥影社の本のラインナップに加えていただくことはこの上ないよろこびです。

百瀬精一社長、矢島由理氏、北澤晋一郎氏に格別なご協力をいただきました。ここに記し深甚なる謝意を表します。

平成三十一年三月一日　校了の日

著　者

（資 料）

【近代化産業遺産群】平成十九年経済産業省指定

（「富岡製糸場などの近代化産業遺産群」のうち岡谷・諏訪地域分）

岡谷市

・旧林家住宅
・旧岡谷上水道集水溝
・旧岡谷市役所庁舎
・蚕霊供養塔（照光寺）
・旧山一林組製糸事務所・守衛所（岡谷絹工房）
・岡谷蚕糸博物館所蔵資料
・旧蚕糸試験場（現・岡谷蚕糸博物館）所蔵機械類
・旧片倉組本部事務所
・旧山上宮坂製糸所事務所・工場棟・再繰工場棟・住宅
・新増澤工業所蔵機械類
・鶴峯公園

・丸山タンク
・成田公園
・金上繭倉庫
・丸中宮坂製糸所（繭倉庫）

諏訪市
・片倉館

【岡谷市蚕糸博物館所蔵　日本機械学会「機械遺産」認定の繰糸機群】

・フランス式繰糸機
・諏訪式繰糸機（二条繰り）
・四条繰り諏訪式繰糸機
・六条繰り諏訪式繰糸機
・イタリア式繰糸機（初期輸入）
・御法川式多条繰糸機
・織田式多条繰糸機
・増澤式多条繰糸機（繭検定所型）

初代片倉兼太郎の言葉

（岩崎祖堂「片倉家不文の家憲」による）

一、神仏を崇敬し祖先を尊重するの念を失うべからざるのこと
一、忠孝の道を忘るべからざること
一、勤倹を旨とし、奢侈の風に化せざること
一、家庭は質素に事業は進取的たるべきこと
一、事業は国家的観念を本位とし併せて利己を忘れざること
一、天職を全うし自然に来べきを享くること
一、常に摂生を怠るべからざるのこと
一、己に薄うして人に厚うすること
一、常に人の下風に立つこと
一、雇人を優遇し一家を以ってみること

片倉同族家譜（『川岸村史』による）

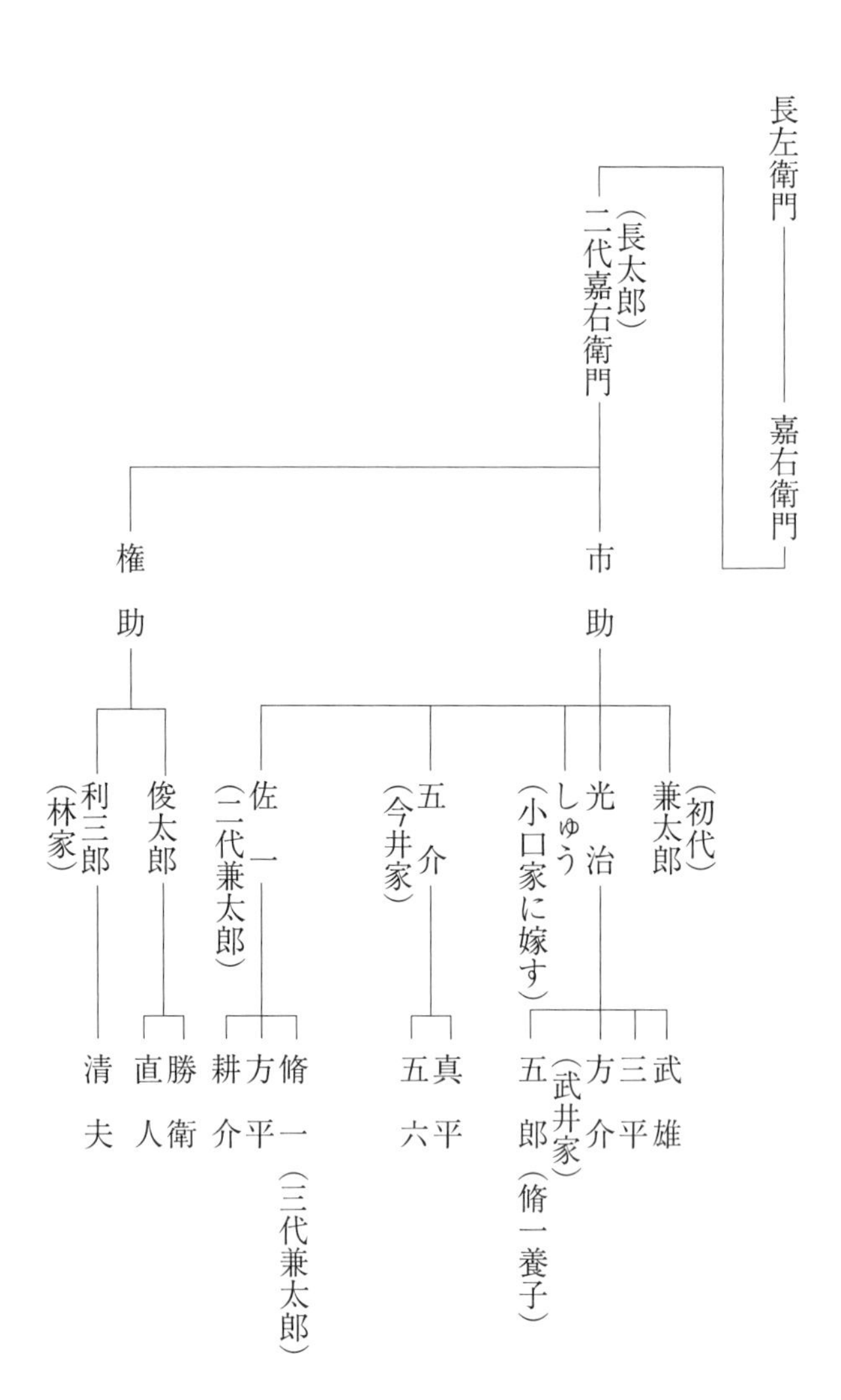

個組合製糸所工場見取図　（大正時代から昭和５年頃まで）

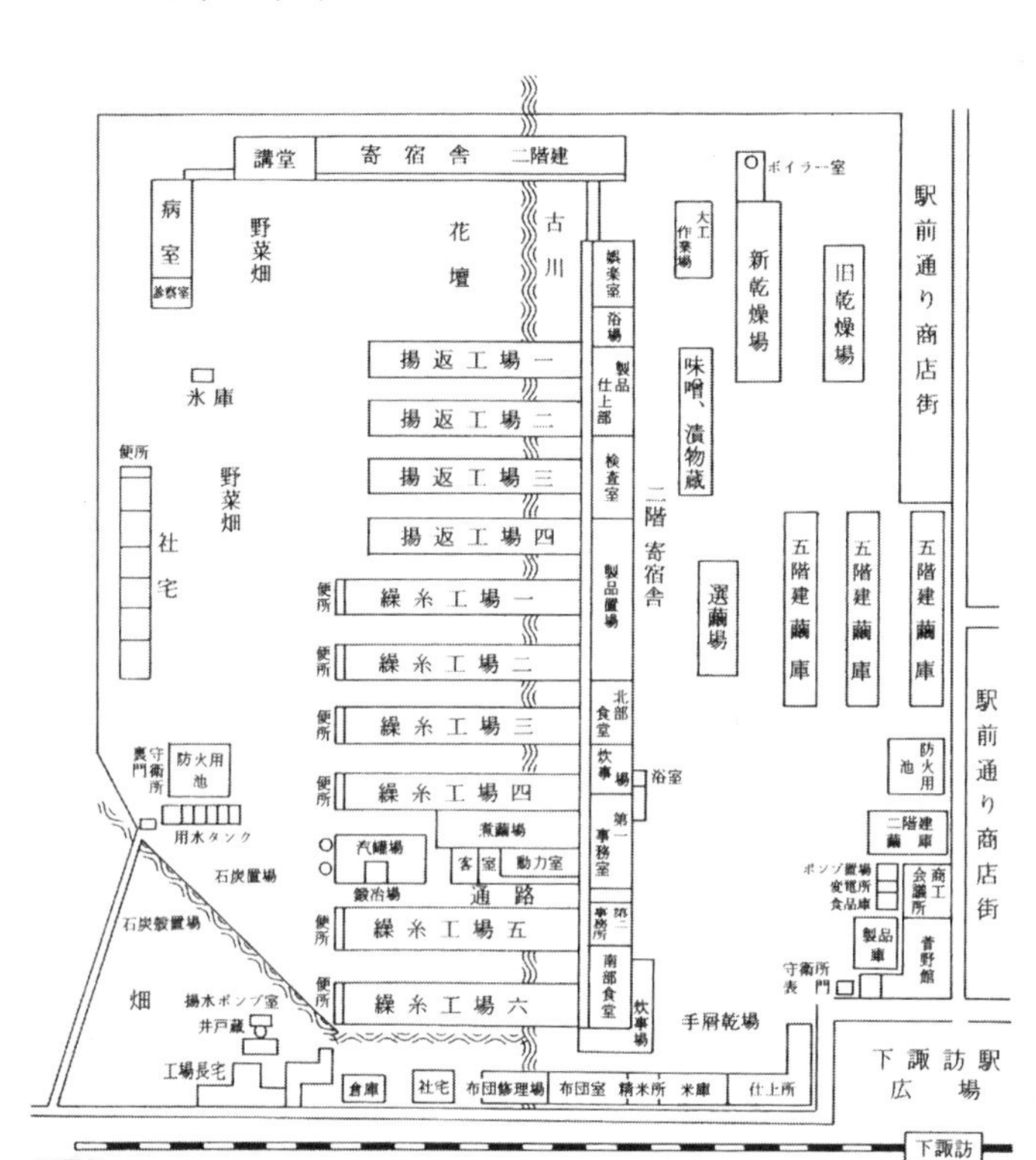

（小口幽香著『製糸王国の時代に生きて』より）

生糸格付表

(昭和7年7月1日施工)

格等級			AAA	AA	A	B	C	D	E	F	G
総合點限度			88.0	85.5	83.5	81.5	80.0	77.0	72.0	67.0	67.0未満
主要検査許容限度	絲條斑平均		89	86	84	82	80	77	72	67	67回
	絲條斑劣等		80	77	74	72	69	65	60	54	54回
	小類		89	86	85	83	80	77	72	67	67回
	大中類		85	85	80	75	70	65	60	60	60回
補助検査許容限度	繊度偏差	15デニール以下	1.20	1.20	1.25	1.30	1.40	1.50	1.60	1.60	1.60以上
		16デニール以上	1.40	1.50	1.60	1.70	1.80	1.90	2.10	2.30	2.30回
	階級		a		b		c		d		e
	再繰	17デニール以下	50		60		70		80		80以上
		18デニール以上	40		50		60		70		70回
	強力		3.2		3.0		3.0		3.0		3.0未満
	伸度		18		17		17		16		16回
	抱合	15デニール以下	25		20		15		15		15回
		16デニール以上	35		30		25		25		25回

AAA格ニシテ綜合點90點以上ノ成績ヲ有スルモノハ特別優等品

トシテ特別(special) AAAヲ以テ表示ス

(『平野村誌』下巻による)

主な参考文献

『復刻　平野村誌』上下巻（岡谷市　昭和五九年）
下諏訪町誌編纂委員会編『下諏訪町誌』下巻（甲陽書房　昭和四四年）
『諏訪市史』下巻（諏訪市　昭和五一年）
『茅野市史』下巻（茅野市　昭和六三年）
『長野県史　通史編』第七巻　近代一（長野県　昭和六三年）
『信濃蚕糸業史』第三巻（大日本蚕糸会信濃支会　昭和一二年）
『片倉製糸紡績株式会社二十年誌』（同社考査課　昭和一六年）
嶋崎昭典『糸の街岡谷』（市立岡谷蚕糸博物館　平成二三年）
嶋崎昭典『初代片倉兼太郎』（初代片倉兼太郎翁銅像を復元する会　平成一五年）
嶋崎昭典、篠原昭、内田貞夫『わが国の製糸技術書』（千曲会　昭和五七年）
嶋崎昭典ら『諏訪大紀行』（一草舎　平成一九年）
伊藤正和・嶋崎昭典・小林宇佐雄『ふるさとの歴史　製糸業　岡谷製糸業の展開―農村から近代工業都市への道―』（岡谷市教育委員会　平成六年）
矢木明夫『岡谷の製糸業―信州上一番』（日本経済評論社　昭和五五年）
松村敏『戦間期日本蚕糸業史研究―片倉製糸を中心に』（東京大学出版会　平成四年）

二村一夫『労働は神聖なり、結合は勢力なり—高野房太郎とその時代—』（岩波書店　平成二〇年）
今井久雄『村の歳時記—子どもの大正生活誌』（草原社　昭和五四年）
今井久雄『村の歳時記—子どもの大正生活誌』第三巻（あざみ書房　平成元年）
『岡谷市蚕糸博物館紀要』第一号（平成九年）
古村敏章『生糸ひとすじ　古村敏章手記』（丸興工業　昭和六〇年）
林嘉志郎講演録「山一林組争議の再検討」（ふるさとの製糸を考える会編『聞きとりふるさと岡谷の製糸業』所収　平成二二年）
丸山新太郎『激動の蚕糸業史』（私家版　昭和六二年）
笠原博夫『糸ねじり職工の歌』（甲陽書房　昭和四〇年）
長岡和吉『エーヨー節』（私家版　昭和五五年）
武居長次『わが家の履歴書』（タケイサンキ　平成九年）
今井幹夫編著『富岡製糸場と絹産業遺産群』（ベスト新書　平成二六年）
武田安弘『長野県製糸業史研究序説』（信濃史学会学術研究叢書　平成一七年）
日本シルク学会編『製糸技術の保存事業シリーズ』1〜3（平成一三〜一五年）
『製糸夏季大学63年のあゆみ』（独法農業生物資源研究所・製糸技術研究会　平成二二年）
古川隆久『昭和史』（ちくま新書　平成二八年）
立川昭二『昭和の跫音』（筑摩書房　平成四年）
和田英『富岡日記』（ちくま文庫　平成二六年）

立花雄一『明治下層記録文学』（ちくま学芸文庫　平成一四年）
細井和喜蔵『女工哀史』（岩波文庫　昭和二九年）
山本茂実『あゝ野麦峠　ある製糸工女哀史』（朝日新聞社　昭和四三年）
楫西光速ほか『製糸労働者の歴史』（岩波新書　昭和三〇年）
神津良子『「母の家」の記録　高浜竹世から市川房枝への書簡を中心に』（郷土出版社　平成一七年）
古島敏雄『子供たちの大正時代　田舎町の生活誌』（平凡社　昭和五七年）
真鍋和子『千本のえんとつ』（ポプラ社　昭和四七年）
佐倉琢二『製糸女工虐待史』（解放社　昭和二年）
白崎秀雄『三渓　原富太郎』（新潮社　昭和六三年）
阿木翁助『演劇の青春　築地小劇場、ムーラン・ルージュからの出発』（早川書房　昭和五二年）
早船ちよ『ちさ・女の歴史』（理論社　昭和五四年）
『日本の文学33宇野浩二・葛西善蔵・嘉村礒多』（中央公論社　昭和四五年）
宮坂勝彦編『製紙王国の巨人たち　片倉兼太郎』（銀河書房　平成元年）
小林茂樹『諏訪の風土と生活』（私家版　昭和五二年）
小林茂樹『諏訪湖の漁具と漁法』（私家版　昭和四九年）
小林茂樹『写真が語る下諏訪の百年』（ヤマダ画廊　昭和五四年）
篠原はつ『飛騨で生れて七十五年』（東信福祉事業部　昭和五九年）
森杉安太郎『製糸の町の水道物語』（草原社　昭和六二年）

小口幽香『製糸王国の時代に生きて』（あざみ書房　平成二年）
今井竜雄『萩倉の里に生きて』（あざみ書房　平成四年）
城一男『マザー・オブ・マザーズ』（あざみ書房　平成七年）
高木満『諏訪経済発達史』（笠原書店　昭和五〇年）
諏訪大社編『諏訪大社復興記』（諏訪大社社務所　昭和三八年）
霜村花『諏訪湖讃歌』（桐原書店　昭和六一年）
清水袈裟春『たぐる糸の系譜』（私家版　平成一八年）
今井清水「製糸王国を支えた工女たち」（『オール諏訪』平成一八年一一月〜平成一九年一月）
松村敏「巨大製糸小口組の発展と展開」（経営史学会発表論文　平成二五年）
高村直助編・中林真幸他『明治前期の日本経済―資本主義への道』（日本経済評論社　平成一六年）
篠原三代平・馬場正雄編『現代産業論1産業構造』（日本経済新聞社　昭和四八年）
尾崎章一『長野県蚕糸業外史』戦後篇（大日本蚕糸会信濃支会　昭和四一年）
『小井川区誌』（小井川区　平成一九年）
『新屋敷区誌』（新屋敷区　平成二〇年）
『湖南村誌』（同誌編纂委員会　平成二九年）
宮坂正博『片倉館の建設を担った人たち』（私家版　平成三〇年）
古田智久「森山松之助」（『LIXILeye』第二号　平成二五年）
武井清吉「語り継ぐ西堀夜話」（『オール諏訪』平成二一年六月号）

森靖夫『永田鉄山―平和維持は軍人の最大責務なり』(ミネルヴァ書房　平成二三年)
筒井清忠『戦前日本のポピュリズム―日米戦争への道』(中公新書　平成三〇年)
志村明善「百円工女のほそ腕」(文芸同人誌『窓』六号　平成三〇年)
阿部勇・高林千幸ほか『蚕糸王国信州ものがたり』(信毎選書　平成二八年)
新津新生『蚕糸王国　長野県―日本の近代化を支えた養蚕・蚕種・製糸』(川辺書林　平成二九年)
大岩鉱編『蚕糸の基礎知識』(日本蚕糸新聞社　昭和四七年)
市立岡谷蚕糸博物館(高林千幸館長)展示物解説
長野日報連載「シルク今昔物語」(平成二八年〜)
市川一雄『写真考現学　すわ湖の町の平成元年』(あざみ書房　平成二年)
市川一雄講演録『すわ人物風土記』(ふうじゅの会　平成二六年)
市川一雄「横溝正史の諏訪時代」(『オール諏訪』平成二一年一〇月〜一二月)
小口あや子「製糸会社『山十組』の創業から破綻まで」(平成二十九年九月、「法政史学」第八十八号)

〈著者紹介〉
市川一雄（いちかわ　かずお）
昭和10年（1935）下諏訪町生。県立諏訪清陵高等学校卒。
作家・編集者。地域紙「湖国新聞」編集長を経て、
編集工房「草原社」「あざみ書房」を設立し、今井久雄著『村の歳時記』全四巻、
小松茂勝著『諏訪湖の恵み』など地方文献を出版。
著書に小説『四王湖岸』（鳥影社）、『と川子別れ』（鳥影社、刊行予定）、
『と川石人譚』（草風社）、評伝『すわ人物風土記』（信州風樹文庫ふうじゅの会）、
ノンフィクション『すわ湖の町の平成元年』（あざみ書房）、
嶋崎昭典らとの共著『諏訪大紀行』（一草舎）、
宮坂光昭らとの共著『諏訪大社の御柱と年中行事』（郷土出版社）、
宮坂五郎との共著『戦争が消した〝諏訪震度6〟』（信濃毎日新聞社）など。
諏訪こぶしの会（新田次郎顕彰会）会長、ふるさとの製糸を考える会副会長を勤めた。
諏訪市文化財専門審議委員、下諏訪町文化財専門委員。
文芸誌『窓』編集発行人。

岡谷製糸王国記
信州の寒村に起きた奇跡

定価（本体1600円＋税）

乱丁・落丁はお取り替えします。

2019年 3月16日初版第1刷印刷
2019年 3月28日初版第1刷発行
著　者　市川一雄
発行者　百瀬精一
発行所　鳥影社 (choeisha.com)
〒160-0023 東京都新宿区西新宿3-5-12トーカン新宿7F
電話 03(5948)6470, FAX 03(5948)6471
〒392-0012 長野県諏訪市四賀229-1(本社・編集室)
電話 0266(53)2903, FAX 0266(58)6771
印刷・製本　モリモト印刷

ISBN978-4-86265-737-4 C0060